Das Recht des Architekten

Springer-Verlag Berlin Heidelberg GmbH

Jürgen Seul

Das Recht des Architekten

Vertrag, Honorar & Haftung

Springer

Ass. jur. Jürgen Seul
Peter-Fix-Straße 1
53474 Bad Neuenahr-Ahrweiler
Deutschland
juergen.seul@freenet.de

ISBN 978-3-642-62705-7

Die Deutsche Bibliothek - CIP-Einheitsaufnahme
Seul, Jürgen: Das Recht des Architekten: Vertrag, Honorar & Haftung / Jürgen Seul. - Berlin; Heidelberg; New York; Barcelona; Hongkong; London; Mailand; Paris; Tokio: Springer, 2002
ISBN 978-3-642-62705-7 ISBN 978-3-642-56358-4 (eBook)
DOI 10.1007/978-3-642-56358-4

http://www.springer.de

Ursprünglich erschienen bei Springer-Verlag Berlin Heidelberg New York 2002
Softcover reprint of the hardcover 1st edition 2002

SPIN 10849414 64/2202-5 4 3 2 1 0 - Gedruckt auf säurefreiem Papier

Für meine Frau Ingrid,
die meine publizistische Neigung jederzeit
gefördert und durch ihre Geduld ermöglicht hat.

Vorwort

Das vorliegende Buch bietet einen Einstieg in die Materie des Architektenrechts, vor allem für jene, die sich erstmalig mit der vertraglichen Beziehung zwischen Architekt und Bauherrn beschäftigen. Es wendet sich primär an den Juristen, der sich das Tätigkeitsfeld des Architektenrechts erschließen will, aber auch an den Architekten und Bauherrn, die sich über die Grundlagen informieren wollen.

Im Mittelpunkt der Darstellung stehen daher keine vertieften wissenschaftlichen Erörterungen, die einschlägigen Kommentaren vorbehalten bleiben, sondern vielmehr die wesentlichen Fragen der Rechtspraxis.

Im ersten Teil werden die wesentlichen Grundzüge des Architektenvertragsrechts vorgestellt und dem Leser wird eine Vertragscheckliste mit Mustern, Erläuterungen und Beispielen in die Hand gegeben. Der zweite Teil behandelt die Grundzüge des Honorarrechts, von der Honorarberechnung bis hin zu problematischen Honorarvereinbarungen und anderen Sonderfragen. Im dritten Teil werden Fragen des Haftungsrechts behandelt. Dabei werden besondere Risikokomplexe erörtert, die mit zahlreichen Hinweisen auf gerichtliche Entscheidungen verdeutlichen, wo die rechtlichen Gefahren für den Architekten liegen.
Die Konsequenzen aus der Schuldrechtsmodernisierung und die aktuellen Entwicklungen der HOAI sind umfassend miteingearbeitet.

Ich bedanke mich bei der Fachjournalistin Dipl.-Ing. Annika Knudsen (Aachen) für die umfassende Durchsicht des Manuskripts und die daraus resultierende konstruktive Kritik.

Bad Neuenahr-Ahrweiler, im April 2002 Jürgen Seul

Inhaltsverzeichnis

Abkürzungsverzeichnis

a. A.	anderer Ansicht
AaO	am angegebenen Ort
Abs.	Absatz
a.F.	alte Fassung
AG	Amtsgericht
AGB	Allgemeine Geschäftsbedingungen
AGBG	Gesetz zur Regelung der Allgemeinen Geschäftsbedingungen
AHB	Allgemeine Versicherungsbedingungen für die Haftpflicht-Versicherung
Anh.	Anhang
Anm.	Anmerkung
BauR	Baurecht, Zeitschrift für das gesamte öffentliche und zivile Baurecht (Jahr, Seite)
BB	Der Betriebsberater (Zeitschrift; Jahr, Seite)
BBR	Besondere Bedingungen für die Haftpflichtversicherung der Architekten und Beratenden Ingenieure
Bd.	Band
BFH	Bundesfinanzhof
BGB	Bürgerliches Gesetzbuch
BGBl	Bundesgesetzesblatt
BGH	Bundesgerichtshof
BGHZ	Entscheidungen des Bundesgerichtshofes in Zivilsachen (Amtliche Sammlung; Band, Seite)
BVerwG	Bundesverwaltungsgericht

BVerwGE	Entscheidungen des Bundesverwaltungsgerichts (Band, Seite)
C.I.C.	Culpa in Contrahendo
DAB	Deutsches Architektenblatt
DB	Der Betrieb (Zeitschrift; Jahr, Seite)
DM	Deutsche Mark
d.h.	das heißt
DIN	Deutsche Industrienorm
DStR	Deutsches Steuerrecht (Zeitschrift; Jahr, Seite)
Ebd.	Ebenda
€	Euro
f.	folgende (Seite)
ff.	fortfolgende (Seiten)
etc.	et cetera
gem.	Gemäß
ggf.	Gegebenenfalls
GmbH	Gesellschaft mit beschränkter Haftung
HGB	Handelsgesetzbuch
h. M.	Herrschende Meinung (in der Literatur)
HOAI	Verordnung über die Honorare für Leistungen der Architekten und Ingenieure
Hrsg.	Herausgeber
IBR	Immobilien- und Baurecht (Zeitschrift; Jahr, Seite)
i. S. d.	im Sinne des
i.V.m.	in Verbindung mit
Kap.	Kapitel
KG	Kammergericht Berlin
LG	Landgericht
LM	Lindenmaier-Möhring, Nachschlagewerk des BGH
MittBl. ARGE BauR	Mitteilungsblatt der Arbeitsgemein schaft in der Bauwirtschaft
MRVG	Gesetz zur Verbesserung des Mietrechts und zur Begrenzung des

	Mietanstiegs sowie zur Regelung von Ingenieur- und Architektenleistungen
MDR	Monatszeitschrift für Deutsches Recht (Jahr, Seite)
m.w.N.	mit weiteren Nachweisen
NJW	Neue Juristische Wochenschrift
NJW-RR	NJW-Rechtsprechungs-Report Zivilrecht
NVwZ	Neue Zeitschrift für Verwaltungsrecht
Nr.	Nummer
OLG	Oberlandesgericht
OLGR	Rechtsprechungs-Report der Oberlandesgerichte
pVV	positive Vertragsverletzung
Rn.	Randnummer
s.	siehe
sog.	sogenannte (r/s)
StGB	Strafgesetzbuch
st. Rspr.	ständige Rechtsprechung
u.a.	unter anderem
UrhG	Urheberrechtsgesetz
UStG	Umsatzsteuergesetz
usw.	und so weiter
VersR	Versicherungsrecht (Zeitschrift, Jahr, Seite)
vgl.	vergleiche
v.H.	vom Hundert
VAG	Versicherungsaufsichtsgesetz
VOB/A, B	Verdingungsordnung für Bauleistungen, Teil A, Teil B
WM	Wohnungswirtschaft und Mietrecht (Zeitschrift)
ZfBR	Zeitschrift für deutsches und internationales Baurecht (Zeitschrift, Jahr, Seite)
ZfV	Zeitschrift für Versicherungswesen
Ziff.	Ziffer

ZPO	Zivilprozessordnung
z.T.	zum Teil

1.Teil: Der Architektenvertrag

Soweit im vorliegenden von Architektenvertrag gesprochen wird, gilt das Ganze sinngemäß auch für den Vertrag über Ingenieurleistungen, die in den Leistungsbildern der Verordnung über die Honorare für Leistungen der Architekten und Ingenieure (HOAI) geregelt sind. Wo ausnahmsweise einmal Besonderheiten zu beachten sind, wird hierauf verwiesen.

Unter dem Sammelbegriff „Architekt" ist zweierlei zu verstehen; zum einen, der Angehörige einer berufsständischen Fachrichtung, zum anderen die Fachrichtungsbezeichnung im Sinne des Hochbau-Architekten. Tatsächlich gliedert sich der Architektenberuf in vier Fachrichtungen:

- den Architekten, der sich mit der Planung und Erstellung von Bauwerken befasst (Hochbauarchitekt),
- den Innenarchitekten, der sich mit der Planung und Ausgestaltung von Innenräumen beschäftigt,
- den Landschaftsarchitekten, der die Landschaftsplanung sowie die Freiraum- und Gartenplanung durchführt,
- den Städtebauarchitekten, der sich mit der Ausarbeitung von städtebaulichen Plänen befasst oder bei Landesplanung und Raumordnung mitwirkt.[1]

Vorliegend sollen nur die typischen Aufgaben eines Hochbauarchitekten dargestellt werden.

---

[1] Manfred Großhauser, Baurecht für die Praxis. Leitfaden des privaten Baurechts für Architekten, Ingenieure, Bauunternehmer und Bauherrn. Freiburg i. Br. ^{4}1999, 21.

1 Inhalt des Architektenvertrages

Wenn Bauherr und Architekt zusammenfinden, so stellt sich sehr bald schon die Frage, auf welcher rechtlichen Basis sich das Miteinander abspielt.

1.1 Vorverhandlungen

Die erste Kontaktaufnahme zwischen Bauherr und Architekt verläuft nicht selten in einer Weise ab, in der für beide Seiten keine einvernehmliche Klarheit darüber besteht, ob zwischen ihnen bereits rechtsverbindliche geschäftliche Beziehungen entstanden sind.

Während Bauherren oftmals der Ansicht sind, das es sich dabei um unverbindliche Vorgespräche gehandelt hat, vertritt der Architekt die Auffassung, dass beide Seiten bereits in das Stadium einer vertraglichen Bindung getreten sind. Letzteres ist natürlich für den Architekten von Bedeutung, weil er nur dann ein Honorar verlangen kann, wenn zwischen ihm und dem Bauherrn eine rechtsverbindliche vertragliche Vereinbarung besteht. Fehlt es daran, kann er auch keine Vergütung in Rechnung stellen. Der Ablauf solcher Vorgespräche sieht meistens so aus, dass der Bauherr den Architekten anspricht, ihm von seiner Bauabsicht erzählt, dabei sowohl die gestalterische wie auch finanzielle Größenordnung vage umreißt und nach den Möglichkeiten einer Umsetzung fragt. In manchen Fällen gibt der Architekt lediglich eine erste Stellungnahme ab; in vielen Fällen jedoch leistet er schon aufgrund seines Geschäftsinteresses mehr, um den Auftrag zur Planung und Durchführung rechtsverbindlich übertragen zu bekommen.

Auf dem Wege zu rechtsverbindlichen Beauftragung existiert eine „Grauzone“, d.h. ein Bereich von Leistungen, die lediglich als Tätigkeiten der Werbung und Akquisition anzusehen sind. Es kann sich dabei oftmals um Leistungen handeln, die nicht unerhebliche Vorarbeiten darstellen, ohne dass der Architekt hierfür eine Vergütung beanspruchen kann.[2]

Andererseits sind nicht alle Leistungen eines Architekten, die dieser im Vorfeld einer Vertragsschließung für den Bauherrn erbringt, gleichbedeutend mit der Kostenlosigkeit dieser Leistungen. Wenn Bauherr und Architekt vereinbaren, dass der Architekt bestimmte Vorschläge „unverbindlich“ unterbreiten sollen, so kann

---

[2] BGH, BauR 1985, 467.

dies „kostenlos“ bedeuten.[3] Unverbindliche Arbeiten müssen aber nicht immer gleichbedeutend mit „kostenlos“ sein. Dem kammerangehörigen Architekten ist es berufsrechtlich ohnehin untersagt, kostenlose Leistungen zu erbringen. Diese berufsständische Restriktion besagt jedoch nichts über die zivilrechtliche Zulässigkeit von Vereinbarungen zwischen Architekt und Bauherr über die Kostenlosigkeit von Architektenleistungen.

Die Umstände, nach denen Architektenleistungen nur gegen Vergütung zu erwarten sind, muss der Architekt darlegen und beweisen.[4] In der Praxis kommt es erstaunlicherweise häufig vor, dass in Ermangelung schriftlicher Vereinbarungen, von Bauherren mit Hilfe von Zeugen bestätigt und damit auch in gerichtlichen Verfahren bewiesen wird, dass der Architekt die Kostenlosigkeit bestimmter Leistungen zugesichert hätte.

Andererseits gehört es zur mehr als 70 Jahre währenden Rechtspraxis, dass ein Architekt auch ohne ausdrückliche Vereinbarung für seine Leistungen honoriert werden muss, wenn dies nach den Umständen nur gegen eine Vergütung zu erwarten war. Daraus ist der Rechtssatz entwickelt worden, dass jeder, der die Dienste eines Architekten in Anspruch nimmt, regelmäßig - zumindest stillschweigend - einen Architektenvertrag mit entsprechenden Vergütungsfolgen schließt.[5] Das gilt vor allem dann, wenn die verlangte Leistung mit erheblichem Arbeitsaufwand oder Kosten verbunden ist.[6] Üblicherweise ist von der Entgeltlichkeit der Planungstätigkeit eines Architekten auszugehen, auch wenn sich der Architekt erst mit der Leistungsphase 2 (Vorplanung) befasst.[7] Je größer demnach der Umfang der Architektenleistung ist, desto eher darf man davon ausgehen, dass der Architekt nur gegen Vergütung arbeiten wollte.[8]

Nach § 632 Abs. 1 BGB kann der Bauherr die unverbindlichen Vorarbeiten nur gegen Vergütung erwarten, denn wenn der Bauherr eine typische Berufsleistung eines Architekten in Anspruch nimmt, muss er hierfür auch die entsprechende Vergütung zahlen.

BGB § 632 Abs. 1 [Vergütung]

Eine Vergütung gilt als stillschweigend vereinbart, wenn die Herstellung des Werkes den Umständen nach nur gegen eine Vergütung zu erwarten ist.

Unverbindlich heißt in diesem Zusammenhang lediglich, dass der Bauherr nicht weitere Arbeiten an den Architekten vergeben muss. Sollten die Architektenleistungen gleichwohl unentgeltlich erbracht werden, muss der Bauherr dies darlegen

[3] BGH, Schäfer/Finnern/Hochstein, Rechtsprechung zum privaten Baurecht, Düsseldorf, Loseblattsammlung, seit 1978, Z.3.01 Bl. 380.

[4] BGH, NJW 1997, 1317.

[5] BGH, BauR 1987, 454.

[6] OLG Saarbrücken, NJW 1967, 2359.

[7] OLG Stuttgart, BauR 1997, 681.

[8] OLG Düsseldorf, NJW-RR 1998, 1317.

und beweisen.[9] Etwas anderes gilt hier nur dann, wenn die Architektenleistung nur einen unerheblichen Aufwand verursacht hat (z.B. flüchtige Handskizzen). In diesem Fall würde ein Vergütungsanspruch entfallen. Zum gleichen Ergebnis wird man gelangen, sollte der Architekt so unvorsichtig sein und ungefragt Leistungen erbracht haben.

Eine besondere praxisrelevante Form kostenloser Beauftragung besteht in den Fällen, in denen der Architekt mit einem Investor in Kontakt tritt. Es handelt sich hierbei um jene Situationen, bei denen sich der Architekt verpflichtet, in zunächst kostenlose Vorleistungen zu treten, d.h. Planungen erstellt unter der Voraussetzung, dass der Investor ein bestimmtes Grundstück erwirbt und sein geplantes Vorhaben schließlich ausführt. Der Architekt liefert in derartigen Fallkonstellationen wesentliche Unterlagen, die der Investor vielfach in sein Investitionskonzept gegenüber Dritten – in erster Linie ist hier an Banken und Behörden zu denken – integriert und präsentiert. Als vereinbarte Gegenleistung wird dem Architekten dann die Beauftragung des Bauvorhabens zugesichert – sofern es zur Bauausführung tatsächlich kommt. Nur wenn letztere Bedingung eintritt, besteht für den Architekten rückwirkend ein Honoraranspruch.

Die Vereinbarung einer solchen Bedingung ist zivilrechtlich zulässig. Standesrechtlich wird sie zu beanstanden sein. Der Architekt hat jedoch immer auch zivilrechtlich zu beachten, dass sich jede Form der Entgeltlichkeitsvereinbarung mit dem Bauherrn am Preisrecht der HOAI zu orientieren hat. Wird also doch keine Kostenlosigkeit vereinbart, sondern soll der Architekt eine wie auch immer bezeichnete Aufwandsentschädigung für seine Leistungen erhalten, müssen die Vorschriften der HOAI eingehalten werden.

Folgende Kurzformel lässt sich bei unverbindlichen Vorarbeiten aufstellen:

- Handelt es sich um nicht geringfügige Architektenleistungen ohne eine entsprechende Honorarvereinbarung hat der Architekt einen Anspruch auf Vergütung, aber es besteht keine Option auf weitere Aufträge. Ist in derartigen Fällen eine Vereinbarung vorhanden, so ergibt sich die Vergütung aus dem Inhalt dieser Vereinbarung.

- Handelt es sich geringfügige Architektenleistungen ohne Honorarvereinbarung, so erhält der Architekt auch keine Vergütung. Ebenso wenig besteht eine Option auf weitere Aufträge. Ist in derartigen Fällen eine Vereinbarung vorhanden, so ergibt sich die Vergütung aus dem Inhalt dieser Vereinbarung.

Nach alledem wird klar, dass die Leistungen eines Architekten nicht in jedem Falle gleich einem vertraglichen Verhältnis entspringen, sondern sich durchaus als bloße Akquisition darstellen können. Diese Akquisition kann allerdings bereits eine typische Architektenleistung sein, die im Regelfall zu vergüten ist – es sei denn, es handelt sich um ganz geringfügige Tätigkeiten. Komplizierter wird die Einordnung vor allem dann, wenn die Akquisition einen derartigen Umfang annimmt, dass sie als solche schon die Schwelle zur „klassischen Beauftragung" ei-

[9] BGH, ZfBR 1987, 187.

nes Architekten und damit zur Begründung eines Vertragsverhältnisses überschreitet.

Bei den „klassischen Grundleistungen" bei einer Architektenbeauftragung handelt es sich um die Erbringung aller oder einzelner Leistungsphasen des § 15 HOAI:

1. Grundlagenermittlung
2. Vorplanung
3. Entwurfsplanung
4. Genehmigungsplanung
5. Ausführungsplanung
6. Vorbereitung der Vergabe
7. Mitwirkung bei der Vergabe
8. Objektüberwachung
9. Objektbetreuung

Nach der Rechtsprechung des BGH[10] sind die Umstände, nach denen die Architektenleistung nur gegen Vergütung zu erwarten ist, vom Architekten darzulegen und zu beweisen, während der Auftraggeber dafür, dass die Leistungen unentgeltlich erbracht wurden, beweispflichtig sind. Es bleibt somit der Prüfung des Einzelfalles überlassen. Es lässt sich lediglich eine ungefähre Schwelle zwischen Akquisition und Beauftragung eines Architekten (Architektenvertrag) zwischen Leistungsphase 2 und 3 ausmachen,[11] wobei jedoch zu beachten gilt, dass manche Gerichte hier durchaus andere Grenzlinien ziehen.

Hierzu gehören auch recht eigenwillige Entscheidungen. Die Abgrenzung bleibt daher schwierig. Während bei der Verwertung der Architektenleistung[12] in aller Regel ein Architektenvertrag zu bejahen sein wird, ist dies bei der bloßen Entgegennahme einer Architektenleistung äußerst zweifelhaft. Hier ist eine wichtige juristische Trennlinie zwischen Akquisition und Beauftragung zu ziehen. Zur Vermeidung jedweder Zweifel und Unsicherheiten, sollte der Architekt in jedem Fall mit dem Bauherrn eine schriftliche Vereinbarung über den Umfang und die Entgeltlichkeit seiner Leistungen treffen.

Eine vergütungspflichtige Architekten- bzw. Ingenieursleistung liegt vor:

- bei Beauftragung des Architekten mit der Abfertigung von Entwürfen für eine mögliche Bebauung[13],

[10] BGH, BauR 1997, 1060 = NJW 1997, 3017 und BauR 1987, 454 = NJW 1987, 2742.

[11] Vgl. OLG München, BauR 1996, 417; OLG Koblenz, BauR 1996, 888.

[12] Vgl. OLG Celle, BauR 2001, 1135.

[13] OLG Koblenz, BauR 1996, 888.

- wenn der Architekt oder Ingenieur aufgefordert werden, eine unverbindliche Kostenschätzung zu erbringen[14],
- laut BGH, wenn der Architekt seine Unterschrift unter Pläne setzt, eine Bauvoranfrage oder ein Baugesuch abgibt[15] - anders die Auffassung des OLG Hamm, das dies nur für den Fall einräumt, wenn der Verhandlungspartner sein Grundstück nicht selbst bebauen, sondern nur vorteilhaft verkaufen will. Ein Honorar des planenden Architekten falle nur dann an, wenn besondere zusätzliche Umstände vorlägen, die eine Vergütung rechtfertigen würden[16],
- wenn sich der Bauherr die Planungsleistungen des Architekten im Rahmen einer Bauvoranfrage nutzbar macht. Der Vergütungsanspruch ist allerdings zu kürzen, wenn der Architekt den Bauherrn im Rahmen der Verhandlungen über gestalterische Vorleistungen nicht auf die Vergütungspflicht hinweist (Grundsätze des Verschuldens bei Vertragsschluss)[17],
- wenn der Bauherr Abschlagszahlungen leistet[18],wenn der Architekt seine Vorplanung mit Willen des Bauherrn an dessen Grundstücksnachbarn versendet, um dessen Zustimmung zum Bauvorhaben zu erwirken[19],
- wenn der Architekt eine Entwurfsplanung mit Willen des Bauherrn anfertigt[20].

Um eine Akquisitionsleistung ohne Vergütungsanspruch handelt es sich dagegen:

- bei Vorlage eines Entwurfes auf eigene Initiative des Architekten[21],
- wenn der Architekt eine Grundlagenermittlung durchführt und eine Vorplanung eines Anbieters für ein schlüsselfertiges Haus überprüft[22].

Ein spezielles Problem kann sich aus dem Umstand ergeben, dass der Bauherr einen Architekten auffordert, für das Bauvorhaben einen Entwurf vorzulegen. Mit Hilfe der gefertigten Planung reicht der Bauherr eine Bauvoranfrage ein, die positiv beschieden wird. Der Bauherr war die ganze Zeit jedoch auch mit einem zweiten Architekten in Kontakt, der nach Vorlage des Bauvorbescheids den Planungsauftrag erhält. Üblicherweise werden Architekten jedoch nur entgeltlich tätig. Spätestens wenn Planungsergebnisse des Architekten vom Bauherrn verwendet werden, wie z.B. im Rahmen eines Bauvorbescheides ist nicht mehr von einer reinen akquisitorischen Tätigkeit auszugehen. Damit ist zumindest eine stillschwei-

[14] OLG Köln, BauR 1993, 375.
[15] BGH, BauR 1985, 582.
[16] OLG Hamm, NJW-RR 1996, 83.
[17] OLG Saarbrücken, NJW-RR 1999, 1035.
[18] BGH, BauR 1985, 582.
[19] OLG Frankfurt, NJW-RR 1987, 535.
[20] OLG Hamm, BauR 1990, 636.
[21] OLG Oldenburg, BauR 1988, 620.
[22] OLG Hamm, NJW-RR 1993, 1368.

gende Vergütungsvereinbarung zustande gekommen, wie auch der BGH[23] zuletzt entschieden hat.[24]

Die aufgeführten Beispiele können natürlich bei weitem nicht alle denkbaren Grenzfälle abdecken, wobei jeder Einzelfall ohnehin gesondert betrachtet werden muss. Es wird daher im Sinne der Rechtsklarheit für beide Seiten ratsam sein, eine schriftliche Vereinbarung in Form eines Vorvertrages zu treffen.

Zu beachten gilt, dass aus den Vorverhandlungen ein vertragsähnliches Vertrauensverhältnis mit beiderseitigen Sorgfalts-, Aufklärungs- und Offenbarungspflichten entstehen kann. Dies betrifft in erster Linie Umstände und Tatsachen, die den Vertragszweck gefährden können. Verletzt einer der Beteiligten diese Pflichten, so kann er von dem anderen zum Schadensersatz wegen Verschuldens bei Vertragsschluss (C.I.C) haftbar gemacht werden. Es handelte sich hierbei nach „altem" Schuldrecht um ein gewohnheitsrechtliches Rechtsinstitut. Das Schuldrechtsmodernisierungsgesetz[25] hat die C.I.C. nunmehr in die §§ 241 Abs. 2, 311 Abs. 2, 3 BGB integriert.

BGB § 241 [Schuldverhältnis und Leistungspflichten]

(1) Kraft des Schuldverhältnisses ist der Gläubiger berechtigt, von dem Schuldner eine Leistung zu fordern. Die Leistung kann auch in einem Unterlassen bestehen.
(2) Das Schuldverhältnis kann nach seinem Inhalt jeden Teil zur Rücksicht auf die Rechte, Rechtsgüter und Interessen des andern Teils verpflichten.

BGB § 311 [Rechtsgeschäftliche und rechtsähnliche Schuldverhältnisse]

(1) Zur Begründung eines Schuldverhältnisses durch Rechtsgeschäft sowie zur Änderung des Inhalts eines Schuldverhältnisses ist eine Vertrag zwischen den Beteiligten erforderlich, soweit nicht das Gesetz ein anderes vorschreibt.
(2) Ein Schuldverhältnis mit Pflichten nach § 241 Abs. 2 entsteht auch durch
   1. die Aufnahme von Vertragsverhandlungen,
   2. die Anbahnung eines Vertrags, bei welcher der eine Teil im Hinblick auf eine etwaige rechtsgeschäftliche Beziehung dem anderen Teil die Möglichkeit zur Einwirkung auf seine Rechte, Rechtsgüter und

[23] BGH, Urteil vom 05.04.2001 - VII ZR 12/00.

[24] Ebd.

[25] Zum 1.1.2002 trat das Schuldrechtsmodernisierungsgesetz in Kraft (BT-Drucks. 14 / 7052). Es erbrachte wesentliche Veränderungen des gesamten Allgemeinen und Besonderen Schuldrechts im Bürgerlichen Gesetzbuch mit sich. Die allgemeine Überleitungsvorschrift (Art 229 EGBGB § 5) sieht vor, dass für Schuldverhältnisse, die vor dem 1.1.2002 entstanden sind, das BGB in der bis zu diesem Tag geltenden Fassung anzuwenden ist. Danach ist für die Beachtung der Schuldrechtsreform der Tag des Vertragsschlusses maßgeblich. Ausnahmeregelungen gelten für die Überleitungsvorschriften zum Verjährungsrecht (vgl. Ausführungen zu Verjährung) und den Überleitungsvorschriften von Zinsvorschriften (vgl. Ausführungen zu Zinsen).

Interessen gewährt oder ihm diese anvertraut, oder
3. ähnliche geschäftliche Kontakte.
(3) Ein Schuldverhältnis mit Pflichten nach § 241 Abs. 2 kann auch zu Personen entstehen, die nicht selbst Vertragspartei werden wollen. Ein solches Schuldverhältnis entsteht insbesondere, wenn der Dritte in besonderem Maße Vertrauen für sich in Anspruch nimmt und dadurch die Vertragsverhandlungen oder den Vertragsschluss erheblich beeinflusst.

Die Schutzpflichten des § 241 Abs. 2 BGB können auch Dritten (Vertretern, Verhandlungsgehilfen, Sachverständigen, Auskunftspersonen) obliegen, die zwar nicht selbst Vertragspartei werden sollen, aber besonderes Vertrauen für sich in Anspruch nehmen und so die Vertragsverhandlungen oder den Abschluss erheblich beeinflussen (§ 311 Abs. 3 BGB).[26]

Dies gilt auch unabhängig davon, ob der Architektenvertrag später tatsächlich zustande kommt oder nicht. Der Schädiger hat dem anderen den Ersatz des Vertrauensschadens zu leisten, d. h. der andere ist so zu stellen, als wenn die begonnenen Vertragsverhandlungen nicht geführt worden wären.[27] Dieser Schadensersatzanspruch lässt sich nach neuem Recht unmittelbar aus § 280 Abs. 1 BGB herleiten, denn alleinige Voraussetzung dieses Anspruchs ist die vom Schuldner zu vertretene Pflichtverletzung aus einem Schuldverhältnis.

BGB § 280 Abs. 1 [Schadensersatz wegen Pflichtverletzung]

Verletzt der Schuldner eine Pflicht aus dem Schuldverhältnis, so kann der Gläubiger Ersatz des hierdurch entstehenden Schadens verlangen. Dies gilt nicht, wenn der Schuldner die Pflichtverletzung nicht zu vertreten hat.

Ausnahmsweise kann der Geschädigte auch das Erfüllungsinteresse verlangen, nämlich dann, wenn der beabsichtigte Vertrag durch das schädigende Verhalten des anderen nicht zustandegekommen ist. Voraussetzung für diesen Schadensersatzanspruch ist, dass die eine Partei durch ihr Verhalten ein Vertrauen in der anderen Partei geweckt und dieses schuldhaft enttäuscht hat.

1.2 Vorvertrag

Zwischen Architekt und Bauherr kann auch ein Vorvertrag abgeschlossen werden. Ein solcher Vortrag bietet sich immer dann an, wenn sich die Partner über alle wesentlichen Punkte geeinigt haben, dem Abschluss des Hauptvertrages aber noch tatsächliche oder rechtliche Hindernisse entgegenstehen. In diesem Vorvertrag

[26] Marx/Wenglorz, Schuldrechtsreform 2002. Das neue Vertragsrecht. Freiburg i.Br., Berlin München 2001, 85.
[27] BGHZ 114, 87.

kann z.B. festlegt werden, dass das Architektenhonorar in einer schriftlichen Vereinbarung zu treffen ist und dabei vom Mindestsatz auszugehen ist.

Oft wird dieser Vertrag durch eine vom Architekten aufgesetzte Verpflichtungserklärung ersetzt. Der Bauherr verpflichtet sich darin zum Abschluss des Hauptvertrages, d.h. des eigentlichen Architektenvertrages. Aus rechtlicher Sicht bestehen gegen den Abschluss derartiger Vorverträge bzw. Verpflichtungserklärungen keinerlei Bedenken. Die Parteien müssen sich allerdings des darin konstituierten Bindungswillens bewusst sein. Verweigert etwa der Bauherr später den Abschluss des Architektenvertrages ohne wichtigen Grund, hat er dem Architekten Schadensersatz zu leisten. Der Architekt muss in diesem Fall durch den Bauherrn so gestellt werden, als sei der Architektenvertrag abgeschlossen und anschließend von ihm, dem Bauherrn, gekündigt worden.[28]

1.3 Der Architektenvertrag

1.3.1 Das Zustandekommen eines Architektenvertrages

Grundsätzlich kommt auch der Architektenvertrag nur durch Angebot und Annahme zustande. Dies setzt voraus, dass sich Bauherr und Architekt über alle wesentlichen Bedingungen des vertraglichen Miteinanders einig sind. Wesentliche Bedingungen sind die Aufgaben des Architekten und die Vergütung durch den Bauherrn.

Wichtig ist, dass die Erklärungen von Bauherrn und Architekten jeweils dem anderen zugehen müssen. Für den wirksamen Zugang gilt, dass beispielsweise nicht jeder Beschäftigte eines Architekten Vertretungsbefugnis besitzt. Erklärungen gegenüber Beschäftigten ohne Vertretungsbefugnis sind nicht zwangsläufig für den Architekten verbindlich zugegangen. Umgekehrt können Beschäftigte eines Architekten nicht ohne wirksame Vertretungsbefugnis Erklärungen gegenüber dem Bauherrn abgeben.

Die Einigung über den Architektenvertrag erfolgt regelmäßig durch ausdrückliche Erklärung. Die ausdrückliche Einigung ist dabei schriftlich wie mündlich möglich. Die Frage des Leistungsumfanges in Fällen der mündlichen Vertragsschließung birgt ein nicht zu verachtendes Konfliktpotential. Zwar kann im Einzelfall die Vermutung dafür bestehen, dass dem Architekten im Zweifel die gesamten zum Leistungsbild gehörenden Arbeiten (mit Ausnahme der Objektbetreuung[29]) übertragen wurden,[30] doch sollte wegen der Vielzahl von Einzelfragen beim Bauvorhaben der schriftlichen Vertragsschließung immer der Vorrang eingeräumt werden. Schriftliche Verträge, können durch Individualverträge oder durch vorformulierte Texte abgeschlossen werden.

---

[28] Großhauser, 54.

[29] OLG Düsseldorf, BauR 2001, 672.

[30] Vgl. OLG Köln, BauR 1973, 251 = MDR 1973, 224.

Oftmals werden Architektenverträge zunächst mündlich ausgehandelt. Hinterher kommt es zur Absendung eines sog. Bestätigungsschreibens. Ein solches Bestätigungsschreiben selber stellt grundsätzlich keine neuerliche Vertragsannahme durch den Absender dar; es dient primär alleine der Beweissicherung dafür, dass zwischen den Parteien zuvor ein mündlich ausgehandelter Vertrag abgeschlossen worden ist.

Wesentlich ist allerdings, dass die Grundsätze für das Bestätigungsschreiben nur bei vertraglichen Abmachungen zwischen Kaufleuten gelten. Voraussetzung ist zunächst, dass zwischen dem Architekten und seinem Vertragspartner eine mündliche Verhandlung stattgefunden hat. Der Absender des Bestätigungsschreibens – es wird sich meist um den Architekten handeln – umreist in seinem Schreiben noch einmal klar und präzise die Vorstellung über den Vertragsinhalt und versichert dem anderen, dass dieser Inhalt rechtsverbindlich gewollt ist. Widerspricht der Empfänger des Schreibens nicht in angemessener Zeit, gilt der Vertrag als geschlossen, denn Schweigen bedeutet in diesem Fall Zustimmung. Etwas anderes gilt nur dann, wenn der Inhalt des Bestätigungsschreibens in grober Weise von dem zuvor mündlich Besprochenen abweicht. Dann tritt die Rechtswirkung des Bestätigungsschreibens nicht ein.

Eine Alternative zum kaufmännischen Bestätigungsschreiben bietet die Mitnahme eines zuverlässigen Zeugen, der ein Gesprächsprotokoll unterschreibt. Ist, wie in vielen Fällen, der Bauherr kein Kaufmann, kann es sich bei einem zugegangenen Schreiben stattdessen vielmehr um eine sogenannte Auftragsbestätigung durch den Architekten handeln. Weicht die Auftragsbestätigung inhaltlich vom Angebot ab, das der Architekt zuvor gegenüber dem Bauherrn abgegeben hat, gilt das zuvor abgegebene Angebot des Bauherrn als abgelehnt. Die Auftragsbestätigung (die inhaltlich das Angebot modifiziert hat) stellt mit dem in der Auftragsbestätigung niedergelegten Gegenangebot gemäß § 150 Abs. 2 BGB dar:

BGB § 150 Abs. 2 [Verspätete und abgeänderte Annahme]

Eine Annahme unter Erweiterungen, Einschränkungen oder sonstigen Änderungen gilt als Ablehnung verbunden mit einem neuen Antrag.

Im Gegensatz zum Bestätigungsschreiben bedeutet das Schweigen des Bauherrn auf eine Auftragsbestätigung grundsätzlich keine Zustimmung. Damit fehlt in diesen Fällen es an einer Willenserklärung und demzufolge an einem wirksam abgeschlossenen Vertrag.

Eine dringend abzuratende Form des Vertragsschlusses bildet die stillschweigende Einigung zwischen Bauherr und Architekt. Ein solcher Vertragsschluss kommt dann zustande, wenn alleine aus dem Verhalten beider Parteien der Schluss gezogen werden muss, das sie sich vertraglich binden wollten.

Beispiel:
Bauherr und Architekt haben im Vorfeld über ein Bauvorhaben verhandelt. Auf die Frage des Bauherrn nach den voraussichtlichen Kosten, beziffert der Architekt das Gesamtvolumen auf 300.000,- €. Für diesen Preis will der Bauherr jedoch nicht bauen lassen. Der

Bauherr erklärt, das Bauvorhaben nur machen zu wollen, wenn es 250.000,- € nicht übersteigt. Schriftliches wird daraufhin nicht vereinbart; der Architekt erstellt jedoch Pläne und spricht erste Bauunternehmer an. Der Architekt hat damit zum Ausdruck gebracht, dass er mit der Preisvorgabe des Bauherrn einverstanden war, so dass der Vertrag zustande gekommen ist.

1.3.2 Die Unwirksamkeit eines Architektenvertrages

Verstoß gegen Formvorschriften

Der Gesetzgeber hat nach dem Gesagten grundsätzlich keine bestimmte Form für den Abschluss eines Architektenvertrages vorgesehen. Zu beachten ist lediglich, dass nur bestimmte besondere Vereinbarungen der Schriftform bedürfen. Die wichtigsten Fälle eines Schriftformerfordernisses für Verträge zwischen dem privaten Bauherrn und dem Architekten bestehen:

- bei Vereinbarung der Überschreitung oder Unterschreitung des Mindestsatzes i.S.d. § 4 HOAI (vgl. 2. Teil),
- bei Vereinbarung einer Nebenkostenpauschale gem. § 7 Abs. 3 HOAI (vgl. 2. Teil),
- bei Vereinbarung eines sog. Umbau- Modernierungszuschlag nach § 24 HOAI (vgl. 2. Teil).

Aber es existieren auch Ausnahmen: Die drei wichtigsten Bestimmungen, die keiner vorhergehenden schriftlichen Vereinbarung, also auch nicht bei Auftragserteilung bedürfen, sind § 5 Abs. 4 und 5 HOAI (vgl. Darlegungen im 2. Teil) über die Erbringung Besonderer Leistungen, § 10 Abs. 3a HOAI (vgl. Darlegung im 2. Teil) über das Ausmaß der Anrechenbarkeit planungs- und aufsichtsberührter Altbausubstanz sowie die Vereinbarung der Honorarzone.[31] Besondere Leistungen können auch später vereinbart werden (Schriftform ist dabei unumgänglich).
Vom Grundsatz der Formfreiheit bestehen weiterhin Ausnahmen, wenn:

- zwischen Kirchen und Architekten Verträge geschlossen werden.[32] Es handelt sich hierbei - wegen einer Regelung im EGBGB - um bundesrechtliche Formvorschriften.[33] Fehlt z.B. bei einer Vereinbarung zwischen einem Architekten und einer katholischen Kirchengemeinde eine bischöfliche Genehmigung, so ist ein Vertrag unwirksam.[34] Gleiches gilt für eine entsprechende Vereinbarung bei

---

[31] Neuenfeld, Architekt und Bauherr: ein neuer Architektenvertrag. Stuttgart / Berlin / Köln 1999, 30.

[32] Vgl. OLG Hamm, BauR 1988, 742 = MDR 1988, 860 = NJW-RR 1988, 464; Koeble in: Kniffka/Koeble, Kompendium des Baurechts. Privates Baurecht und Bauprozess, München 2000, 9.Teil, Rn. 31 mit Hinweis auf taktische Überlegungen bezüglich der Genehmigung vor allem im Hinblick auf Vertragsbeziehungen und Gewährleistungsansprüche).

[33] Vgl. § 125 BGB.

[34] OLG Hamm, BauR 1988, 742.

fehlender Genehmigung durch die Landessynode nach evangelischem Kirchenrecht,

- zwischen Gemeinden und Architekten Verträge geschlossen werden.[35] Die Gemeindeordnungen der Länder enthalten unterschiedliche „Formvorschriften". Wirksame Verpflichtungen kommen hier nur zustande, wenn dem Schriftformerfordernis Genüge getan wird und diese mindestens vom Bürgermeister unterzeichnet sind. Die Verträge sind aber wegen Überschreitung der Vertretungsmacht nach § 177 BGB - allerdings mit der Option einer Genehmigungsmöglichkeit nach § 179 Abs. 1 BGB - schwebend unwirksam.[36] Eine Gemeinde könnte sich dann nicht auf die „Formunwirksamkeit" berufen, wenn dies zu einem unerträglichen Ergebnis führen würde. Der BGH[37] hat dies u.a. in den Fällen so angesehen, in denen das nach der Gemeindeordnung zuständige Organ den Abschluss des Verpflichtungsvertrages „gebilligt habe". Ebenso in einem Fall des Fehlens der Amtsbezeichnung oder des Dienstsiegels[38] oder wenn bei einem mündlichen Vertrag die zuständigen Organe gehandelt haben. Eine Vollmacht zum Abschluss eines Architekten- oder Bauvertrages muss allerdings nicht die Anforderungen der Gemeindeordnungen erfüllen, um wirksam zu sein.[39]

BGB § 177 Abs. 1 [Vertragsschluss durch Vertreter ohne Vertretungsmacht]

Schließt jemand ohne Vertretungsmacht im Namen eines anderen einen Vertrag, so hängt die Wirksamkeit des Vertrags für und gegen den Vertretenen von dessen Genehmigung ab.

BGB § 179 Abs. 1 [Haftung des Vertreters ohne Vertretungsmacht]

Wer als Vertreter den Mangel der Vertretungsmacht geschlossen hat, ist, sofern er nicht seine Vertretungsmacht nachweist, dem anderen Teile nach dessen Wahl zur Erfüllung oder zum Schadensersatz verpflichtet, wenn der Vertretene die Genehmigung verweigert.

Verstoß gegen das Kopplungsverbot

Der Architekt hat das Kopplungsverbot des Gesetzes zur Verbesserung des Mietrechts und zur Begrenzung des Mietanstiegs sowie zur Regelung von Ingenieur- und Architektenleistungen (MRVG) zu beachten:

---

[35] Vgl. BGH, NJW 1980, 117; BGH, BauR 1994, 363 = NJW 1994, 1528 = ZfBR 1994, 123.

[36] BGH, NJW 1980, 117.

[37] BGH, BauR 1994, 363 = NJW 1994, 1528 = ZfBR 1994, 123.

[38] Vgl. OLG Frankfurt, NJW-RR 1989, 1425.

[39] OLG Köln, BauR 1994, 112.

MRVG Art 10 § 3 [Unverbindlichkeit der Kopplung von Grundstückskaufverträgen mit Ingenieur- und Architektenleistungen]

Eine Vereinbarung, durch die der Erwerber eines Grundstücks sich im Zusammenhang mit dem Erwerb verpflichtet, bei der Planung oder Ausführung eines Bauwerks auf dem Grundstück die Leistungen eines bestimmten Ingenieurs oder Architekten in Anspruch zu nehmen, ist unwirksam. Die Wirksamkeit des auf Erwerb des Grundstücks gerichteten Vertrages bleibt unberührt.

Das Kopplungsverbot ist grundsätzlich nicht leistungs- sondern ausschließlich berufsstandsbezogen.[40] Es genügt schon, wenn der Architekt ein Grundstück „an der Hand“ hat, also als Vermittler tätig wird. Damit soll verhindert werden, dass sich der Käufer eines Grundstücks „im Zusammenhang mit dem Erwerb“ verpflichtet, die Leistungen eines bestimmten Ingenieurs oder Architekten in Anspruch zu nehmen. Geschützte Personen sind Grundstückserwerber und alle Erwerber dinglicher Rechte (z.B. Erbbaurechte). Zu den verbotenen Verpflichtungen zählt die Inanspruchnahme einer Architektenleistung (hierunter fallen auch mündliche Verpflichtungen). Ausgenommen sind hiervon sind Bauträger, Generalunternehmer und Wohnungsbauunternehmen.[41]

Soweit allerdings ein Architekt als Generalübernehmer oder Generalunternehmer tätig wird, gilt wieder das Kopplungsverbot. Für einen gewerbsmäßig als Generalunternehmer tätigen Architekten oder Ingenieur, der schlüsselfertige Bauten auf einem dem Erwerber vorweg zu übertragenden Grundstück errichtet, gilt das Kopplungsverbot dagegen wieder nicht.[42]

Verstoß gegen die guten Sitten

Ein besonderes Problem stellt sich auch bei der Frage, ob ein Architektenvertrag deshalb unwirksam ist, wenn sein Zustandekommen gegen die guten Sitten verstößt?

In einem konkreten Fall, der letztlich höchstrichterlich entschieden werden musste ging es um die Frage, ob ein Architektenvertrag wegen Verstoßes gegen die guten Sitten nichtig ist, weil ein Architekt einen Geschäftsführer der Auftraggeberin, hier einer Wohnbaugesellschaft bestícht, um den Architektenauftrag zu erhalten. Während die unterinstanzlichen Entscheidungen zu einer Nichtigkeit des Vertrages gelangten, erklärte der BGH[43] dagegen, dass die Nichtigkeit nicht ohne weiteres gegeben sei. Dem Architekten stehe grundsätzlich ein Honoraranspruch zu. Die Schmiergeldabrede sei zwar nichtig, dies erstrecke sich aber nicht ohne weiteres auf den Architektenvertrag. Wenn dieser wie üblich ausgestaltet sei, sei er wirksam, wenn der Auftraggeber ordnungsgemäß vertreten gewesen sei. Die

[40] BGH, Schäfer/Finnern/Hochstein Nr. 1 zu Art 10 zu § 3 MRVG.

[41] BGH, BauR 1984, 192.

[42] BGH, Schäfer/Finnern/Hochstein Nr. 17 zu Art 10 zu § 3 MRVG.

[43] BGH, BauR 1999, 1047 = NJW 1999, 2226 = LM Heft 11/99, § 134 BGB Nr. 165 mit Anmerkung Koeble.

Wirksamkeit des Architektenvertrages selbst ist von einer Schmiergeldabrede unberührt.[44]

Unmittelbare Folgen unwirksamer Architektenverträge sind das Entstehen bereicherungsrechtlicher Ansprüche[45], Kündigungsansprüche (aus wichtigem Grund)[46] oder Schadensersatzansprüche wegen Geschäftsführung ohne Auftrag[47], soweit Leistungen erbracht und verwertet worden sind. Vertragliche Ansprüche bestehen dagegen wegen der Unwirksamkeit des Vertrages nicht.

Schwarzarbeit

Ein beidseitiger Verstoß gegen das Gesetz zur Bekämpfung der Schwarzarbeit macht den gesamten Architektenvertrag unwirksam.[48]

Mündlich vereinbartes Honorar ohne Umsatzsteuer

Vereinbaren die Parteien mündlich für Architektenleistungen ein Honorar ohne Umsatzsteuer, so ist die Vereinbarung unwirksam.[49]

1.3.2 Der Inhalt eines Architektenvertrages

Der Vertragstypus des Architektenvertrages

Das BGB enthält keine Normierung eines Architektenvertrages; auch sonst existiert keine spezialgesetzliche Regelung zum Architektenvertrag. Bauherr und Architekt sind in ihrer Vertragsgestaltung relativ frei; d.h. sie können nach eigenen Wünschen und Vorstellungen Vereinbarungen treffen. Diese Freiheit ist jedoch nur relativ, da es natürlich gesetzliche Normen gibt, die den Architektenvertrag in Einzelbereichen bestimmten Grenzen und Rechtsfolgen unterwirft. Die Rechtsprechung ordnet den Architektenvertrag, je nach vereinbarter Tätigkeit als Werkvertrag gemäß §§ 631ff. BGB oder als Dienstvertrag gemäß §§ 611ff. BGB ein.

---

[44] Locher/Koeble/Frik, Kommentar zur HOAI: mit einer Einführung in das Recht des Architekten und der Ingenieure / von Horst Locher, Düsseldorf 2002[8]., Einleitung, Rn 45.

[45] BGH, BauR 1994, 651.

[46] BGH, BauR 1999, 1047 = NJW 1999, 2226 = LM Heft 11/99, § 134 BGB Nr. 165.

[47] BGH, BauR 1994, 110.

[48] BGH, BauR 2001, 632; Kniffka in: Kniffka/Koeble, Kompendium, 6. Teil, Rn. 72, 82.

[49] OLG Hamm, BauR 1997, 501 = NJW-RR 1997, 722.

BGB § 631 [Wesen des Werkvertrages]

(1) Durch den Werkvertrag wird der Unternehmer zur Herstellung des versprochenen Werkes, der Besteller zur Entrichtung der vereinbarten Vergütung verpflichtet.
(2) Gegenstand des Werkvertrages kann sowohl die Herstellung oder Veränderung einer Sache als ein anderer durch Arbeit oder Dienstleistung herbeigeführter Erfolg sein.

BGB § 611 [Vertragspflichten]

(1) Durch den Dienstvertrag wird derjenige, welcher Dienste zusagt, zur Leistung der versprochenen Dienste, der andere Teil zur Gewährung der vereinbarten Vergütung verpflichtet.
(2) Gegenstand des Dienstvertrags können Dienste jeder Art sein.

Hinzu tritt die HOAI (auf die im 2. Teil besonders eingegangen wird), die das Honorarrecht des Architekten ausdrücklich regelt. Maßgeblich dafür, ob ein Architektenvertrag als Werk- oder als Dienstvertrag einzuordnen ist, ist die Frage, ob er lediglich die Arbeitsleistung als solche (= dann liegt ein Dienstvertrag vor) oder einen Erfolg (= dann liegt ein Werkvertrag vor) dem Bauherrn schuldet.

Die Leistungsbilder des Architekten

Die Leistungsbilder des Architekten sind in der HOAI dargestellt. Es sind drei Arten gem. § 2 HOAI zu unterscheiden:

- die Grundleistungen,
- die Besonderen Leistungen,
- die Zusätzlichen Leistungen.

HOAI § 2 [Leistungen]

(1) Soweit Leistungen in Leistungsbildern erfasst sind, gliedern sich die Leistungen in Grundleistungen und Besonderen Leistungen.
(2) Grundleistungen umfassen die Leistungen, die zur ordnungsgemäßen Erfüllung eines Auftrags im allgemeinen erforderlich sind. Sachlich zusammengehörige Grundleistungen sind zu jeweils in sich angeschlossenen Leistungsphasen zusammengefasst.
(3) Besondere Leistungen können zu den Grundleistungen hinzu- oder an deren Stelle treten, wenn besondere Anforderungen an die Ausführung des Auftrags gestellt werden, die über die allgemeinen Leistungen hinausgehen oder diese ändern. Sie sind in den Leistungsbildern nicht abschließend aufgeführt. Die

Besonderen Leistungen eines Leistungsbildes können auch in anderen Leistungsbildern oder Leistungsphasen vereinbart werden, in denen sie nicht aufgeführt sind, soweit sie dort nicht Grundleistungen darstellen.

Die Grundleistungen der Leistungsphasen nach § 15 Abs. 2 HOAI:

Zu den Grundleistungen des Architekten gehören die Leistungen, die zur ordnungsgemäßen Erfüllung eines Auftrages im allgemeinen erforderlich sind (§ 2 Abs. 2 HOAI). Sie werden in den neun Leistungsphasen des § 15 HOAI aufgeführt. Abzulehnen ist dabei die Auffassung in der baurechtlichen Literatur, dass die Grundleistungen der einzelnen Leistungsphasen grundsätzlich als gleichwertig anzusehen.[50]

Leistungsphase 1: Die Grundlagenermittlung

Sie umfasst die Ermittlung der Voraussetzungen zur Lösung der Bauaufgabe durch die Planung. Dazu gehören im Rahmen der Grundleistungen die Klärung der Aufgabenstellung, die Beratung zum gesamten Leistungsbedarf sowie das Formulieren von Entscheidungshilfen und welche Dritte an der Planung noch beteiligt werden sollen. Diese Leistungsphase hat in der Hauptsache eine beratende Tätigkeit des Architekten zum Gegenstand. Konkret fällt darunter:

- Klären der Aufgabenstellung,
- Beraten zum gesamten Leistungsbedarf,
- Formulieren von Entscheidungshilfen für die Auswahl anderer an der Planung fachlich Beteiligter,
- Zusammenfassung der Ergebnisse.

Leistungsphase 2: Die Vorplanung

Hierbei hat der Architekt wesentliche Teile einer endgültigen Lösung der Planungsaufgabe zu erarbeiten; einen planungsbezogenen Zielkatalog zu entwickeln und ein Planungskonzept einschließlich alternativer gleichwertiger Lösungsmöglichkeiten mit skizzenhafter, zeichnerischer Darstellung und Bewertung zu erstellen. In dieser Phase sind bereits die städtebaulichen, gestalterischen, funktionalen, technischen, wirtschaftlichen sowie landschaftsökologischen Wirkungszusammenhänge zu klären und zu erläutern; des weiteren Vorverhandlungen mit zuständigen Behörden bezüglich der Genehmigungsfähigkeit zu führen. Konkret fällt darunter:

- Analyse der Grundlagen,

---

[50] Löffelmann/Fleischmann, Architektenrecht: Architektenvertrag und HOAI-Leistungspflichten; Honorar und Haftung; Bausummenüberschreitung, Düsseldorf ^{4}2000, Rn. 145, 191, 280.

- Abstimmen der Zielvorstellungen (Randbedingungen, Zielkonflikte),
- Aufstellen eines planungsbezogenen Zielkatalogs (Programmziele),
- Erarbeiten eines Planungskonzepts einschließlich Untersuchung der alternativen Lösungsvorschläge nach gleichen Anforderungen mit zeichnerischer Darstellung; Strichskizzen, gegebenenfalls mit erläuternden Angaben,
- Integrieren der Leistungen anderer an der Planung fachlich Beteiligter,
- Klären und Erläutern der wesentlichen städtebaulichen, gestalterischen, funktionalen, bauphysikalischen, wirtschaftlichen, energiewirtschaftlichen (z.B. hinsichtlich rationeller Energieverwendung und der Verwendung erneuerbarer Energien) und landschaftsökologischen Zusammenhänge, Vorgänge und Bedingungen, sowie die Belastung und Empfindlichkeit der betroffenen Ökosysteme,
- Vorverhandlungen mit Behörden und anderen an der Planung fachlich Beteiligten über die Genehmigungsfähigkeit,
- Bei Freianlagen: Erfassen, Bewerten und Erläutern der ökosystemarmen Strukturen und Zusammenhänge, zum Beispiel Boden, Wasser, Klima, Luft, Pflanzen- und Tierwelt, sowie Darstellen der räumlichen und gestalterischen Konzeption mit erläuternden Angaben, insbesondere zur Geländegestaltung, Biotopverbesserung und -vernetzung, vorhandenen Vegetation, Neupflanzung, Flächenverteilung der Grün-, Verkehrs-, Wasser-, Spiel- und Sportflächen; ferner Klären der Randgestaltung und der Anbindung an die Umgebung,
- Kostenschätzung nach DIN 276 oder nach dem wohnungsrechtlichen Berechnungsrecht,
- Zusammenstehen aller Vorplanungsergebnisse,

Leistungsphase 3: Die Entwurfsplanung

Der Architekt erstellt die endgültige Lösung der Planungsaufgabe anhand einer zeichnerischen Darstellung des Gesamtentwurfes und einer verbindlichen Kostenberechnung. Konkret fällt darunter:

- Durcharbeiten des Planungskonzepts (stufenweise Erarbeitung einer zeichnerischen Lösung) unter Berücksichtigung städtebaulicher, gestalterischer, funktionaler, bauphysikalischer, wirtschaftlicher, energiewirtschaftlicher (z.B. hinsichtlich rationeller Energieverwendung und der Verwendung erneuerbarer Energien) und landschaftsökologischer Anforderungen unter Verwendung der Beiträge anderer fachlich Beteiligter bis zum vollständigen Entwurf,
- Integrieren der Leistungen anderer an der Planung fachlich Beteiligter,
- Objektbeschreibung mit Erläuterung von Ausgleichs- und Ersatzmaßnahmen nach Maßgabe der naturschutzrechtlichen Eingriffsregelung,

- Zeichnerische Darstellung des Gesamtentwurfs, z.B. durchgearbeitete vollständige Vorentwurfs- und /oder Entwurfszeichnungen (Maßstab nach Art und Größe des Bauvorhabens; bei Freianlagen: im Maßstab 1:500 bis 1:100, insbesondere mit Angaben zur Verbesserung der Biotopfunktion, zu Vermeidungs-, Schutz-, Pflege- und Entwicklungsmaßnahmen sowie zur differenzierten Bepflanzung: bei raumbildenden Ausbauten: im Maßstab 1:50 bis 1:90, insbesondere mit Einzelheiten der Wandabwicklungen, Farb-, Licht- und Materialgestaltung), gegebenenfalls auch Detailpläne mehrfach wiederkehrender Raumgruppen,
- Verhandlungen mit Behörden und anderen an der Planung fachlich Beteiligten über die Genehmigungsfähigkeit,
- Kostenberechnung nach DIN 276 oder nach dem wohnungsrechtlichen Berechnungsrecht,
- Kostenkontrolle durch Vergleich der Kostenberechnung mit der Kostenschätzung,
- Zusammenfassen aller Entwurfsunterlagen.

Leistungsphase 4: Die Genehmigungsplanung

Hierbei hat der Architekt alle Vorlagen einschließlich der Anträge auf Ausnahmen und Befreiungen für die beabsichtigten Genehmigungen und Zustimmungen zu erstellen. Konkret fällt darunter:

- Erarbeiten der Vorlagen für die nach den öffentlich-rechtlichen Vorschriften erforderlichen Genehmigungen oder Zustimmungen einschließlich der Anträge auf Ausnahmen und Befreiungen unter Verwendung der Beiträge anderer an der Planung fachlich Beteiligter sowie noch notwendiger Verhandlungen mit Behörden,
- Einreichen dieser Unterlagen,
- Vervollständigen und Anpassen der Planungsunterlagen, Beschreibungen und Berechnungen unter Verwendung der Beiträge anderer an der Planung fachlich Beteiligter,
- Bei Freianlagen und raumbildenden Ausbauten: Prüfen auf notwendige Genehmigungen, Einholen von Zustimmungen und Genehmigungen.

Leistungsphase 5: Die Ausführungsplanung

In dieser Phase sind die Ergebnisse der Entwurfs- und Genehmigungsplanung durchzuarbeiten und die Beiträge anderer Planungsbeteiligter (z.B. Statiker) zu berücksichtigen. Hinzu kommt ein Kostenanschlag, der die zu erwartenden Kosten und die bisher entstandenen Planungskosten zusammenfasst. Das Bauobjekt ist mit allen notwendigen Einzelangaben zeichnerisch darzustellen und mit den erforderlichen Textausführungen zu versehen. Konkret fällt darunter:

- Durcharbeiten der Ergebnisse der Leistungsphasen 3 und 4 (stufenweise Erarbeitung und Darstellung der Lösung) unter Berücksichtigung städtebaulicher, gestalterischer, funktionaler, bauphysikalischer, wirtschaftlicher, energiewirtschaftlicher (z.B. hinsichtlich rationeller Energieverwendung und der Verwendung erneuerbarer Energien) und landschaftsökologischer Anforderungen unter Verwendung der Beiträge anderer fachlich Beteiligter bis zur ausführungsreifen Lösung,
- Zeichnerische Darstellung des Objekts mit allen für die Ausführung notwendigen Einzelangaben, z.B. endgültige, vollständige Ausführungs-, Detail- und Konstruktionszeichnungen im Maßstab 1:50 bis 1:1, bei Freianlagen je nach Art des Bauvorhabens im Maßstab 1:200 bis 1:50, insbesondere Bepflanzungspläne, mit den erforderlichen textlichen Ausführungen,
- Bei raumbildenden Ausbauten: Detaillierte Darstellung der Räume und Raumfolgen im Maßstab 1:25 bis 1:1, mit den erforderlichen textlichen Ausführungen; Materialbestimmung,
- Erarbeiten der Grundlagen für die anderen an der Planung fachlich Beteiligten und Integrierung ihrer Beiträge bis zur ausführungsreifen Lösung,
- Fortschreiben der Ausführungsplanung während der Objektausführung.

Leistungsphase 6: Die Vergabevorbereitung

Als nächstes hat der Architekt eine Ermittlung und Zusammenstellung der Mengen als Grundlage für die Aufstellung von Leistungsbeschreibungen mit Leistungsverzeichnissen vorzunehmen. Konkret fällt darunter:

- Ermitteln und Zusammenstellen von mengen für das Aufstellen von Leistungsbeschreibungen unter Verwendung der Beiträge anderer an der Planung fachlich Beteiligter,
- Aufstellen von Leistungsbeschreibung mit Leistungsverzeichnissen nach Leistungsbereichen,
- Abstimmen und Koordinieren der Leistungsbeschreibungen der an der Planung fachlich Beteiligten.

Leistungsphase 7: Die Mitwirkung bei der Vergabe

Der Architekt hat die Verdingungsunterlagen für alle Leistungsbereiche zusammenzustellen und Angebote einzuholen, diese Angebote zu prüfen, auszuwerten und gegebenenfalls Verhandlungen mit Anbietern zu führen. Konkret fällt darunter:

- Zusammenstellen der Verdingungsunterlagen für alle Leistungsbereiche,

- Einholen von Angeboten,
- Prüfen und Werten der Angebote einschließlich Aufstellen eines Preisspiegels nach Teilleistungen unter Mitwirkung aller während der Leistungsphasen 6 und 7 fachlich Beteiligten,
- Abstimmen und Zusammenstellen der Leistungen der fachlich Beteiligten, die an der Vergabe mitwirken,
- Verhandlung mit Bietern,
- Kostenanschlag nach DIN 276 aus Einheits- und Pauschalpreisen der Angebote,
- Kostenkontrolle durch Vergleich des Kostenanschlags mit der Kostenberechnung,
- Mitwirken bei der Auftragserteilung.

Leistungsphase 8: Die Objektüberwachung

Der Architekt hat die Ausführung des Bauvorhabens zu überwachen, d.h. er hat auf die Übereinstimmung mit der Baugenehmigung, den Ausführungsplänen und der Leistungsbeschreibung sowie den anerkannten Regeln der Technik und den sonstigen einschlägigen technischen Bestimmungen zu achten. Er hat die Koordination der Bauausführung zu übernehmen, dabei insbesondere einen Zeitplan aufzustellen und ein Bautagebuch zu erstellen. Mit den bauausführenden Unternehmen muss der Architekt das gemeinsame Aufmaß und die fachtechnische Abnahme der Bauleistungen durchführen. Schließlich obliegt es seinem Pflichtenkreis, die Rechnungen zu überprüfen und eine Kostenfeststellung vorzunehmen. Ferner muss er etwaige Gewährleistungsansprüche und Fristen auflisten und die Beseitigung festgestellter Mängel überwachen. Konkret fällt darunter:

- Überwachen der Ausführung des Objekts auf Übereinstimmung mit der Baugenehmigung oder Zustimmung, den Ausführungsplänen und den Leistungsbeschreibungen sowie mit den allgemein anerkannten Regeln der Technik und den einschlägigen Vorschriften,
- Überwachen der Ausführung von Tragwerken nach § 63 Abs. 1 Nr. 1 und 2 auf Übereinstimmung mit dem Standsicherheitsnachweis,
- Koordinieren der an der Objektüberwachung fachlich Beteiligten,
- Überwachung und Detailkorrektur von Fertigteilen,
- Aufstellen und Überwachen eines Zeitplanes (Balkendiagramm),
- Führen eines Bautagebuches,
- Gemeinsames Aufmaß mit den bauausführenden Unternehmen,

- Abnahme der Bauleistungen unter Mitwirkung anderer an der Planung und Objektüberwachung fachlich Beteiligter unter Feststellung von Mängeln,
- Rechnungsprüfung,
- Kostenfeststellung nach DIN 276 oder nach dem wohnungsrechtlichen Berechnungsrecht,
- Antrag auf behördliche Abnahmen und Teilnahme daran,
- Übergabe des Objekts einschließlich Zusammenstellung und Übergabe der erforderlichen Unterlagen, zum Beispiel Bedienungsanleitungen, Prüfprotokoll,
- Auflisten der Gewährleistungsfristen,
- Überwachen der Beseitigung der bei der Abnahme der Bauleistungen festgestellten Mängel,
- Kostenkontrolle durch Überprüfung der Leistungsabrechnung der bauausführenden Unternehmen im Vergleich zu den Vertragspreisen und dem Kostenanschlag.

Leistungsphase 9: Die Objektbetreuung und Dokumentation

Der Architekt muss vor Ablauf der Gewährleistungsfristen das Bauobjekt begehen, um Mängel gegenüber den bauausführenden Unternehmen rechtzeitig feststellen zu können. Er hat die Beseitigung der Mängel zu überwachen und bei der Freigabe von Sicherheiten mitzuwirken. Konkret fällt darunter:

- Objektbegehung zur Mängelfeststellung vor Ablauf der Verjährungsfristen der Gewährleistungsansprüche gegenüber den bauausführenden Unternehmen,
- Überwachen der Beseitigung von Mängeln, die innerhalb der Verjährungsfristen der Gewährleistungsansprüche, längstens jedoch bis zum Ablauf von fünf Jahren seit Abnahme der Bauleistungen auftreten,
- Mitwirken bei der Freigabe von Sicherheitsleistungen,
- Systematische Zusammenstellung der zeichnerischen Darstellungen und rechnerischen Ergebnisse des Objekts.

Der Bauherr ist nicht gezwungen, die Durchführung aller dieser Leistungen seinem Architekten zu übertragen. Er kann durchaus auch nur eine dieser Phasen in Auftrag geben. Erbringt der Architekt mehrere dieser Leistungsphasen oder wird er mit der Durchführung aller Leistungsphasen (Vollarchitekturvertrag) beauftragt, handelt es sich um einen Werkvertrag. Problematisch ist die Einordnung, wenn nur einzelne Tätigkeiten oder Leistungsphasen erbracht werden:
So liegt ein Werkvertrag vor, wenn:

- nur die Planungsleistungen,

- nur die Objektüberwachung,
- nur die Projektsteuerung,
- nur die Erstellung eines Privatgutachtens,
- nur die reine Vermessungstätigkeit,
- nur die Erstellung einer Kostenschätzung oder Kostenberechnung nach DIN 276,
- nur die Vorbereitung und Mitwirkung bei der Vergabe

vorgenommen wird.

Es handelt sich dagegen um einen Dienstvertrag, wenn:

- nur die Objektbetreuung und Dokumentation,
- nur die Tätigkeit als verantwortlicher Bauleiter im Sinne der Landesbauordnungen,
- nur die Grundlagenermittlung,

vorgenommen wird.

Bei einigen „Einzelleistungen" des Architekten hat die Rechtsprechung noch keine Entscheidung getroffen, wie die rechtliche Einordnung vorzunehmen ist. Dies betrifft:

- nur die Grundlagenermittlung,
- nur die Vorbereitung der Vergabe,
- nur die Mitwirkung bei der Vergabe,
- nur die Objektbetreuung,
- nur die Dokumentation.

Die Besonderen Leistungen nach § 15 Abs. 2 HOAI:

Eine Besondere Leistung liegt vor, wenn besondere Anforderungen an die Ausführungen des Auftrags gestellt werden, die über die allgemeinen Leistungen hinausgehen oder diese ändern (§ 2 Abs. 3 HOAI). Solche Besonderen Leistungen werden vor allem in § 15 Abs. 2 HOAI beispielhaft aufgeführt:

Leistungsphase 1: Die Grundlagenermittlung

- Bestandsaufnahme
- Standortanalyse

- Betriebsplanung
- Aufstellen eines Raumprogramms
- Aufstellen eines Funktionsprogramms
- Prüfen der Umwelterheblichkeit
- Prüfen der Umweltverträglichkeit

Leistungsphase 2: Die Vorplanung

- Untersuchen von Lösungsmöglichkeiten nach grundsätzlich verschiedenen Anforderungen
- Ergänzen der Vorplanungsunterlagen auf Grund besonderer Anforderungen
- Aufstellen eines Finanzierungsplanes
- Aufstellen einer Bauwerks- und Betriebs-Kosten-Nutzen-Analyse
- Mitwirken bei der Kreditbeschaffung
- Durchführen der Voranfrage (Bauanfrage)
- Anfertigen von Darstellungen durch besondere Techniken, wie zum Beispiel Perspektiven, Muster, Modelle
- Aufstellen eines Zeit- und Organisationsplanes
- Ergänzen der Vorplanungsunterlagen hinsichtlich besonderer Maßnahmen zur Gebäude- und Bauteiloptimierung, die über das übliche Maß der Planungsleistungen hinausgehen, zur Verringerung des Energieverbrauchs sowie der Schadstoff- und CO_2-Emissionen und zur Nutzung erneuerbarer Energien in Abstimmung mit anderen an der Planung fachlich Beteiligten. Das übliche Maß ist für Maßnahmen zur Energieeinsparung durch die Erfüllung der Anforderungen gegeben, die sich aus Rechtsvorschriften und den allgemein anerkannten Regeln der Technik ergeben.

Leistungsphase 3: Die Entwurfsplanung

- Analyse der Alternativen / Varianten und deren Wertung mit Kostenuntersuchung (Optimierung)
- Wirtschaftlichkeitsberechnung
- Kostenberechnung durch Aufstellen von Marketinggerüsten oder Bauelementkatalog
- Ausarbeiten besonderer Maßnahmen zur Gebäude- und Bauteiloptimierung, die über das übliche Maß der Planungsleistungen hinausgehen zur Verringerung des Energieverbrauchs sowie den Schadstoff- und CO_2-Emissionen und zur Nutzung erneuerbarer Energien unter Verwendung der Beiträge anderer an der

Planung fachlich Beteiligter. Das übliche Maß ist für Maßnahmen zur Energieeinsparung durch die Erfüllung der Anforderungen gegeben, die sich aus Rechtsvorschriften und den allgemein anerkannten regeln der Technik ergeben.

Leistungsphase 4: Die Genehmigungsplanung

- Mitwirken bei der Beschaffung der nachbarlichen Zustimmung
- Erarbeiten von Unterlagen für besondere Prüfverfahren
- Fachliche und organisatorische Unterstützung des Bauherrn im Widerspruchsverfahren, Klageverfahren oder ähnliches
- Ändern der Genehmigungsunterlagen infolge von Umständen, die der Auftraggeber nicht zu vertreten hat.

Leistungsphase 5: Die Ausführungsplanung

- Aufstellen einer detaillierten Objektbeschreibung als Baubuch zur Grundlage der Leistungsbeschreibung mit Leistungsprogramm*)
- Aufstellen einer detaillierten Objektbeschreibung als Raumbuch zur Grundlage der Leistungsbeschreibung mit Leistungsprogramm*)
- Prüfen der vom bauausführenden Unternehmen auf Grund der Leistungsbeschreibung mit Leistungsprogramm ausgearbeiteten Ausführungspläne auf Übereinstimmung mit der Entwurfsplanung
- Erarbeiten von Detailmodellen
- Prüfen und Anerkennen von Plänen Dritter nicht an der Planung fachlich Beteiligter auf Übereinstimmung mit den Ausführungsplänen (zum Beispiel Werkstattzeichnungen von Unternehmen, Aufstellungs- und Fundamentpläne von Maschinenlieferanten), soweit die Leistungen Anlagen betreffen, die in den anrechenbaren Kosten nicht erfasst sind.

*) Diese Besondere Leistung wird bei Leistungsbeschreibung mit Leistungsprogramm ganz oder teilweise Grundleistung. In diesem Fall entfallen die entsprechenden Grundleistungen dieser Leistungsphase, soweit die Leistungsbeschreibung mit Leistungsprogramm angewandt wird

Leistungsphase 6: Die Vergabevorbereitung

- Aufstellen von Leistungsbeschreibungen mit Leistungsprogramm unter Bezug auf Baubuch / Raumbuch
- Aufstellen von alternativen Leistungsbeschreibungen für geschlossene Leistungsbereiche
- Aufstellen von vergleichenden Kostenübersichten unter Auswertung der Beiträge anderer an der Planung fachlich Beteiligter

Leistungsphase 7: Die Mitwirkung bei der Vergabe

- Prüfen und Werten der Angebote aus Leistungsbeschreibung mit Leistungsprogramm einschließlich Preisspiegel*)
- Aufstellen, Prüfen und werten von Preisspiegeln nach besonderen Anforderungen

*) Diese Besondere Leistung wird bei Leistungsbeschreibung mit Leistungsprogramm ganz oder teilweise Grundleistung. In diesem Fall entfallen die entsprechenden Grundleistungen dieser Leistungsphase, soweit die Leistungsbeschreibung mit Leistungsprogramm angewandt wird

Leistungsphase 8: Die Objektüberwachung

- Aufstellen, Überwachen und Fortschreiben eines Zahlungsplanes
- Aufstellen, Überwachen und Fortschreiben von differenzierten Zeit-, Kosten- oder Kapazitätsplänen
- Tätigkeit als verantwortlicher Bauleiter, soweit diese Tätigkeit nach jeweiligem Landesrecht über die Grundleistungen der Leistungsphase 8 hinausgeht

Leistungsphase 9: Die Objektbetreuung und Dokumentation

- Erstellen von Bestandsplänen
- Aufstellen von Ausrüstungs- und Inventarverzeichnissen
- Objektbeobachtung
- Objektverwaltung
- Baubegehung nach Übergabe
- Überwachen der Wartungs- und Pflegeleistungen
- Aufbereiten des Zahlenmaterials für eine Objektdatei
- Ermitteln und Kostenfeststellung zu Kostenrichtwerten
- Überprüfen der Bauwerks- und Betriebs-Kosten-Nutzungs-Analyse

§ 15 Abs. 4 HOAI führt daneben weitere Besondere Leistungen für bei Umbauten und Modernisierungen im Sinne des § 3 Nr. 5 und 6 auf, wonach neben den in Absatz 2 erwähnten Besonderen Leistungen insbesondere die nachstehenden Besonderen Leistungen vereinbart werden können:

- das maßgebliche, technische und verformungsgerechte Aufmaß,
- die Schadenskartierung,
- das Ermitteln von Schadensursachen,

- das Planen und Überwachen von Maßnahmen zum Schutz von vorhandener Substanz,
- die Organisation von Betreuungsmaßnahmen für Nutzer und andere Planungsbetroffene,
- das Mitwirken an Betreuungsmaßnahmen für Nutzer und andere Planungsbetroffene,
- die Wirkungskontrollen von Planungsansatz und Maßnahmen im Hinblick auf die Nutzer, zum Beispiel durch Befragen.

Die Zusätzlichen Leistungen

Eine entsprechende Definition in der HOAI existiert nicht. In §§ 28, 29, 31 und 32 HOAI werden die Zusätzlichen Leistungen aufgezählt.

HOAI § 28 Abs. 1 und 2 [Entwicklung und Herstellung von Fertigteilen]

(1) Fertigteile sind individuell in Serienfertigung hergestellte Konstruktionen oder Gegenstände im Bauwesen.
(2) Zu den Fertigteilen gehören insbesondere:
1. tragende Konstruktionen, wie Stützen, Unterzüge, Binder, Rahmenriegel,
2. Decken- und Dachkonstruktionen sowie Fassadenelemente,
3. Ausbaufertigteile, wie nichttragende Trennwände, Nasszellen und abgehängte Decken,
4. Einrichtungsfertigteile, wie Wandvertäfelungen, Möbel, Beleuchtungskörper.

HOAI § 29 Abs. 1 [Rationalisierungswirksame besondere Leistungen]

Rationalisierungswirksame besondere Leistungen sind zum ersten Mal erbrachte Leistungen, die durch herausragende technisch-wirtschaftliche Leistungen über den Rahmen einer wirtschaftlichen Planung oder über den allgemeinen Stand des Wissens wesentlichen hinausgehen und dadurch zu einer Senkung der Bau- und Nutzungskosten des Objekts führen. Die vom Auftrageber an das Objekt gestellten Anforderungen dürfen dabei nicht unterschritten werden.

HOAI § 31 Abs. 1 [Projektsteuerung]

Leistungen der Projektsteuerung werden von Auftragnehmern erbracht, wenn sie Funktionen des Auftraggebers bei der Steuerung von Projekten aus mehreren Fachbereichen übernehmen. Hierzu gehören insbesondere:
1. Klärung der Aufgabenstellung, Erstellung und Kostenkoordinierung des Programms für das Gesamtobjekt,
2. fachliche Beteiligten (Projektbeteiligte),

3. Aufstellung und Überwachung von Organisations-, Termin- und Zahlungsplänen, bezogen auf Projekt und Projektbeteiligte,
4. Koordinierung und Kontrolle der Projektbeteiligten, mit Ausnahme der ausführenden Firmen,
5. Vorbereitung und Betreuung von Planungsbetroffenen,
6. Fortschreibung der Planungsziele und Klärung von Zielkonflikten,
7. Laufende Information des Auftraggebers über die Projektabwicklung und rechtzeitiges Herbeiführen von Entscheidungen des Auftraggebers,
8. Koordinierung und Kontrolle der Bearbeitung von Finanzierungs-, Förderungs- und Genehmigungsverfahren.

Der Projektsteuerer übernimmt nur die Funktionen des Bauherrn, keine Leistungen, die dem Architekten nach dem Leistungsbild der Objektplanung obliegen. Hierzu gehören insbesondere Beratungs- Koordinations-, Informations- und Kontrollleistungen. Diese Leistungen müssen jedoch Projekte mit mehreren Fachbereichen betreffen. Im Vordergrund steht vor allem die Termin- und Kostenkontrolle. In der Regel ist der Projektsteuerungsvertrag ein Werkvertrag und nur ausnahmsweise ein Dienstvertrag, so z.B. wenn die Leistung des Projektsteuerers im Schwerpunkt nur eine Dienstleistung, aber keine erfolgsgerichtete Werkleistung zum Inhalt hat.[51]

Die rechtliche Einordnung eines Projektsteuerungs-Vertrags als Dienst- oder Werkvertrag ist nicht einfach. Dies verdeutlicht folgende Fallkonstellation:

Beispiel:
Der Auftraggeber beauftragte einen Projektsteuerer mit Leistungen der Projektsteuerung. Grundlage dieses Vertrages war das Leistungsmodell des Deutschen Verbandes der Projektsteuerer mit den Projektphasen "Projektvorbereitung, Planung, Ausführungs-Vorbereitung, Ausführung und Projektabschluss" sowie den vier Handlungsbereichen "Organisation/Information/Koordination/Dokumentation, Qualitäten/Quantitäten, Kosten und Termine". Während des Vertragslaufs kündigte der Auftraggeber fristlos.

Der Projektsteuerer machte nunmehr für die noch nicht erbrachte Leistung ein Honorar geltend. Er vertrat die Auffassung, es liege ein Werkvertrag vor, so dass ihm das für die nicht erbrachte Leistung vereinbarte Honorar abzüglich der von ihm ersparten Aufwendungen zustünde.

Dem widersprach das OLG Düsseldorf[52] und vertrat die Auffassung, dass der Projektsteuerungsvertrag grundsätzlich ein Dienstvertrag darstelle, soweit kein konkreter werkvertraglicher Erfolg von dem Projektsteuerer geschuldet sei. Eine Einstandspflicht sei beim Projektsteuerungsvertrag nicht ersichtlich, wie dies für den Architekten typisch sei. Allein die Zugrundelegung des von der DVP entwickelten Leistungsmodells begründe diese konkrete werkvertragliche Erfolgsverpflichtung nicht.

Eine weitere Zusätzliche Leistung normiert § 32 HOAI:

---

[51] BGH, BauR 1995, 572.

[52] OLG Düsseldorf, BauR 1999, 1049.

HOAI § 32 [Winterbau]

(1) Leistungen für den Winterbau sind Leistungen der Auftragnehmer zur Durchführung von Bauleistungen in der Zeit winterlicher Witterung.

(2) Hierzu rechnen insbesondere:

1. Untersuchung über Wirtschaftlichkeit der Bauausführung mit und ohne Winterbau, zum Beispiel in Form von Kosten-Nutzen-Berechnungen,
2. Untersuchungen über zweckmäßige Schutzvorkehrungen,
3. Vorbereitung der Vergabe und Mitwirkung bei der Vergabe von Winterschutzeineinrichtungen.

(3) ...

(4) Werden von einem Auftragnehmer Leistungen nach Absatz 2 Nr. 4 erbracht, dem gleichzeitig Grundleistungen nach § 15 übertragen worden sind, so kann abweichend von Absatz 3 vereinbart werden, dass die Kosten der nach § 10 zugerechnet werden.

Allgemein gilt: Die Zusätzliche Leistungen können in Verbindung mit den Grundleistungen oder den Besonderen Leistungen, aber auch alleine in Auftrag gegeben werden. Der Architekt muss diese Zusätzlichen Leistungen jedoch nur auf der Grundlage einer besonderen Vereinbarung erbringen. Sie gehören nicht zu seinem gewöhnlich geschuldeten Leistungsbild.

1.3.3 Die Tätigkeiten als Gutachter und Berater

Zum Berufsbild des Architekten gehört auch seine gutachterliche Tätigkeit im Sinne des § 33 HOAI. Dabei kann es sich handeln um:

- die Erstellung von Projektierungsgutachten,
- die Erstellung von Sanierungsgutachten,
- die Erstellung von Schadensgutachten,
- die Erstellung von Wertgutachten.

Der Architekt als Gutachter

Wird der Architekt als Gutachter eingeschaltet und eine diesbezügliche Vereinbarung getroffen, liegt hierin regelmäßig ein Werkvertrag. Dabei spielt es keine Rolle, ob es sich um eine Bewertung oder um eine Feststellung handelt.[53]

Der öffentlich bestellte Sachverständige hat das Gutachten persönlich zu erstellen und darf Hilfskräfte zur Vorbereitung des Gutachtens nur insoweit heranziehen, als er sie auch überwachen kann. Die Grundlage hierfür ergibt sich aus den Sachverständigen-Ordnungen.

---

[53] BGH, NJW 1965, 539.

Beim Privatgutachten „freier“ Sachverständiger gibt es keine unmittelbar anwendbare Norm, die bestimmt, dass der Gutachter sein Gutachten persönlich zu fertigen hätte. Ob eine solche persönliche Verpflichtung vorliegt, hängt deshalb davon ab, was der Auftraggeber mit dem Gutachter im konkreten Fall ausdrücklich oder stillschweigend vereinbart hat. Hat er den Gutachter gerade wegen seiner Spezialkenntnisse beauftragt, so ist dies ein Indiz dafür, dass das Gutachten persönlich erstellt werden soll.

Für Hilfspersonen haftet der Gutachter in entsprechender Anwendung von § 664 BGB. War der Gutachter nicht berechtigt, Hilfspersonen zu beschäftigen, so haftet er für die Unrichtigkeit des Gutachtens ohne Rücksicht darauf, ob der Schaden vorhersehbar war oder ob ein Verschulden der Hilfskräfte vorliegt:

BGB § 664 [Übertragung, Haftung für Gehilfen]

Der Beauftragte darf im Zweifel die Ausführung des Auftrags nicht einem Dritten übertragen. Ist die Übertragung gestattet, so hat er nur ein ihm bei der Übertragung zur Last fallendes Verschulden zu vertreten. Für das Verschulden eines Gehilfen ist er nach § 278 verantwortlich.

BGB § 278 [Verschulden des Erfüllungsgehilfen]

Der Schuldner hat ein Verschulden seines gesetzlichen Vertreters und der Personen, deren er sich zur Erfüllung seiner Verbindlichkeiten bedient, in gleichem Umfange zu vertreten wie eigenes Verschulden. Die Vorschrift des § 276 Abs. 3 findet keine Anwendung.

Hinsichtlich der Haftung der gutachterlichen Tätigkeit kommen die werkvertraglichen Gewährleistungsregeln in Anwendung (vgl. § 12 des nachfolgenden Mustervertrages).

Die Frage, ob eine Haftung für eine zugesicherte Eigenschaft zuzusprechen ist, entfällt seit dem 1.1.2002, da das neue Schuldrecht den Begriff der „zugesicherten Eigenschaft“ nicht mehr vorsieht, da er inhaltlich vom neuen und weiten Begriff des Sachmangels erfasst ist. „Inhaltlich“ wird diese Problematik nunmehr abstrakter von den Regelungen zum Schadensersatzanspruch nach § 280 Abs. 1 Satz 1 BGB als Teil möglicher Pflichtverletzungen und ihrer Folgen mit umfasst.

Zu beachten ist in diesem Zusammenhang, dass in der Praxis der Sachverständige Weisungen des Bauherrn nur insoweit befolgen und damit Eigenschaften zusichern darf, als dadurch das Gutachten nicht objektiv falsch wird. Ansonsten hätte man es mit einem Gefälligkeitsgutachten zu tun. Das Gutachten muss tauglich sein zu dem vom Vertrag vorausgesetzten Gebrauch, sonst der gewöhnlichen Verwendung, wie sie üblich ist oder vom Bauherrn erwartet werden kann.

Ob das Gutachten tauglich ist in diesem Sinne, hängt davon ab, was sein Gegenstand ist. Geht es etwa um Feststellungen oder die Berechnung von feststellbaren Größen, so muss der Gutachter diese Feststellungen bzw. Berechnungen richtig vornehmen. Soll der Gutachter dagegen eine Bewertung vornehmen, so muss er das Gutachten nach bestem Wissen und Gewissen erstellen. Dem Gutachter, der zu schätzen oder zu bewerten hat, wird allerdings ein gewisser Spielraum für die Beurteilung eingeräumt. In jedem Falle aber muss er objektiv und sorgfältig arbeiten.[54] Das Honorar für den Gutachter bestimmt sich nach § 33 HOAI:

HOAI § 33 [Gutachten]

Das Honorar für Gutachten über Leistungen, die in dieser Verordnung erlassen sind, kann frei vereinbart werden. Wird ein Honorar nicht bei Auftragserteilung schriftlich vereinbart, so ist das Honorar als Zeithonorar nach § 6 HOAI zu berechnen. Die Sätze 1 und 2 sind nicht anzuwenden, soweit in den Vorschriften die Verordnung etwas anderes bestimmt ist.

Allgemein hat jeder Gutachter die Pflicht, sein Gutachten überprüfbar, nachvollziehbar, denkgesetzlich richtig und unter Berücksichtigung des gegenwärtigen Standes der Wissenschaft und Technik zu erstellen. Verstöße hiergegen sind Mängel des Gutachtens und führen zur Haftung, wenn das Gutachten falsch und deshalb für den Bauherrn nicht mehr verwertbar ist.[55] Es gibt für den Gutachter keine Entlastung, dass er technische oder sonstige Neuerungen nicht gekannt hatte.[56]

Der Architekt als Berater

In manchen Fällen wird der Architekt von jemanden um eine Auskunft oder um einen Rat gebeten.. Hier stellt sich die schwierige Frage, ob es sich nur um einen unverbindlichen Rat oder um eine verbindliche Auskunft handelt. Bei einem unverbindlichen Rat haftet der Architekt für fahrlässige Falschberatung gemäß § 676 BGB nicht:[57]

BGB § 676 [Keine Haftung für Rat und Empfehlung]

Wer einem anderen einen Rat oder eine Empfehlung erteilt, ist, unbeschadet der sich aus einem Vertragsverhältnis oder einer unerlaubten Handlung ergebenden Verantwortlichkeit, zum Ersatze des aus der Befolgung des Rates oder der Empfehlung entstehenden Schadens nicht verpflichtet.

Der Architekt kann jedoch zu einer verbindlichen Auskunft aufgrund eines Beratungsvertrages gefordert sein. Dieser Vertrag kann ausdrücklich oder stillschweigend abgeschlossen werden. Eine rechtsverbindliche Beratung liegt dann vor, wenn die Auskunft erkennbar entscheidenden Einfluss auf die Verfügungen und Maßnahmen des Bauherrn nimmt und dieser gerade wegen der Sachkunde des

[54] Vgl. BGH, BauR 1992, 191.
[55] BGH, NJW 1977, 801 und BGH, NJW 1979, 214.
[56] BGH, DB 1974, 578.
[57] Vgl. BGH, DB 1974, 2392.

Architekten angefragt hatte. Der Architekt haftet für den Schaden, der dem Bauherrn dadurch entstanden ist, dass er der Auskunft gefolgt ist.

1.3.4 Die Beachtung der Allgemeinen Geschäftsbedingungen

Es gehört zur verbreiteten Rechtspraxis, dass im Vertragsleben vorformulierte Bedingungen gestellt werden. Dabei entspricht nicht jede dieser Bedingungen den schützenswerten Interessen beider Vertragspartner. Als wirksames Korrektiv dieser Allgemeinen Bedingungen fungierte seit 1976 das AGB-Gesetz. Vor allem die §§ 11, 10 und die Generalklausel des 9 AGB-Gesetz unterstellten die Vertragsmuster strengen Inhaltskontrollen. Während in §§ 11 und 10 AGB-Gesetz ein expliziter Katalog von Klauselverboten aufgelistet wurde, erfasste der § 9 AGB-Gesetz noch einmal als Generalklausel das allgemeine Verbot der Vereinbarung unangemessener Benachteiligungen von Vertragspartnern. Die Schuldrechtsreform 2002 führte den Regelungsinhalt des AGB-Gesetzes durch Neufassung der §§ 305 – 310 in das BGB über.[58]

Die frühere Generalklausel des § 9 AGB-Gesetz findet sich jetzt inhaltsgleich in § 307 BGB und erhielt in Absatz 1 einen weiteren Satz 2, sowie einen weiteren Absatz 3, die bislang fehlten:

BGB § 307 [Inhaltskontrolle]

(1) Bestimmungen in allgemeinen Geschäftsbedingungen sind unwirksam, wenn sie den Vertragspartner des Verwenders entgegen den Geboten von Treu und Glauben unangemessen benachteiligen.

(2) Eine unangemessene Benachteiligung ist im Zweifel anzunehmen, wenn eine Bestimmung
  1. mit wesentlichen Grundgedanken der gesetzlichen Regelung, von der abgewichen wird, nicht zu vereinbaren ist, oder
  2. wesentliche Rechte und Pflichten, die sich aus der Natur des Vertrages ergeben, so einschränkt, dass die Erreichung des Vertragszwecks gefährdet ist.

(3) Die Absätze 1 und 2 sowie die §§ 308 und 309 gelten nur für Bestimmungen in Allgemeinen Geschäftsbedingungen, durch die von Rechtsvorschriften abweichende oder diese ergänzende Regelungen vereinbart werden. Andere Bestimmungen können nach Absatz 1 Satz 2 in Verbindung mit Absatz 1 Satz 1 unwirksam sein.

Wichtig ist, dass die Inhaltskontrolle nur dort eingreift, wo die Vorformulierung für eine Vielzahl von Verträgen erfolgen soll. Dies setzt voraus, dass das Vertragsmuster des Verwenders, also demjenigen, der es seinem Vertragspartner vorlegt, nicht nur für den konkreten Vertragsschluss entworfen wurde, sondern für

[58] Der Regelungsinhalt der früheren §§ 305ff. BGB ist seit den 1.1.2002 in den §§ 310 ff. BGB enthalten.

gleichartige Rechtsverhältnisse zwischen dem Verwender und verschiedenen Vertragspartnern. An dieser bereits für das AGB-Gesetz orientierten Auffassung hat sich nichts geändert. Die allgemeine Rechtsauffassung geht davon aus, das der Erfordernis „Vielzahl" bereits mit einer beabsichtigten Verwendung in drei bis fünf Fällen Genüge getan würde. Es darf gem. § 305 Satz 3 BGB kein individuell zwischen den Vertragspartnern ausgehandelter Vertrag vorliegen:

BGB § 305 Abs. 1 [Einbeziehung Allgemeiner Geschäftsbedingungen in den Vertrag]

Allgemeine Geschäftsbedingungen sind alle für eine Vielzahl von Verträgen vorformulierten Vertragsbedingungen, die eine Vertragspartei (Verwender) der anderen Vertragspartei stellt. Gleichgültig ist, ob die Bestimmungen einen äußerlich gesonderten Bestandteil des Vertrags bilden oder in die Vertragsurkunde selbst aufgenommen werden, welchen Umfang sie haben, in welcher Schriftart sie verfasst sind und in welche Form der Vertrag hat. Allgemeine Geschäftsbedingungen liegen nicht vor, soweit die Vertragsbedingungen zwischen den Vertragsparteien im einzelnen ausgehandelt sind.

Wird der Bauherr also mit einem Vertragskontrakt konfrontiert, das ihm sein Architekt vorlegt, das er auch - vermutlich - in den meisten anderen Auftragsfällen dieser Art seinen Kunden vorlegt, dann unterliegt dieser den Anforderungen, die von den neuen Vorschriften des BGB zur Wirksamkeit von Allgemeinen Geschäftsbedingungen aufgestellt werden; insbesondere gilt dies im Hinblick auf Abweichungen des Architekten von der HOAI.

Der BGH stellte folgende unwirksame Abweichungen in der Praxis fest:

- die Beschränkung der Architektenhaftung für einfacher Fahrlässigkeit auf Fälle nachweislich schuldhaft verursachter Schäden[59],
- die Vereinbarung einer Subsidiaritätsklausel für den Fall gesamtschuldnerischer Haftung, wonach im Schadensfall der Bauherr nicht gegen den Architekten, sondern gegen andere für Schäden verantwortliche Baubeteiligte vorgehen darf[60],
- die Vereinbarung einer Schätzung der Herstellungskosten als endgültige Honorargrundlage durch den Architekten[61],
- die Zugrundelegung einer Schätzung der Herstellungskosten für sämtliche neun Leistungsphasen entgegen § 10 Abs. 2 HOAI[62],

---

[59] BGH, NJW-RR 1990, 856.
[60] LG München, NJW-RR 1988, 338.
[61] BGH, BauR 1981, 582.
[62] Ebd.

- die Vornahme einer Schätzung der Herstellungskosten nach Erfahrungswerten[63],
- eine Gesamtberechnung mehrerer Gebäude entgegen § 22 Abs. 1 HOAI[64],
- eine Abweichung von § 22 Abs. 2 HOAI[65],
- eine von § 8 HOAI abweichende Fälligkeitsregelung[66],
- die Verkürzung der Verjährungsfrist auf 2 Jahre[67],
- eine Haftungsbeschränkung für nicht versicherbare Schäden auf Honorarhöhe[68].

In der Literatur[69] wird daher geschlussfolgert, dass der Bundesgerichtshof praktisch vor allem jede Abweichung von der HOAI durch Allgemeine Geschäftsbedingungen in Musterverträgen für unwirksam hält. Daher dürften auch folgende Handhabungen gegen die Inhaltsbestimmungen Allgemeiner Geschäftsbedingungen:

- die pauschale Streichung der Leistungsphase 1,
- die pauschale und undifferenzierte Anrechnung von Wettbewerbspreisen auf das Planungshonorar,
- die Bindung des Honorars an eine „genehmigte" Kostenberechnung, die also mit Blick auf Baukostenersparnisse zusammengestrichen wird, obgleich die Kostenberechnung nur die rechnerische Umsetzung von Entwurfsergebnissen sein soll[70],
- die Bindung an die nicht am Einzelobjekt orientierende Festlegung einer bestimmten Honorarzone,
- der pauschale Ausschluss eines den Mindestsatz übersteigenden Honorarsatzes,
- die pauschale Abweichung von den Vorschriften des § 23 HOAI,
- der generelle Ausschluss entgangenen Gewinns.

---

63 Ebd.

64 Ebd.

65 Ebd.

66 Ebd.

67 BGH, NJW 1992, 2759.

68 BGH, VersR 1986, 37.

69 Neuenfeld, Architekt und Bauherr, 44 mit Hinweis auf nachfolgende Abweichungsvereinbarungen.

70 KG, BauR 1991, 251.

2 Vertragscheckliste

Die Bundesarchitektenkammer hatte 1998 beschlossen, den durchaus umstrittenen Einheitsarchitektenvertrag vorerst nicht zu novellieren, ihn allerdings auch nicht mehr herauszugeben. Damit ist ein Vertragswerk, das die Vertragspraxis während der gesamten Nachkriegszeit beherrscht hat, ohne zwingenden Grund aufgegeben worden.[71]

Es wäre wünschenswert gewesen, dass das vorhandene Vertragswerk bezüglich seiner Mängel überarbeitet worden wäre, um dem Markt in verbesserter Fassung zur Verfügung gestellt zu werden. Es ist zwar abzusehen, dass über kurz oder lang ein neues Vertragsmuster vom Bundeskartellamt als Empfehlung „abgesegnet" wird. Doch bis es soweit ist, werden Bauherr und Architekt gezwungen sein, ihre wesentlichen vertraglichen Beziehungen nach neuen und eigenen Mustern zu gestalten. Nachfolgend wird das Muster eines Architektenvertrages vorgestellt und erläutert. Es versteht sich als Checkliste, die Orientierungshilfe für die Abfassung eigener Verträge bieten soll. Grundsätzlich gilt, dass man das Muster nur für durchschnittliche Planungs- und Bauaufgaben verwenden sollte. Bei schwierigeren Aufgaben ist es stets ratsam, auf den Einzelfall bezogene vertragliche Einzelregelungen hinzuzufügen.

Checkliste: Architektenvertrag:

- Deckblatt, Präambel

§ 1 Vertragsgegenstand
§ 2 Vertragsgrundlage
§ 3 Stufenweise Beauftragung
§ 4 Leistungsumfang
§ 5 Aufgaben des Bauherrn
§ 6 Wirtschaftliche Pflichten
§ 7 Bauzeit und Bauzeitverlängerung
§ 8 Allgemeine Pflichten
§ 9 Vergütung
§ 10 Abschläge und Rechnungslegung
§ 11 Gewährleistung
§ 12 Aufbewahrungspflichten
§ 13 Honorarkürzung
§ 14 Vertretungsbefugnis

---

[71] Neuenfeld, Architekt und Bauherr, Vorwort.

§ 15 Urheberrecht
§ 16 Versicherung
§ 17 Kündigung
§ 18 Zurückbehaltungsrecht
§ 19 Vertragsänderungen

2.0 Deckblatt, Präambel

Architektenvertrag

Zwischen
dem Bauherrn

....

....

nachfolgend als Auftraggeber bezeichnet

und

dem Architektenbüro

....

....

nachfolgend als Auftragnehmer bezeichnet

wird folgender Architektenvertrag geschlossen:

Präambel

Berufsaufgabe des Architekten ist die Planung, Gestaltung und Objektüberwachung von Gebäuden und anderen Bauwerken. Der Architekt ist unabhängiger Sachwalter des Bauherrn. Die Erfüllung des Architektenvertrages erfordert eine enge partnerschaftliche und vertrauensvolle Zusammenarbeit zwischen Architekt und Bauherr.

Der Begriff des Architekten umfasst alle Personen, die Architektenleistungen erbringen. Damit ist keine berufsständische Bezeichnung gemeint. Es kommt in der Praxis nicht selten vor, dass ›Architektenverträge‹ auch von Nichtarchitekten mit den Bauherren geschlossen werden. Entsprechendes gilt auch für Ingenieure. Zivilrechtlich spielt dies keine Rolle, denn auch Nichtarchitekten können wirksame Verträge über die Erbringung von Architektenleitungen vereinbaren. Allerdings ist ein Nichtarchitekt dazu verpflichtet, den Bauherrn über diesen berufsständischen Umstand rechtzeitig aufzuklären. Unterlässt er das, ist der Bauherr berechtigt, unmittelbar nach Kenntnisnahme den Vertrag aus wichtigem Grund zu kündigen[72]; zudem werden möglicherweise Schadensersatzansprüche ausgelöst. Dem Nichtarchitekten stehen in diesen Fällen allenfalls Bereicherungsansprüche zu, falls der Bauherr durch die Beauftragung Aufwendungen erspart hat.

Der Bauherr kann gegebenenfalls vertreten werden. Unterschreiben beide Ehepartner den Architektenvertrag, obwohl am Anfang des Vertrages nur einer als Bauherr bezeichnet ist, wirkt dies für den zweiten wie ein Schuldbeitritt. Unterschreibt dagegen nur ein Ehepartner, obwohl beide im Architektenvertrag als

[72] OLG Köln, BauR 1986, 467.

Bauherr genannt sind, handelt der Unterschreibende als Vertreter nach allgemeiner zivilrechtlicher Bestimmung:

BGB § 164 Abs. 1 [Begriffsbestimmung]

Eine Willenserklärung, die jemand innerhalb der ihm zustehenden Vertretungsmacht im Namen des Vertretenen abgibt, wirkt unmittelbar für und gegen den Vertretenen. Es macht keinen Unterschied, ob die Erklärung ausdrücklich im Namen des Vertretenen erfolgt oder ob die Umstände ergeben, dass sie in dessen Namen erfolgen soll.

2.1 Vertragsgegenstand

§ 1 Vertragsgegenstand

Gegenstand des Vertrages sind Architektenleistungen, die in diesem Vertrag mit □ versehen und im Vereinbarungsfalle anzukreuzen sind. Ist eine Bestimmung nicht angekreuzt, so gilt sie als nicht vereinbart. Die Vereinbarungen gelten für folgende Baumaßnahme:

□ Neubau
□ Erweiterung
□ Modernisierung
□ Sonstiges
□ Umbau
□ Instandsetzung / Instandhaltung

Bauvorhaben:

....
....
....

Folgendes Ziel wird mit der Baumaßnahme angestrebt:

....
....
....
....

Das Leistungsprogramm des Architekten ist möglichst präzise zu umreißen. Dieses Leistungsprogramm stellt zusammen mit § 5 HOAI den Leistungserfolg dar, an dem sich der Architekt neben der Einhaltung der technischen Vorschriften letztlich messen lassen muss.

HOAI § 5 [Berechnung des Honorars in besonderen Fällen]

(1) Werden nicht alle Leistungsphasen eines Leistungsbildes übertragen, so dürfen nur die für die übertragenen Phasen vorgesehenen Teilhonorare berechnet werden.
(2) Werden nicht alle Grundleistungen einer Leistungsphase übertragen, so darf für die übertragenen Leistungen nur ein Honorar berechnet werden, das dem Anteil der übertragenen Leistungen an der gesamten Leistungsphase entspricht. Das gleiche gilt, wenn wesentliche Teile von Grundleistungen dem Auftragnehmer nicht übertragen werden. Ein zusätzlicher Koordinierungs- und Einarbeitungsaufwand ist zu berücksichtigen.
(3) Werden Grundleistungen im Einvernehmen mit dem Auftraggeber insgesamt oder teilweise von anderen an der Planung und Überwachung fachlich Beteiligten erbracht, so darf nur ein Honorar berechnet werden, das dem vermin-

derten Leistungsumfang des Auftragnehmers entspricht. § 10 Abs. 4 bleibt unberührt.

(4) Für Besondere Leistungen, die zu den Grundleistungen hinzutreten, darf ein Honorar nur berechnet werden, wenn die Leistungen im Verhältnis zu den Grundleistungen einen nicht unwesentlichen Arbeits- und Zeitaufwand verursachen und das Honorar schriftlich vereinbart worden ist. Das Honorar ist in angemessenem Verhältnis zu dem Honorar für die Grundleistung zu berechnen, mit der die Besondere Leistung nach Art und Umfang vergleichbar ist. Ist die Besondere Leistung nicht mit einer Grundleistung vergleichbar, so ist das Honorar als Zeithonorar nach § 6 zu berechnen.

(5) Soweit Besondere Leistungen ganz oder teilweise an die Stelle von Grundleistungen treten, ist für sie ein Honorar zu berechnen, das dem Honorar für die ersetzten Grundleistungen entspricht.

Da jeder Bauherr schon zu Beginn seines rechtsgeschäftlichen Kontaktes mit dem Architekten zumindest eine ungefähre Vorstellung davon hat, wie sein neu zu errichtendes Wohnhaus aussehen soll, ist dieses Leistungsprogramm grob zu umreißen.

2.2 Vertragsgrundlage

§ 2 Vertragsgrundlage
Als Grundlagen im Rechtsverhältnis zwischen Bauherrn und Architekten gelten in nachstehender Reihenfolge: 1. die Bestimmungen dieses Architektenvertrages, 2. die technischen Vorschriften in der jeweils neuesten Ausgabe, wobei bereits vorliegende Entwürfe berücksichtigt werden müssen, 3. die HOAI in der jeweils neuesten Fassung, 4. das Bürgerliche Gesetzbuch in der jeweils neuesten Fassung

Das vom Architekten geschuldete Werk ist die Planungsleistung für ein dreidimensionales Gebäude, d. h. sein Entstehenlassen. Planung und Ausschreibung müssen dem geschuldeten Werkvertragssoll entsprechen und in der Objektüberwachung – sofern er auch diese übertragen erhält – hat er dafür Sorge zu tragen, dass seine Planung oder die eines anderen Kollegen korrekt in die dreidimensionale Wirklichkeit versetzt wird. Damit unterscheidet sich der Werkerfolg des Architekten von dem des Bauunternehmers, der die Errichtung des dreidimensionale Gebäudes schuldet.[73]

Die rechtliche Grundlage für die Verpflichtung, diesen Werkerfolg herbeizuführen bildet in erster Linie dieser Vertrag. Die Anwendung des allgemein gültigen und einschlägigen Rechts – hier aufgeführt unter Nr. b) bis d) – bedarf zwar grundsätzlich keiner zwingenden Aufführung, doch sie dient der Verdeutlichung. Wichtig ist jedoch, dass keine Festlegung auf das bei Vertragsschluss gültige Recht erfolgt. Eine solche Festlegung wäre unwirksam, da Änderungen während der Bauzeit inklusive der Änderung von technischen Regeln grundsätzlich noch bis zur Abnahme des Werkes berücksichtigt werden müssen – jedenfalls im Hinblick auf die anerkannten Regeln der Technik. Gesetzliche Änderungen während der Vertragslaufzeit, die auf eine Verschlechterung gegenüber dem Baugenehmigungsinhalt hinauslaufen, muss der Bauherr nicht akzeptieren, und der Architekt somit auch nicht in seiner Planung berücksichtigen. Sofern vor allem von Seiten des Bauherrn Regelwerke irgendwelcher Art nach Vertragsschluss eingeführt werden sollen, ist diese eine Vertragsergänzung, die der Schriftform bedarf.[74]

---

[73] Neuenfeld, Architekt und Bauherr, 53f.

[74] Ebd. 76.

2.3 Stufenweise Beauftragung

§ 3 Stufenweise Beauftragung

Die Parteien vereinbaren eine stufenweise Beauftragung der Leistungsphasen. Unbeachtlich hiervon steht dem Bauherrn das Recht zu, weitere in § 4 genannte Leistungen ganz oder teilweise zu beauftragen. Der Architekt ist verpflichtet, diese Leistungen auszuführen, sofern sie ihm binnen .... Monaten nach Fertigstellung der vorausgegangenen Leistungen und der schriftlichen Mitteilung der Fertigstellung bzw. ab Vorlage der beantragten Baugenehmigung in Auftrag gegeben werden. Dem Architekten steht kein Rechtsanspruch auf Beauftragung weiterer Leistungen zu. Unbeachtlich der Vereinbarung über eine stufenweise Beauftragung einzelner Leistungsphasen kommen die Vertragspartner darüber ein, dass ein einheitliche Vertrag zwischen Bauherr und Architekt geschlossen wird.

Für den Bauherrn empfiehlt sich eine stufenweise Beauftragung. Der Grund liegt in den vielen Unwägbarkeiten (unsichere Finanzierung, mögliche Unstimmigkeiten wegen des Planungsstils etc.) eines Bauprojekts. Würde der Bauherr zu einer Kündigung eines Vollarchitektenvertrages gezwungen sein, würde ihn die unangenehme Wirkung des § 649 BGB treffen (d. h. er müsste unter Umständen den vollen Vergütungsanspruch für alle Leistungsphasen des Architekten erfüllen).

Die Klausel ist also in erster Linie „bauherrenfreundlich“, da der Bauherr ohne Kostennachteile über die Beauftragung einzelner Leistungsphasen jedes Mal neu entscheiden kann. Diese Klausel ist trotz geäußerter Bedenken zulässig, da in der Rechtsprechung anerkannt ist, dass der Architekt nicht mit einer neuen Leistungsphase beginnen darf, bevor der Bauherr die vorangehende gebilligt hat.[75] Die Bindungsfrist sollte zeitlich allerdings nicht zu sehr ausgeweitet werden.

[75] BGH, WM 1972, 1957f.; OLG Düsseldorf, NJW-RR 1994, 858.

2.4 Leistungsumfang

§ 4 Leistungsumfang

Zur Herbeiführung des vereinbarten Werkerfolgs wird der Architekt von dem Bauherrn mit nachfolgenden Architektenleistungen beauftragt:
I. Die zu erbringenden Grundleistungen des Architekten gemäß § 15 Abs. 2 HOAI
Mit dem Ziel der Herbeiführung des vereinbarten Werkerfolgs wird der Architekt von dem Bauherrn mit nachfolgenden Grundleistungen entsprechend ihrer prozentualen Honorarbewertung beauftragt:

Einzelne Leistungsphasen:	Bewertung der Grundleistungen in v. H. / Prozent der Honorare:		
	Gebäude	Freianlagen	raumbildende Ausbauten
1. Leistungsstufe: Vorplanung Geschuldet werden vom Architekt insbesondere die Grundleistungen der Leistungsphasen 1 und 2 des § 15 Abs. 2 HOAI:			
☐ Leistungsphase 1 = Grundlagenermittlung Ermitteln der Voraussetzungen zur Lösung der Bauaufgabe durch die Planung Mit Ausnahme von:	3 %	3 %	3 %
☐ Leistungsphase 2 = Vorplanung Erarbeiten der wesentlichen Teile einer Lösung der Planungsaufgabe Mit Ausnahme von:	7 %	10 %	7 %
2. Leistungsstufe: Genehmigungsplanung Geschuldet werden vom Architekt insbesondere die Grundleistungen der Leistungsphasen 3 und 4 des § 15 Abs. 2 HOAI. Die Kostenberechnung ist nach DIN 276, Fassung 1981, zu erstellen und bis mindestens in die zweite Ebene zu untergliedern.			
☐ Leistungsphase 3 = Entwurfsplanung Erarbeiten der endgültigen Lösung der	11 %	15 %	14 %

Planungsaufgabe

Mit Ausnahme von: ....

☐ Leistungsphase 4 = Genehmigungsplanung Erarbeiten und Einreichen der Vorlagen für die erforderlichen Genehmigungen	6 %	6 %	2 %

Mit Ausnahme von: ....

3. Leistungsstufe: Ausführungsplanung

Geschuldet werden vom Architekt insbesondere die Grundleistungen der Leistungsphasen 5 bis 7 des § 15 Abs. 2 HOAI. Anstelle der Zusammenstellung der Mengen und der Aufstellung von Leistungsverzeichnissen schuldet der Architekt die Aufstellung von Leistungsbeschreibungen mit Leistungsprogramm sowie die Erstellung eines Raumbuches. Der Architekt ist insbesondere verpflichtet,

☐ Leistungsphase 5 = Ausführungsplanung Erarbeiten und Darstellen der ausführungsreifen Planungslösung	25 %	14 %	30 %

Mit Ausnahme von: ....

☐ Leistungsphase 6 = Vorbereitung der Vergabe Ermitteln der Mengen und Aufstellen von Leistungsverzeichnissen	10 %	7 %	7 %

Mit Ausnahme von: ....

☐ Leistungsphase 7 = Vorbereitung der Vergabe Ermitteln der Kosten und Mitwirkung bei der Auftragsvergabe	4 %	3 %	3 %

Mit Ausnahme von: ....

4. Leistungsstufe: Objektüberwachung und Objektbetreuung

Geschuldet werden vom Architekt insbesondere die Leistungsphasen 8 und 9 des § 15 Abs. 2 HOAI. Hierbei hat er insbesondere folgende Leistungen zu erbringen:

☐ Leistungsphase 8: Objektüberwachung Überwachung der Ausführung des Objekts	31 %	29 %	31 %

Mit Ausnahme von: ....

☐ Leistungsphase 9: Objektbetreuung Überwachen der Beseitigung von Mängeln und Dokumentation des Gesamtergebnisses	3 %	3 %	3 %

Mit Ausnahme von: ....

II. Zusätzliche Leistungen des Architekten:

☐ Baukünstlerische Überwachung

Geschuldet wird die Überwachung der Herstellung des Bauobjektes hinsichtlich der Einzelheiten nach § 15 Abs. 3 HOAI

☐ Leistungen nach der Wärmeschutzverordnung gemäß § 78 HOAI

☐ Erstellen eines Entwässerungsgesuchs gemäß § 73 HOAI

☐ weitere HOAI-Leistungen:

☐ sonstige Leistungen:

☐ Besondere Leistungen gemäß § 2 Abs. 3 HOAI:

III. Unterrichtungspflicht des Architekten

Im Rahmen seiner vertraglichen Aufgaben hat der Architekt eine umfassende Unterrichtungspflicht. Wenn erkennbar wird, dass die ermittelten Baukosten überschritten werden, den Bauherrn unverzüglich darüber zu unterrichten.

IV. Weisungspflichten

Soweit es seine Aufgabe erfordert ist der Architekt berechtigt und verpflichtet, die Rechte des Bauherrn zu wahren, insbesondere hat er den am Bau beteiligten die notwendigen Weisungen zu erteilen. Hat der Architekt Bedenken gegen die Weisungen des Bauherrn, so hat er diese unverzüglich anzumelden. Finanzielle Verpflichtungen für den Bauherrn darf der Architekt nur eingehen, wenn Gefahr in Verzug und das Einverständnis des Bauherrn nicht rechtzeitig zu erlangen ist.

V. Beratung über den Einsatz von Sonderfachleuten

Der Architekt hat den Bauherrn über die Notwendigkeit des Einsatzes von Sonderfachleuten sowie deren Leistungsumfang zu beraten und die von den Sonderfachleuten erbrachten Leistungen fachlich und zeitlich zu koordinieren, mit seinen Leistungen abzustimmen und in diese einzuarbeiten.

Wie schon eingangs erwähnt, ist der Architektenvertrag als Werkvertrag gemäß § 631 BGB zu qualifizieren. Geschuldet wird nicht das Bauwerk als körperliche

Sache, sondern das Werk des Architekten setzt sich im Gegensatz zur Leistung des Bauunternehmers aus vielfältigen Einzelleistungen geistiger Art zusammen. Der Architekt hat eine technisch und wirtschaftlich einwandfreie Planung mit einem Leistungseinsatz zu erbringen, der unter Beachtung der im Verkehr erforderlichen Sorgfalt und entsprechend dem Stand der Technik auf die Verwirklichung der Planung in ein mangelfreies Bauwerk gerichtet ist. Wenn das Bauwerk selbst geschuldet wäre, müsste der Architekt für Mängel einstehen, die er auch bei sorgfältiger Überwachung nicht verhindern konnte.

Neben dem Planungsergebnis schuldet der Architekt vermittels Vergabe-, Koordinierungs-, Überwachungs- und wirtschaftlicher Leistungen das Bewirken der Entstehung des Objekts. Auf diese globale Ergebnisorientierung ist der Architektenvertrag jedoch nicht beschränkt. Vielmehr enthält er zahlreiche „Einzelwerke".[76]

Die extensive Ausweitung des Leistungsumfanges über den Rahmen des § 15 HOAI hinaus ist notwendig, da die HOAI „lediglich" Gebührenrecht ist und keine normativen Leitbilder für den Inhalt eines Architekten- und Ingenieurvertrages enthält.[77] Es sind alle Architektenleistungen einschließlich der sogenannten Besonderen Leistungen entsprechend den Leistungsbildern der HOAI aufzuführen. Dies ist schon aus Beweisgründen notwendig, da nur so der exakte Umfang der Architektenleistungen auch objektiv - notfalls ultimo ratio durch ein Gericht - festgestellt werden kann.

Unabhängig dieser Beweisproblematik ergibt sich die Notwendigkeit einer exakten schriftlichen Fixierung aus dem schlichten, aber wesentlichen Umstand, dass „sich nur aus dem zwischen den Parteien geschlossenen Vertrag ergibt, welche Leistung der Architekt schuldet."[78]

Die hier zwischen den Vertragspartnern gewollten und mit □ gekennzeichneten Einzelleistungen sind im Vereinbarungsfall anzukreuzen. Ebenso sollten die Berechnungsbewertungen für die einzelnen Grundleistungen entsprechend ihres prozentualen Anteils am Architektenhonorars aufgeführt werden. Für den Fall, dass der Architekt nur einzelne Leistungsteile innerhalb der einzelnen Leistungsphasen erbringen soll, ist dringend anzuraten, diese Leistungsteile konkret zu bezeichnen und mit ihrem exakten Honoraranteil zu belegen. Andernfalls kann es hinterher zu erheblichen Abrechnungsproblemen führen.

Grundleistungen

1. Leistungsstufe: Vorplanung

Zu) Leistungsphase 1 = Grundlagenermittlung:

In Kurzform formuliert muss sich der Architekt informieren über:

[76] Locher/Koeble/Frik, Einl., Rn 7.

[77] BGH, NJW 1997, 586.

[78] Ebd.

- die beabsichtigte Art der Nutzung,
- die Größe der zur Verfügung stehenden Grundstücksfläche,
- die dem Bauherrn zur Verfügung stehenden finanziellen Mittel und
- alle weiteren notwendigen Grunddaten informieren. Des weiteren hat der Architekt den Bauherrn über alle weiteren am Bau beteiligten, insbesondere der Sonderfachleute, Institutionen und Ämter in Kenntnis zu setzen.

Die Grundlagenermittlung ist im § 15 Abs. 2 Nr. 1 HOAI nicht übermäßig deutlich definiert. Im Vordergrund steht die Klärung der Aufgabenstellung und das Beraten zum gesamten Leistungsbedarf. Dazu zählt das Eruieren der rechtlichen und tatsächlichen Rahmenbedingungen, aber auch die Zielvorstellung des Bauherrn. Ob er sich seine Bauabsichten leisten kann, geht den Architekten unmittelbar nichts an. Erfährt er jedoch von wirtschaftlichen Rahmenvorstellungen des Bauherrn, muss sich seine Beratung auch darauf konzentrieren, ob das angestrebte Bauvorhaben innerhalb dieses Rahmens realisierbar ist. Vor allem aber ist zentraler Teil der Grundlagenermittlung die vollständige Ermittlung der Planungsdaten des zur Bebauung vorgesehenen Grundstücks. Der Architekt muss durch Befragen der Ämter lückenlos herausfinden, welche planerische Vorgaben existieren und ob diese umsetzbar sind oder eben nicht.

Bei der Beratung zum gesamten Planungsbedarf hat er dem Bauherrn zu erläutern, dass der Nachbar beispielsweise im Genehmigungsverfahren mitwirkt. Er muss ihm bereits jetzt die Möglichkeiten der Vergabe erläutern. Er muss ihm erläutern, welche Sonderfachleute benötigt werden und diese das jeweils volle Leistungsbild erbringen sollten, um wirklich eine optimierte Planung zu erzielen. Die Grundlagenermittlung ist am besten als die Summe der Tätigkeiten des Architekten zu bezeichnen, die vor Zeichenbeginn zu versehen sind.[79] Nur eine intensive Vorbereitung der eigentlichen Planungstätigkeit kann zu einer optimalen Planung führen.

Zu) Leistungsphase 2 = Vorplanung:
Der Architekt muss ein konkretes Vorplanungskonzept vorlegen, das eine Kostenschätzung nach der DIN 276 in der Fassung von 1981 enthalten muss.

Zu) Leistungsphase 3 = Entwurfsplanung:

Der Architekt legt einen vollständigen Objektentwurf inklusive einer Kostenberechnung vor. Der Architekt sollte eine sorgfältige Dokumentation vorlegen.

Zu) Leistungsphase 4 = Genehmigungsplanung:

[79] Neuenfeld, Architekt und Bauherr, 59.

Der Architekt erarbeitet eine Vorlage für die erforderlichen öffentlich-rechtlichen Genehmigungen. Weiterhin vervollständigt er die bestehenden Planungsunterlagen bzw. passt sie dem aktuellen Planungsstand an.

2. Leistungsstufe: Genehmigungsplanung

Die Genehmigungsplanung gewinnt ihre Bedeutung durch den Umstand, dass die Herbeiführung der jeweils erforderlichen Genehmigungen Voraussetzung für die Plandurchführung ist. Das gesamte Planungsrecht wird praktisch von Genehmigungsvorbehalten beherrscht. Sobald Planung mehr werden soll als die Summe interner Überlegungen, sobald also Pläne entstehen sollen mit einer irgendwie gearteten Rechtswirkung nach außen, hat der Gesetzgeber ein Genehmigungsverfahren installiert, das trotz aller Beschleunigungsgesetze kompliziert geblieben ist. Der Architekt muss wissen, wie die jeweils erforderlichen Genehmigungen zu erhalten sind.[80]

Eine Missachtung öffentlich-rechtlichen Baurechts macht den Plan unbrauchbar und die Folgen einer solchen Unbrauchbarkeit sind Kündigungsrechte des Bauherrn,[81] Schadensersatzansprüche[82] und weitreichende Honorarverluste, denn. eine nicht genehmigte bzw. genehmigungsfähige Planung ist unbrauchbar,[83] aber der Architekt schuldet gerade einen genehmigungsfähigen Entwurf.[84] Es gilt in diesem Zusammenhang allerdings zu beachten, dass auch bei einer nicht erteilten Baugenehmigung ein Honoraranspruch für den Architekten - zumindest für die Leistungsphasen 1 und 2 – bestehen kann, weil diese Leistungen zur Klärung der Genehmigungsfähigkeit mindestens erforderlich sind und zum Gegenstand einer Bauvoranfrage gemacht werden können.[85]

Bei stufenweiser Beauftragung kann dem Architekten sogar für die Grundlagenermittlung, Vorplanung und Entwurfsplanung ein Honorar zustehen, wenn die Entwurfsplanung genehmigungsfähig war und Mängel erst im Bereich der Genehmigungsplanung aufgetreten sind.[86]

Angesichts der Vielzahl denkbarer Probleme während eines Baugenehmigungsverfahrens, ist dem Architekt deshalb schon aus Vorsichtsgründen während oder mit der Vorplanung die Beantragung eines Vorbescheids zu empfehlen.

Nicht nur wegen der vielfältigen Problemansätze eines Baugenehmigungsverfahrens sollte bei offizieller Einleitung desselben im wesentlichen Klarheit über die Genehmigungsfähigkeit bestehen. In der Leistungsphase 4 des § 15 HOAI

---

[80] BGH, BauR 1975, 67.

[81] OLG Oldenburg, IBR 1995, 435.

[82] OLG Düsseldorf, BauR 1996, 287.

[83] Neuenfeld, Genehmigungen für Planungs- und Bauvorhaben, München [1]1998, Rn. 215.

[84] BGH, BauR 1999, 934 = NJW 1999, 2112 = ZfBR 1999, 202.

[85] Locher/Koeble/Frik, § 15, Rn 88 unter Hinweis auf OLG Düsseldorf, BauR 1996, 287 = NJW-RR 1996, 403; OLG Düsseldorf, BauR 1986, 469; OLG München, BauR 1992, 534 = NJW-RR 1992, 788.

[86] Locher/Koeble/Frik, § 15, Rn 88 unter Hinweis auf BGH, BauR 1997, 1065 = NJW 1998, 135.

auftretende Genehmigungsschwierigkeiten würden viel zu spät erkannt sein und Kosten und Zeit produziert haben, die vermieden werden können, wenn der Architekt vor, während oder mit der Planung einen Vorbescheid beantragt hat. Dieser in allen Landesbauordnungen vorgesehene Planungsschritt bedeutet die Klarstellung von Zweifelsfragen zu einem frühen Zeitpunkt. Der auf die Voranfrage ergehende Bescheid äußert hinsichtlich der zu beantworteten Fragen schon eine Bindungswirkung, denn man versteht ihn als Ausschnitt aus dem feststellenden Teil der Baugenehmigung.[87]

Die Bindungswirkung eines solchen Vorbescheides erstreckt sich auf alle wesentlichen Fragen bezüglich des weiteren Planungsfortganges. Der Vorteil für Architekt und Bauherr besteht bei Beantragung eines Vorbescheides vor allem darin, dass nach Klärung eventuell schwieriger Fragen das nachfolgende Baugenehmigungsverfahren keinerlei Probleme mehr bereiten wird.[88]

Dieser in allen Landesbauordnungen vorgesehene Planungsschritt bedeutet Klarstellung von Zweifelsfragen zu einem frühen Zeitpunkt. Der auf die Voranfrage ergehende Bescheid äußert hinsichtlich der zu beantwortenden Fragen schon eine Bindungswirkung, denn man versteht ihn als Ausschnitt aus dem feststellenden Teil der Baugenehmigung.[89]

Die Bindung erstreckt sich nur auf die beantworteten Fragen, aber es sollte sich dabei um solche Fragen handeln, die für den weiteren Planungsverlauf entscheidend sind. Das kann - außerhalb eines Bebauungsplanes - eine Frage nach der Ausnutzung des Grundstücks sein, nach seiner Denkmaleigenschaft oder der Reichweite des Bestandsschutzes im Umbaufalle. Der Vorteil eines solchen Vorbescheidsverfahrens ist augenscheinlich. Wenn in einem so frühen Planungsstadium die sensiblen Fragestellungen geklärt sind, dürfte es im Baugenehmigungsverfahren selbst keinerlei Probleme mehr geben. Der Bauherr kann sich frühzeitig auf die Vorgaben der Bauaufsicht einrichten und wird nicht zu später von Einwendungen überrascht.[90]

Zu) Leistungsphase 5 = Ausführungsplanung:

Der Architekt muss dem Bauherrn bauausführungsreife Pläne inklusive den dazugehörenden textlichen Erläuterungen vorlegen.

Zu) Leistungsphase 6 = Vorbereitung der Vergabe:

Zu den Pflichten des Architekten gehört, dass er zunächst einmal den Bauherrn umfassend darüber informiert, welche Ausschreibungsmöglichkeiten existieren. Für private Bauherrn gibt es zwar keine zwingenden Vorgaben, insbesondere sind sie nicht zur Anwendung der VOB/A gezwungen. Wenn sie diese oder eine andere Vergabevorschrift jedoch anwenden, obliegt auch ihnen die Einhaltung der Re-

---

[87] Neuenfeld, Architekt und Bauherr, 44 mit Hinweis auf BVerwG, BauR 1984, 164.
[88] Neuenfeld, Genehmigungen, Rn. 109.
[89] BVerwG, BauR 1984, 164.
[90] Neuenfeld, Genehmigungen, Rn. 109.

geln, denn die Bieter können für den ihnen zustehenden Aufwand bei der Erstellung der Angebote ein korrektes Verfahren erwarten.

Zur Anwendung der VOB/A sind alle Auftraggeber verpflichtet, die dem öffentlichen Haushaltsrecht unterliegen, also Bund, Länder, Gemeinden und Landkreise, aber auch Sondervermögen oder sonstige juristische Personen des öffentlichen Rechts.

Die VOB/A regelt das Verfahren bis zur Auftragserteilung, Teil B den Ablauf des eigentlichen Bauvorhabens und Teil C die Mindestanforderungen an die Verwendung technischer regeln. Wann welches Verfahren vorgeschrieben ist, muss der Architekt dem Bauherrn bis ins Detail erläutern können. Im übrigen ist das Vergabeverfahren nach der VOB/A sehr übersichtlich geregelt. Bei präziser Handhabung sollten keine Probleme entstehen. Allerdings ist das Vergabeverfahren in zwei Ansatzpunkten problematisch:

So hat der Architekt eine umfassende und präzise Leistungsbeschreibung, für die bereits die DIN 18 299 klare Regeln aufstellt, vorzunehmen. Führt demnach die öffentliche Hand ein Bauvorhaben aus, muss die VOB/A als Regelungswerk herangezogen werden. Der öffentliche Bauherr ist dabei zu einer eindeutigen und erschöpfenden Leistungsbeschreibung gezwungen, so dass alle Bewerber die Beschreibung im gleichen Sinne verstehen müssen und ihre Preise sicher und ohne umfangreiche Vorarbeiten berechnen können. Außerdem darf dem Auftragnehmer kein ungewöhnliches Wagnis aufgebürdet werden für Umstände und Ereignisse, auf die er keinen Einfluss hat und deren Einwirkung auf die Preise und Fristen er nicht im voraus schätzen kann. Wesentliche Norm ist dabei § 9 Nr. 1 VOB/A:

VOB/A § 9 Nr. 1 [Beschreibung der Leistung]

Die Leistung ist eindeutig und so erschöpfend zu beschreiben, dass alle Bewerber die Beschreibung im gleichen Sinne verstehen müssen und ihre Preise sicher und ohne umfangreiche Vorarbeiten berechnen können. Bedarfspositionen (Eventualpositionen) dürfen nur ausnahmsweise in die Leistungsbeschreibung aufgenommen werden. Angehängte Stundenlohnarbeiten dürfen nur in dem unbedingt erforderlichen Umfang in die Leistungsbeschreibung aufgenommen werden.

Zu) Leistungsphase 7 = Mitwirkung bei der Vergabe:

Der Architekt hat Angebote einzuholen und einen Preisspiegel zu erstellen, sowie bei den Verhandlungen mit den Anbietern mitzuwirken. Dies bedeutet allerdings nicht, dass eine Auftragsvergabe durch den Architekten erfolgt. Aufgrund der durch die Ausschreibung ermittelten Preise ist der Kostenanschlag nach der DIN 276 bis mindestens zur dritten Ebene (Ziff. 3.2.3. DIN 276) aufgegliedert zu fertigen.

Der Architekt hat auch bei der Vergabe mitzuwirken. Hierzu zählt zunächst die Zusammenstellung aller Verdingungsunterlagen, wozu auch die Prüfung gehört, ob die erforderlichen Pläne dabei sind, die ja Teil des Angebots sein müssen. Empfehlenswert ist, den später vorgesehenen Bauvertrag mit allen Vertragsbestimmungen beizufügen, da der Bieter mit dem Angebot auch eine bindende Bereitschaft erklärt, nach diesem Vertragsmuster abzuschließen.

Sobald diese Unterlagen vorliegen, werden mit den entsprechenden zeitlichen Festlegungen Angebote eingeholt und nach deren Eingang auf Ordnungsgemäßheit geprüft und nach ihrer Vergabequalität gewertet. Das Aufstellen eines Preisspiegels unter Mitwirkung der übrigen fachlichen Beteiligten, der Fachingenieure also, beendet einen wesentlichen Teil der Vergabemitwirkung, nach dessen Abschluss vor allen Dingen öffentliche Auftraggeber häufig die Leistungen des Freiberuflers enden lassen. Sofern der Architekt an der Verhandlung mit den Bietern teilnimmt oder sogar selbst verhandelt, ist wesentlich, dass er ohne ausdrückliche Vollmacht den Auftrag nicht selbst erteilen darf.[91] Wenn er es darf, muss er deutlich machen, dass er nicht im eigenen Namen beauftragt, sonst wird er selbst verpflichtet. Eine Verhandlung über den Preis ist, obgleich dies ständig stattfindet, unzulässig. Zulässig ist lediglich eine Aufklärung des Angebotsinhalts, unzulässig ein Verhandeln darüber. Verhandlungen über Änderungen der Angebote oder Preise sind nur statthaft, wenn sie bei Nebenangeboten, Änderungsvorschlägen oder Angeboten aufgrund eines Leistungsprogramms nötig werden, unumgängliche technische Änderungen der Preise zu vereinbaren.

Im Anschluss daran wird der Kostenanschlag nach DIN 276 von 1981 aufgestellt. Es gilt zweifelsfrei bis auf weiteres die alte Fassung der DIN; der Kostenanschlag ist unzureichend, wenn er lediglich eine Addition der Gewerkergebnisse beinhaltet. Der Kostenanschlag wird durch den neuen § 10 Abs. 2 HOAI eine größere Bedeutung gewinnen, da die Leistungsphasen 4 bis 7 endgültig nach ihm abgerechnet werden müssen. Neu ist in der Phase 4 noch die Kostenkontrolle durch Vergleich des Kostenanschlags mit der Kostenberechnung, obgleich der Verordnungsgeber sich hiervon zu viel verspricht, den eine Vergleichserörterung wird ja wohl von jedem vernünftigen Bauherrn gefordert werden, wenn die Werte deutlich auseinanderliegen.

Der zweite neuralgische Tatbestand nach der Ausschreibung ist in der Behandlung der Bieter zu sehen. Hier können drei Konfliktsituationen eintreten:

Die erste Konstellation kann so aussehen, dass nicht der Bieter mit dem günstigsten Angebot den Auftrag erhält. Das Verfahren ist nur korrekt, wenn die Zuschlagsrisiken genau definiert sind und sich der Auftraggeber strikt an die Kriterien hält. Zu beachten gilt, dass der billigste Bieter nicht automatisch der beste ist. Die VOB/A schreibt in § 25 Nr. 3 Abs. 3 Satz 2 vor, dass der Zuschlag auf das Angebot erteilt werden solle, das unter Berücksichtigung aller technischen und wirtschaftlichen, ggf. auch gestalterischen Funktionen bedingten Gesichtspunkte als das Annehmbarste erscheint. Bei diesen Begriffen liegt die Feststellung nahe, dass der Auslober in einer gewissen Bandbreite einen Beurteilungsspielraum hat.

VOB/A § 25 Nr. 3, Abs. 3 [Wertung der Angebote]

In die engere Wahl kommen nur solche Angebote, die unter Berücksichtigung rationellen Baubetriebs und sparsamer Wirtschaftsführung eine einwandfreie Aus-

[91] Neuenfeld, Genehmigungen, Rn. 87.

führung einschließlich Gewährleistung erwarten lassen. Unter diesen Angeboten soll der Zuschlag auf das Angebot erteilt werden, das unter Berücksichtigung aller Gesichtspunkte, wie z.B. Preis, Ausführungsfrist, Betriebs- und Folgekosten, Gestaltung, Rentabilität oder technischer Wert als das wirtschaftlichste erscheint. Der niedrigste Angebotspreis allein ist nicht entscheidend.

Ein weiteres Problemfeld kann entstehen, wenn ein Bieter gemäß § 25 Nr. 1 Abs. 1 und 2 VOB/A wegen eines Verfahrensverstoßes ausgeschlossen wird.

VOB/A § 25 Nr. 1, Abs. 1 und 2 [Wertung der Angebote]

(1) Ausgeschlossen werden:
   a) Angebote, die im Eröffnungstermin dem Verhandlungsleiter bei Öffnung des ersten Angebots nicht vorgelegen haben, ausgenommen Angebote nach § 22 Nr. 6
   b) Angebote, die dem § 21 Nr. 1 Abs. 1 und 2 nicht entsprechen,
   c) Angebote von Bietern, die in Bezug auf die Ausschreibung eine Abrede getroffen haben, die eine unzulässige Wettbewerbsbeschränkung darstellt,
   d) Änderungsvorschläge und Nebenangebote, wenn der Auftraggeber in der Bekanntmachung oder in den Vergabeunterlagen erklärt hat, dass er diese nicht zulässt.

(2) Außerdem können Angebote von Bietern nach § 8 Nr. 5 sowie Angebote, die dem § 21Nr. 3 Satz 2 nicht entsprechen, ausgeschlossen werden.

Wenn ein Teilnehmer wegen eines Verfahrensverstoßes ausgeschlossen wird, muss die Begründung den Ausschluss auch tragen. In Zweifelsfällen sollte der Bieter eher im Verfahren gelassen werden, vor allem dann, wenn er für die Vergabe ohnehin nicht in Betracht kommt. Ein ungerechtfertigter Ausschluss würde ihn zur Einleitung eines Vergabeüberprüfungsverfahrens veranlassen können.

Eine weitere Konfliktsituation kann durch die Aufhebung der gesamte Ausschreibung entstehen. Es existieren nach § 26 Nr. 1 und 2 VOB/A drei Aufhebungstatbestände[92]:

VOB/A § 26 Nr. 1 und 2 [Aufhebung der Ausschreibung]

1. Die Ausschreibung kann aufgehoben werden:
   a) wenn kein Angebot eingegangen ist, das den Ausschreibungsbedingungen entspricht,
   b) wenn die Verdingungsunterlagen grundlegend geändert werden müssen,
   c) wenn andere schwerwiegende Gründe bestehen.
2. Die Bewerber und Bieter sind von der Aufhebung der Ausschreibung unter Angabe der Gründe, gegebenenfalls über die Absicht, ein neues Vergabever-

[92] Vgl. § 26 VOB/A.

fahren einzuleiten, unverzüglich zu unterrichten. Die Unterrichtung erfolgt auf Antrag der Bewerber oder Bieter schriftlich.

Bei einer tatenlosen Verstreichung der Zuschlagsfrist oder bei einer Aufhebung der Ausschreibung, ohne dass ein Grund vorliegt, können die Bieter Schadensersatzansprüche haben, die in den Kosten der Aufwendungen für die Ausschreibung bestünden. Nach der Rechtsprechung des BGH muss aber immer geprüft werden, wie ein Bieter gestanden haben würde, hätte die Rechtsverletzung nicht stattgefunden. Wenn die Prüfung ergibt, dass er sich in keiner Position befunden hat, angesichts derer bei ordnungsgemäßem Zuschlag ihm der Auftrag hätte erteilt werden müssen, entfallen Ersatzansprüche.

Kein ordnungsgemäßes Angebot liegt vor, wenn alle Angebote gegen irgend welche Ausschreibungsinhalte verstoßen. Hinzu kommen die Fälle, in denen die Angebote entweder nur Änderungsvorschläge oder Nebenangebote enthalten, die nicht zugelassen waren oder den Vorstellungen des Auftraggebers nicht entsprechen.

Der zweite Tatbestand betrifft die Notwendigkeit grundlegender Änderungen; dies ist mehr als eine wesentliche Änderungen. Diese Gründe müssen nach der Ausschreibung aufgetreten sein. waren sie für den Auftraggeber mit hinreichender Sicherheit bereits bei Ausschreibung vorhersehbar, macht er sich schadensersatzpflichtig. Konkrete Aufhebungsgründe können darin bestehen, dass:

- Baumittel nachträglich gekürzt oder ganz gestrichen werden,
- die Realisierung des Bauprojekts wegen baurechtlicher Streitigkeiten auf unabsehbar lange Zeit verhindern,
- bestimmte Fördermittel fortfallen,
- nachträglich Bauverbote, Bauauflagen oder Baubeschränkungen und andere schwerwiegende Gründe können in der Person des Ausschreibenden (schwere Erkrankung, Tod, Konkurs) auftreten, aber auch aus den eingegangenen Angeboten hervorgehen,
- keines der Angebote einen angemessenen Preis aufweist,
- keiner der Bieter geeignet ist,
- ein Nebenangebot, Änderungsvorschlag oder Angebot aufgrund eines Leistungsprogramms eine im Grundsatz wirtschaftliche Lösung beinhaltet, diese Lösung aber wegen damit verbundenen erheblichen technischen Änderungen nicht zuschlagsfähig ist.

Ist die Aufhebung der Ausschreibung korrekt, stehen den teilnehmenden Bietern keine Ersatzansprüche zu.[93] Bei allen drei Konflikttatbeständen steht jedoch bei fehlerhafter Handhabung dem nicht berücksichtigten, ausgeschiedenen oder von einer Aufhebung der Ausschreibung insgesamt Betroffenen ein Schadenser-

---

[93] BGH, NJW 1998, 3640.

satzanspruch zu. Er geht im Normalfall auf den Ersatz des Vertrauensschadens, d. h. auf den Ersatz seiner Angebotskosten, weil er so gestellt werden muss, als habe er an dem Verfahren gar nicht teilgenommen. In den sehr viel selteneren Fällen, wo der betroffene beweisen kann, dass er bei korrekter Handhabung den Auftrag hätte erteilt bekommen müssen, kann er sogar entgangenen Gewinn verlangen.[94]

Bei öffentlichen Aufträgen erhalten seit Beginn des Jahres 1999 Vergabefehler eine neue Rechtsqualität. Durch Einführung des Vergaberechtsänderungsgesetzes wurde das Gesetz gegen Wettbewerbsbeschränkung dahingehend ergänzt, dass Verfahrensregeln im Falle von Vergabeverstößen auf öffentliche Aufträge ausgeweitet wurden. Entstanden ist ein zweistufiges Gerichtsverfahren über die Bildung von Vergabekammern (Bisher Vergabeüberwachungsausschüsse) und einer Beschwerdeinstanz beim Vergabesenat des jeweiligen Oberlandesgerichts.[95] Die Erfahrungen mit Rechtswegen, vor allem mit neu eröffneten, zeigen, dass diese Wege auch gegangen werden. Die Entwicklung der letzten Jahre beweist, dass die Vergabe stärker als in früheren Jahren zum Rechtsproblem wird.

Zu) Leistungsphase 8 = Objektüberwachung:

Wichtig ist, dass die Rechnungsprüfung so zeitig durchgeführt wird, dass eventuell vom Bauunternehmer eingeräumte Skontofristen eingehalten werden können. Die überprüften Rechnungen sind mit einer Bescheinigung zu versehen. Der Architekt trägt die Verantwortung für die Entstehung eines plangerechten und mangelfreien Bauwerks. Er hat die exakte Einhaltung der Baugenehmigung zu überwachen. Nach Abschluss einzelner Teilleistungen hat der Architekt mit den jeweiligen Bauunternehmern das Aufmaß zu nehmen und die daraus resultierenden Rechnungen zu überprüfen. Nach Abschluss sämtlicher Rechnungen hat der Architekt die Kostenfeststellung nach DIN 276 zu fertigen. Der Bauherr erhält eine Aufstellung der einzelnen Gewährleistungsfristen der beteiligten Bauhandwerker.

Zu) Leistungsphase 9 = Objektbetreuung:

Nach Abschluss der Bauerrichtung aber vor Ablauf der einzelnen Gewährleistungsfristen hat der Architekt das Bauwerk in Augenschein zu nehmen und auf Mängel hin zu untersuchen. Sobald er Mängel feststellt, hat er das hierfür verantwortliche Bauunternehmen zur Mängelbeseitigung aufzufordern und die Mängelbeseitigung zu überwachen. In der Praxis kommt es vielfach vor, dass manche Architekten „stillschweigend“ diese Leistung nicht erbringen.

Teilweise gelingt ein Kaschieren dieser fehlenden Leistung gegenüber dem sachunkundigen Bauherrn dadurch, dass die Leistungsphasen 8 und 9 schwierig abzugrenzen sind. Ein kommentarloses Weglassen der Leistungsphase 9 wird zum

[94] BGH, NJW 1998, 3634.

[95] Vgl. Sturmberg, Neues Vergaberecht – deutlich verbesserter Rechtsschutz, BauR 1998, 1063; Schorbus, Der Schadensersatz des Bieters bei der fehlerhaften Vergabe öffentlicher Aufträge, BauR 1999, S. 77.

Teil als standeswidrig angesehen, sogar für den Fall, dass diese Leistung vertraglich nicht vereinbart wurde.[96]

Zusätzliche Leistungen

Die baukünstlerische Überwachung als zusätzliche Leistung kann dem Architekten vorliegend jedoch nur übertragen werden, wenn ihm nicht zugleich schon die Leistungen der Leistungsphase 8 (Objektüberwachung, Bauüberwachung) übertragen wird.

Besondere Leistungen

Der § 15 Abs. 2 HOAI zählt eine Reihe von Besonderen Leistungen auf. Die Aufzählung ist jedoch nicht enumerativ, sondern kann durch die Vertragsparteien bestimmt werden. Eine Vergütung erfolgt nur, wenn die Besonderen Leistungen im Verhältnis zu den Grundleistungen einen nicht unwesentlichen Arbeits- und Zeitaufwand verursachen und das Honorar schriftlich vereinbart wurde. Letzteres ergibt sich bereits aus § 5 Abs. 4 HOAI.[97] Andernfalls steht dem Architekten auch kein Anspruch aus ungerechtfertigter Bereicherung nach § 812 BGB oder aus dem Grundsatz einer Geschäftsführung ohne Auftrag zu.[98]

BGB § 812 [Grundsatz]

(1) Wer durch die Leistung eines anderen oder in sonstiger Weise auf dessen Kosten etwas ohne rechtlichen Grund erlangt, ist ihm zur Herausgabe verpflichtet. Diese Verpflichtung besteht auch dann, wenn der rechtliche Grund später wegfällt oder der mit einer Leistung nach dem Inhalte des Rechtsgeschäfts bezweckte Erfolg nicht eintritt.
(2) Als Leistung gilt auch die durch Vertrag erfolgte Anerkennung des Bestehens oder des Nichtbestehens eines Schuldverhältnisses.

BGB § 677 [Pflichten eines Geschäftsführers]

Wer ein Geschäft für einen anderen besorgt, ohne von ihm beauftragt oder ihm gegenüber sonst dazu berechtigt zu sein, hat das Geschäft so zu führen, wie das Interesse des Geschäftsherrn mit Rücksicht auf dessen wirklichen oder mutmaßlichen Willen es erfordert.

Bei Abschluss des Vertrages ist zu beachten, dass zur Vermeidung späterer Streitigkeiten schriftlich festgehalten werden sollte, welche konkreten besonderen Leistungen vergütet und wie die Vergütung berechnet werden sollen.

---

[96] Neuenfeld, Architekt und Bauherr, 37.
[97] Vgl. OLG Hamm, BauR 1993, 761.
[98] Vgl. OLG Hamm, BauR 1993, 633.

2.5 Aufgaben des Bauherrn

§ 5 Aufgaben des Bauherrn

1. Der Bauherr fördert die Planung und die Durchführung des Bauvorhabens, insbesondere hat er alle anstehenden Fragen unverzüglich zu entscheiden.
2. Die notwendigen Sonderfachleute werden nach Beratung und Auswahl seitens des Architekten durch den Bauherrn beauftragt. Der Bauherr beauftragt zunächst folgende Sonderfachleute für:

   ☐ Bodengutachten (Gründungsberatung): ....

   ☐ Technische Ausrüstung: ....

   ☐ Tragwerksplanung (Statik): ....

   ☐ ....

   ☐ ....

3. Der Bauherr übergibt dem Architekten sämtliche das Bauvorhaben betreffende Rechnungen, soweit diese für die Vertragserfüllung oder die Erstellung der Honorarrechnung erforderlich sind.
4. Im Interesse eines reibungslosen Bauablaufs soll der Bauherr Weisungen an die am Bau Beteiligten nur im Einvernehmen mit dem Architekten erteilen.
5. Zur Sicherung der Bauherreninteressen kann der Bauherr vom Architekten die Verwendung bestimmter Formulare für Verträge, Leistungsverzeichnisse, Kostenermittlungen und Honorarrechnungen und eine Abstimmung über den Baustellenablauf verlangen.
6. Rechtliche Bestimmungen aus dem Einflussbereich des Bauherrn müssen genau bezeichnet sein. Eine Einbeziehung nach Vertragsschluss ergangener Vorschriften ist wie eine Vertragsergänzung zu behandeln. Eine Einbeziehung ohne Beachtung vorstehender Handhabung ist unwirksam.
7. Der Bauherr nimmt die Leistungen des Architekten, der Sonderfachleute (Ingenieure) sowie der Bauunternehmer rechtsgeschäftlich ab. Für die Abnahme der Architektenleistungen wird die förmliche Teilabnahme vereinbart. Von dem Tag der jeweiligen Teilabnahmen an laufen die Gewährleistungsfristen für die abgenommenen Leistungen. Die erbrachten Leistungen sind auf Verlangen des Architekten nach vollständiger Erbringung aller zu der jeweiligen Leistungsstufe gehörenden Leistungen abzunehmen. Die Teilabnahmen erfolgen durch schriftliches Abnahmeprotokoll des Architekten, sofern ihnen nicht binnen 4 Wochen ab Zugang schriftlich widersprochen wird.

Die Förderungspflicht des Bauherrn

Im Sinne einer ausgewogenen Vertragsgestaltung müssen auch dem Bauherrn Pflichten auferlegt werden, die jedoch letztlich ohnehin seiner Interessenwahrung dienen. In § 631 Abs. 1 BGB wird der Bauherr – als Besteller einer Werkleistung – lediglich zur Zahlung der entsprechenden Vergütung verpflichtet. Die weitere Pflichten- und damit auch Interessensituation des Bauherrn kommt hier nur unzureichend zum Ausdruck, erst recht im Hinblick auf die vertragliche Beziehung zum Architekten.

Der Bauherr ist Herr des Geschehens[99], im Normalfall auch der Grundstückseigentümer, weshalb ihn nicht nur Zahlungs-, sondern weitergehende Pflichten treffen. Insbesondere bleibt die Verpflichtung des Bauherrn, selbst bei Bestellung von Architekt, Ingenieur und Bauunternehmern, die Interessen des Nachbarn zu wahren. Im Schadensfall ist er Gesamtschuldner mit den übrigen Baubeteiligten, mit Regressmöglichkeiten im Innenverhältnis.[100]

Zu den weiteren Pflichten, zählt auch die Förderungspflicht. Danach hat der Bauherr alle anstehenden Fragen auf das berechtigte Verlangen des Architekten hin unverzüglich zu entscheiden. Derartige Frage können dergestalt sein, dass über etwaige Mehraufwendungen oder alternative Planungsinhalte entschieden werden muss. Der § 642 BGB sieht sogar ein Entschädigungsrecht des Bauunternehmers für den Fall vor, dass der Bauherr eine Baumaßnahme nicht fördert, sondern sozusagen „schleifen“ lässt. Eine entsprechende Anwendung lässt sich auch auf das Vertragsverhältnis zwischen Bauherr und Architekt sehen:

BGB § 642 [Mitwirkung des Bestellers]

(1) Ist bei der Herstellung des Werkes eine Handlung des Bestellers erforderlich, so kann der Unternehmer, wenn der Besteller durch das Unterlassen der Handlung in Verzug der Annahme kommt, eine angemessene Entschädigung verlangen.
(2) Die Höhe der Entschädigung bestimmt sich einerseits nach der Dauer des Verzugs und der Höhe der vereinbarten Vergütung, andererseits nach demjenigen, was der Unternehmer infolge des Verzugs an Aufwendungen erspart oder durch anderweitige Verwendung seiner Arbeitskraft erwerben kann.

Das Unterlassen des Bauherrn kann unter Umständen dazu führen, dass das Architektenwerk fehlerhaft wird, ohne das klar gestellt wird, wer diese Fehlerhaftigkeit tatsächlich zu verantworten hat,[101] was zu einer unübersichtlichen Rechtssituation führt. In jedem Fall sollte sich der Bauherr nicht der grundsätzlichen Haftungsgefahr aussetzen.

---

[99] Gemeint ist natürlich alleine die rechtliche Situation.
[100] Neuenfeld, Architekt und Bauherr, 68.
[101] Ebd., 69.

Die Beauftragung von Sonderfachleuten

Nach dem hier vorgelegten Muster wird der Ingenieur Vertragspartner des Bauherrn, nicht des Architekten. Dies ist kein gesetzliches Muss, sondern entspricht der freien Vertragsgestaltung. Häufig kommt es zwischen Bauherr und Architekt zum Abschluss eines „Generalplanungs-Vertrages" mit dem Inhalt, dass der Architekt auch die Ingenieurleistungen übernimmt. Der Architekt haftet in diesen Fällen auch für Fehler der Sonderfachleute gemäß § 278 BGB.

Das dem Architekten ein Auswahlrecht eingeräumt wird, erscheint praxisgerecht, da ihm in der Regel die Leistungsfähigkeit und Zuverlässigkeit der Sonderfachleute bekannt ist. Zudem dürfte die positive Zusammenarbeit damit gefördert werden.

Der Auskunfts- und Informationsanspruch des Architekten

Die Rechtsprechung hat mehrfach entschieden, dass der Architekt einen einklagbaren Anspruch auf Rechnungsbelege hat.[102] Dieser Auskunftsanspruch läuft somit auf einen Nachweisanspruch hinaus; mit der bloßen Mitteilung von vielleicht gar nicht richtigen Rechnungsbeträgen braucht sich der Architekt nicht zu begnügen, schon deshalb übrigens nicht, weil ihm ja die Ermittlung der für sein Honorar anrechenbaren Kosten obliegt und er dazu die Kosten im Detail benötigt.[103]

Weisungsbefugnisse

Es widerspricht einer gedeihlichen Zusammenarbeit zwischen Bauherr und Architekt, wie auch dem Fortgang der Baumaßnahme, wenn beide ohne Abstimmung Weisungen gegenüber den am Bau beteiligten erteilen. Ein Abstimmen sollte daher selbstverständlich sein.

Verwendung bestimmter Formulare

Zur Vereinfachung der rechtlichen und technischen Abläufe verfügt der Architekt regelmäßig über bestimmte Formulare, deren Anwendung sich in der Mehrheit bewährt hat. Eigene Konstruktionen durch den Bauherrn sollten daher wenn möglich vermieden werden.

Vertragsgrundlagen

Es ist wichtig, dass die Vertragsparteien eindeutige Vertragsgrundlagen heranziehen, d. h. sie sollten sich darüber im klaren sein, welche Geschäftsbedingungen, Verwaltungsanweisungen und Leistungsergebnisse Dritter herangezogen werden. Alle diese Vertragsgrundlagen müssen datumsmäßig bezeichnet werden. Kein Vertragspartner kann für sich in Anspruch nehmen, zu Lasten des anderen Ver-

---

[102] OLG Köln, NJW-RR 1991, 279; OLG Düsseldorf, BauR 1996, 742.

[103] Neuenfeld, Architekt und Bauherr, 73.

tragspartners etwa während der Vertragszeit bestimmte Grundlagen fortschreiben zu dürfen. Nicht gemeint ist mit dieser Vertragsbestimmung die selbstverständliche Anwendung aller für die Baumaßnahme einschlägigen Rechtsvorschriften.[104]

Die Abnahme des Bauherrn

Die Abnahmebegriffe

Wegen der besonderen Bedeutung der Abnahme sei im folgenden ein allgemeiner Überblick wiedergegeben: Die Abnahme ist der „Dreh- und Angelpunkt des Bauvertragsrechts"[105] und gehört zu den strittigsten Vorgängen im Baurecht. Man hat hier zunächst zu unterscheiden zwischen:

- der fachtechnischen Abnahme der Leistung,
- der zivilrechtlichen Abnahme der Leistung,
- der öffentlich-rechtlichen Abnahme der Leistung.

Die fachtechnische Abnahme einer Bauleistung gehört zu den primären Pflichten des Architekten. Sie bedeutet die Prüfung der einzelnen Bauleistung auf ihre technische Durchführung und Übereinstimmung mit der planungstechnischen Vorgabe. Diese fachtechnische Prüfung gehört zur Objektüberwachung des Architekten gemäß § 15 HOAI, innerhalb der Leistungsphase 8. Zur Durchführung dieser technischen Überprüfung wird sich der Architekt regelmäßig der Mitarbeit der Sonderfachleute oder der anderen am Bau Beteiligten bedienen.

Zivilrechtliche Abnahme setzt voraus voraus, dass kein wesentlicher Mangel mehr am Bauobjekt besteht und auch alle wesentlichen Arbeiten ausgeführt sind. Eine Bauvollendung ohne jeden unerheblichen Mangel ist nicht erforderlich. Sind dagegen wesentliche Arbeiten nicht ausgeführt oder bestehen noch wesentliche Mängel, ist das Werk nicht abnahmefähig: der Bauherr kann die Abnahme in diesem Fall verweigern.

Was aber ist ein wesentlicher Mangel?

Ein wesentlicher Mangel stellt vor allem die Nichteinhaltung der bis dahin gültigen Regeln der Technik dar (Stichwort: „anerkannte Regeln der Technik"). Daneben kann ein Mangel auch in einer Bauleistung zu sehen sein, die von der vertraglich geschuldeten Beschaffenheit abweicht (Stichwort: Abweichung vom Bauleistungssoll).

Die Abnahme bezieht sich grundsätzlich auf die Gesamtleistung, sie kann jedoch auch für Teilleistungen vereinbart werden. Teilabnahme setzt voraus, dass die abzunehmenden Teilleistungen in sich abgeschlossen sind. Dies trifft zu, wenn sie nach allgemeiner Auffassung und Übung als selbständig und unabhängig anzusehen sind und sich in ihrer Gebrauchsfähigkeit beurteilen lassen. Andere in sich abgeschlossene Teile der Bauleistungen können jedoch abgenommen werden,

---

[104] Neuenfeld, Architekt und Bauherr, 76.
[105] Locher, Das private Baurecht, München ^{6}1996, 21.

wenn sie durch die weitere Bauausführung der Nachprüfung entzogen werden oder eine spätere Abnahme nicht mehr möglich ist.

Trotz Beauftragung eines Architekten bleibt es dem Bauherrn vorbehalten, die Werkleistungen der einzelnen Bauunternehmen rechtsgeschäftlich gemäß §§ 640 ff. BGB abzunehmen, denn nicht der Architekt, sondern der Bauherr ist Vertragspartner des jeweiligen Bauunternehmens.

Der Vertragsfreiheit entspricht es natürlich, auch eine rechtsgeschäftliche Abnahme durch den Architekten vornehmen zu lassen, die in der Praxis häufig mit der fachtechnischen Abnahme verwechselt wird. Alleine diese sollte und wird durch den Architekten durchgeführt. Der Architekt hat nach erfolgter fachtechnischer Vorprüfung gegenüber dem Bauherrn eine Stellungnahme abzugeben, die ihrerseits erst wieder vom Bauherrn abzunehmen ist. Erst danach entscheidet sich, ob der Bauherr die rechtsgeschäftliche Abnahme vornehmen wird.

Es ergibt sich somit die empfehlenswerte Reihenfolge, die oftmals außer acht gelassen wird:

- 1. Schritt: Prüfung der technischen Abnahmefähigkeit durch den Architekten,
- 2. Schritt: Stellungnahme des Architekten gegenüber dem Bauherrn,.
- 3. Schritt: Unterzeichnung des Abnahmeprotokolls von Architekt und Bauunternehmer durch den Bauherrn im Abnahmetermin.

Unter der öffentlich-rechtlichen Abnahme ist die Bauzustandsbesichtigung nach den Landesbauordnungen zu verstehen, die auf Antrag der Bauaufsichtsbehörde erfolgt. Es geht dabei um die Feststellung, ob die bauliche Anlage mit der Baugenehmigung übereinstimmt.

Die Abnahmefähigkeit der Architektenleistungen

Es ist nahezu unbestritten, dass auch Architektenleistungen abnahmefähig sind.[106] Erstaunlicherweise wird dies in der Praxis regelmäßig ignoriert. Tatsächlich muss auch eine rechtsgeschäftliche Abnahme der Architekten- und der Ingenieurleistungen erfolgen. § 640 Abs. 1 BGB verpflichtet dazu, dass der Bauherr die Leistungen des Architekten und der Sonderfachleute abzunehmen hat,[107] denn auch die Architektenleistungen sind im Regelfall Werkleistungen im Sinne des § 640 Abs. 1 BGB.

BGB § 640 Abs. 1 [Abnahme]

Der Besteller ist verpflichtet, das vertragsmäßig hergestellte Werk abzunehmen, sofern nicht nach der Beschaffenheit des Werkes die Abnahme ausgeschlossen ist. Wegen unwesentlicher Mängel kann die Abnahme nicht verweigert werden. Der

[106] Vgl. BGH, BauR 2000, 128 = ZfBR 2000, 97; Jagenburg, Die Abnahme des Architektenwerks und die Tätigkeitspflicht des Architekten bei Mängeln, BauR 1980, 406.

[107] Locher/Koeble/Frik, Einl., Rn 69.

Abnahme steht es gleich, wenn der Besteller das Werk nicht innerhalb einer ihm vom Unternehmer bestimmten angemessenen Frist abnimmt, obwohl er dazu verpflichtet ist.

Anstelle der billigenden körperlichen Übergabe tritt die Billigung des Werks als einer im Wesentlichen vertragsgemäßen Gesamtleistung, die aber die vertragsgemäße Erbringung aller im Architektenvertrag vorgesehenen und vom Architekten geschuldeten Einzelleistungen voraussetzt.[108] Es muss dabei keine Mangelfreiheit vorliegen; vielmehr genügt, dass das Architektenwerk im Großen und Ganzen „in der Hauptsache“ vertragsmäßig erstellt ist.[109]

Die Form der Abnahme

Allgemein zur Form der Abnahme gilt: Es ist keine bestimmte Form gesetzlich vorgeschrieben; stattdessen sind mehrere Abnahmeformen möglich. Den praktischen Regelfall stellt die stillschweigende Abnahme dar. Sie liegt vor, wenn dem Verhalten des Bauherrn zu entnehmen ist, dass er die Leistung willentlich als in der Hauptsache vertragsgerecht hinnimmt. Das wird nur dann angenommen werden können, wenn der Bauherr Gelegenheit hatte, das Werk fachtechnisch durch den Architekten prüfen und bewerten zu lassen.[110] Nach Ablauf einer angemessenen Prüfungsfrist liegt im Einzug in ein fertiggestelltes Gebäude eine stillschweigende Annahme der Bauleistung vor.[111] Vollzieht sich der Einzug unter dem Zwang der Verhältnisse, muss darin keine Abnahme liegen,[112] kann aber nach den Umständen trotz vorheriger Mängelrügen in Betracht kommen.[113] Die vorbehaltlose Zahlung der Vergütung kann Abnahme bedeuten.[114] Alleine in der Ankündigung und in der Durchführung einer Ersatzvornahme ist noch keine Abnahme des Werkes zu sehen.[115] Nimmt der Bauherr gegenüber dem Generalunternehmer ab, so kann er dagegen nicht gegenüber den jeweiligen Subunternehmern die fehlende Abnahmefähigkeit bemängeln.[116]

Haben die Parteien eine förmliche Abnahme vertraglich vereinbart (häufig in den Allgemeinen Geschäftsbedingungen) und findet diese dann nicht statt, kann meist von einer stillschweigenden Abnahme ausgegangen werden. Diese liegt in der Regel vor, wenn längere Zeit, ca. 4 Wochen, nach der Benutzung des Gebäudes keine der Parteien auf die förmliche Abnahme zurückkommt.[117] Jedenfalls

[108] Ebd.

[109] Werner/Pastor, Der Bauprozess, Düsseldorf ^{9}1999, Rn. 962; a. A. Reinhold Thode, Werkleistung und Erfüllung im Bau- und Architektenrecht, ZfBR 1999, 116.

[110] BGH, ZfBR 1993, 264.

[111] BGH, BauR 1985, 200.

[112] BGH, BauR 1975, 344.

[113] OLG Hamm, NJW-RR 1995, 1233.

[114] BGH, ZfBR 1994, 17.

[115] BGH, ZfBR 1994, 81.

[116] OLG Düsseldorf, OLGR 1996, 1.

[117] BGH, BauR 1977, 344.

kann sich der Bauherr nach vielen Jahren in der Regel nicht mehr auf die fehlende förmliche Abnahme berufen.[118] Unerheblich ist dabei, ob sich die Parteien der Tatsache bewusst waren, dass eine förmliche Abnahme vorgesehen war oder ob sie das nur vergessen haben.[119]

Wenn die VOB/B als Ganzes vereinbart ist, kann es zu einer in § 12 Nr. 5 VOB/B geregelten fiktiven Abnahme kommen.

VOB/B § 12 Nr. 5 [Abnahme]

(1) Wird keine Abnahme verlangt, so gilt die Leistung als abgenommen mit Ablauf von 12 Werktagen nach schriftlicher Mitteilung über die Fertigstellung der Leistung.
(2) Hat der Auftraggeber die Leistung oder einen Teil der Leistung in Benutzung genommen, so gilt die Abnahme nach Ablauf von 6 Werktagen nach Beginn der Benutzung als erfolgt, wenn nichts anderes vereinbart ist. Die Benutzung von Teilen einer baulichen Anlage zur Weiterführung der Arbeiten gilt nicht als Abnahme.
(3) Vorbehalte wegen bekannter Mängel oder wegen Vertragsstrafen hat der Auftraggeber spätestens zu den in den Absätzen 1 und 2 bezeichneten Zeitpunkten geltend zu machen.

§ 12 Nr. 5 VOB/B hält allerdings der Inhaltskontrolle nicht stand.[120] Die Abnahmewirkung der fiktiven Abnahme tritt unabhängig vom Willen des Bauherrn ein. Auf den Abnahmewillen kommt es daher nicht an. Erklärt der Bauherr, er lehne die Abnahme ab, kommt eine Fiktion nicht in Betracht.[121] Eine Fiktion kommt grundsätzlich auch dann nicht in Betracht, wenn eine förmliche Abnahme – wie hier empfohlen – vereinbart ist. Außerdem scheidet die fiktive Abnahme aus, wenn die Leistungen nicht fertiggestellt war,[122] grobe Mängel aufweist oder die Benutzung aufgrund einer Zwangslage erfolgte.[123]

Im Hinblick auf die Abnahmeform der Architektenleistungen gilt zu beachten: Ist der Architekt lediglich mit der Planung für das Bauwerk beauftragt, so ist die Leistung des Architekten mit der Übergabe der Pläne erbracht. Übernimmt er darüber hinaus Aufgaben nach § 15 HOAI, so ist jeweils der Zeitpunkt für das vom Architekten zu erstellende Werk anders zu bestimmen, weil er nicht automatisch mit der Abnahme des Bauwerks zusammenfällt. So kann das Architektenwerk als abgenommen anzusehen sein, wenn das Bauwerk errichtet, der Auftraggeber die

[118] BGH, BauR 1989, 727.
[119] BGH, BauR 1977, 433.
[120] OLG Hamm, OLGR 1995, 75. – Die Entscheidung bezieht sich natürlich noch auf eine Inhaltskontrolle gemessen an den Bestimmungen des damals geltenden AGB-Gesetzes. Die Rechtsauffassung ist auf die heute geltende Rechtslage, wie sie durch die §§ 305-310 BGB geregelt wird, zu übertragen.
[121] BGH, NJW 1975, 1701.
[122] BGH; BauR 1979, 159.
[123] OLG Düsseldorf, NJW-RR 1994, 408.

Rechnungsprüfung, die Kostenfeststellung sowie die Schlussrechnung des Architekten entgegengenommen hat.[124]

In den Fällen, in denen der Architekt auch die Objektüberwachung übernommen ist, setzt die Abnahmefähigkeit des Architektenwerks auch die Beseitigung etwaiger Mängel am Bauwerk voraus. Der Architekt hat dann den Bauunternehmer zur Mängelbeseitigung aufzufordern, eine Beseitigungsfrist zu setzen und die Mängelbeseitigung zu überwachen, wobei die Einleitung rechtlicher Schritte – im Falle des Zuwiderhandelns des Bauunternehmers – beim Bauherrn verbleiben. Gleiches gilt für Mängel, die der Architekt zu vertreten hat und die erst nach der Abnahme auftreten.

Da zu den Grundleistungen der Leistungsphase 9 die Objektbegehung zur Mängelfeststellung vor Ablauf der Verjährungsfristen der Gewährleistungsansprüche gegenüber den bauausführenden Unternehmen zählt, kann die Abnahme des Architektenwerks bei Mitübertragung der Leistungsphase 9 erst zu diesem Zeitpunkt stattfinden.[125]

Zwar kann auch die Architektenleistung stillschweigend abgenommen werden, etwa durch vorbehaltlose Zahlung der Schlussrechnung[126], doch ist eine förmliche Abnahme zur Vermeidung beidseitiger Zweifel zu empfehlen.

Um zu vermeiden, dass der Architekt erst nach Erbringung aller Leistungen eine Abnahme vornehmen kann, empfiehlt sich die Vereinbarung einer Teilabnahmeverpflichtung im Zusammenhang mit einer stufenweisen Beauftragung, wie unter § 3 vorgeschlagen, für die einzelnen Leistungsstufen.

Abnahmefiktion

Die durch das Gesetz zur Beschleunigung fälliger Zahlungen für Verträge nach dem 1.5.2000 eingeführten neuen Abnahmeformen sind im Grundsatz auch auf den Architektenvertrag anwendbar. So kann der Architekt nach § 640 Abs. 1 S. 3 BGB dem zur Abnahme verpflichteten Bauherrn eine angemessene Frist setzen, mit deren Ablauf die Abnahmewirkungen eintreten (Abnahmefiktion).[127]

Die Verweigerung der Abnahme

Die Abnahme kann verweigert werden, wenn bei dem errichteten Bauwerk ein wesentlicher Mangel vorliegen. Dies gilt auch bei einem BGB-Vertrag[128] wie dem Architektenvertrag.

Unwesentlich ist ein Mangel, wenn er an Bedeutung so weit zurücktritt, dass es unter Abwägung der beiderseitigen Interessen für den Bauherrn zumutbar ist, eine zügige Abwicklung des gesamten Vertragsverhältnisses nicht länger aufzuhalten

---

[124] Locher/Koeble/Frik, Einl., Rn 70 unter Bezugnahme auf BGH, BauR 1972, 251.

[125] BGH, BauR 2000, 1513; BGH, NJW 1994, 1276 = BauR 1994, 332 = ZfBR 1994, 131.

[126] OLG München, NJW-RR 1988, 86.

[127] Locher/Koeble/Frik, Einl., Rn 75.

[128] BGH, BauR 1996, 390.

und deshalb nicht mehr auf den Vorteilen zu bestehen, die sich ihm vor vollzogener Abnahme bieten.[129]

Für die Beurteilung der Frage, ob ein Mangel eines Bauwerkes wesentlich ist, ist der Zeitpunkt des Abnahmetermins maßgeblich.[130] Wird die Abnahme zu Unrecht verweigert, beginnt der Lauf der Verjährungsfrist zu dem Zeitpunkt, zu dem der Bauherr die Abnahme endgültig verweigert hat.[131] Zeigen sich während des Abnahmetermins Mängel, muss der Bauunternehmer zur - kostenfreien - Nachbesserung aufgefordert werden. Hinsichtlich später entdeckter möglicher Mängel besteht eine 5-jährige Verjährungsfrist. Der BGH terminiert den Beginn der 5-jährigen Verjährungsfrist mit dem Zeitpunkt der vollständigen Erbringung der übertragenen Leistungen, also - technisch betrachtet - der letzten vereinbarten und ausgeführten Leistung. Dies führt unter Umständen zu einer kaum akzeptablen Ausdehnung der Frist. Aus diesem Grunde hat der BGH die Möglichkeit einer Teilabnahme nach jeder Leistungsphase zugelassen.[132] Wichtig ist, dass bei Kenntnis von Mängeln die Abnahme entweder verweigert oder nur unter dem Vorbehalt von Ansprüchen auf Nacherfüllung, Selbstvornahme mit Aufwendungsersatz, Rücktritt oder Minderung, Schadensersatz oder Aufwendungsersatz durchgeführt wird.

BGB § 640 Abs. 2 [Abnahme]

Nimmt der Besteller ein mangelhaftes Werk gemäß Absatz 1 Satz 1 ab, obschon er den Mangel kennt, so stehen ihm die in den §§ 634 Nr. 1 bis 3 bestimmten Rechte nur zu, wenn er sich seine Rechte wegen des Mangels bei der Abnahme vorbehält.

Nachträglicher Wegfall der Abnahmefähigkeit

Denkbar ist auch der Fall, dass nachträglich die Abnahmefähigkeit nicht mehr vorliegt, weil z.B. die Baugenehmigung widerrufen wird. Über einen derartigen Fall hatte der Bundesgerichtshof[133] zu entscheiden. Der Bauherr hatte einen Architekten beauftragt, für den Umbau eines Fabrikgebäudes Vorplanung und Genehmigungsplanung zu erbringen und den Bauantrag einzureichen. Um die Anzahl der Vollgeschosse von 2 auf 3 erhöhen zu können, war eine Ausnahmegenehmigung erforderlich gewesen, die auch zunächst erteilt worden war. Nach Ablauf der Rechtsmittelfrist hatte der Bauherr mit dem Umbau begonnen. Aufgrund eines, gegen die höhere Bebauung gerichteten, Nachbarwiderspruchs wurde die Baugenehmigung teilweise wieder aufgehoben. Der Bauherr machte für den Rückbau des Dachgeschosses Kosten in Höhe von rund DM 280.000,- geltend.

Während die Vorinstanzen die Klage noch wegen Verjährung abwiesen, hielt der BGH die Ansprüche für nicht verjährt und verwies die Sache an das Beru-

[129] BGH, BauR 1981, 139.
[130] BGH, BauR 1992, 627.
[131] BGH, NJW 1970, 421.
[132] BGH, BauR 1994, 392, 394.
[133] BGH, Urteil vom 25.02.1999 - VII ZR 190/97.

fungsgericht zurück. Er stützte sich hierbei darauf, dass die Verjährung grundsätzlich mit der Abnahme des Architektenwerkes beginnt. Es sei zwar denkbar, dass bei einer Beauftragung bis zur Genehmigungsplanung eine Abnahme des Architektenwerkes zwar in der Einreichung der Unterlagen zur Genehmigungsbehörde liegen könne, die Erklärung einer Abnahme setze jedoch auch die Abnahmefähigkeit des Werkes voraus. Nachdem die Architektenplanung in letzter Konsequenz, wenn auch erst nach mehreren Jahren gerichtlich festgestellt, nicht genehmigungsfähig war, war sie also auch nicht abnahmefähig. Damit hatte die Verjährung nicht ihren Lauf begonnen und die Ansprüche können noch verfolgt werden.

Hieraus resultiert der Praxistipp: Unabhängig von der Frage des Schadensersatzes ist die Frage der Vergütung für die Architektenleistung zu sehen. Generell ist der Architekt bei Versagung der Genehmigung zur Nachbesserung seines Werkes durch Änderung des Baugesuches berechtigt. Etwas anderes kann natürlich dann gelten, wenn die Änderungen, die für die Genehmigung notwendig wären, nicht mehr mit den vertraglichen Vereinbarungen in Einklang gebracht werden könnten. Dieses wird auch im vorliegenden Fall etwa dann gelten, wenn Voraussetzungen der Beauftragung des Architekten gewesen wäre, dass die Aufstockung des Gebäudes durchgeführt werden kann

Rechtswirkungen der Abnahme

Nach vorbehaltlos erklärter Abnahme erlischt der Erfüllungsanspruch des Bauherrn. Das bedeutet, dass nach der Abnahme für den Bauherrn lediglich noch ein Anspruch auf Nachbesserung besteht. Dieser Anspruch ist rechtlich gesehen ein abgeänderter Anspruch auf Erfüllung des Werkvertrages. Er beschränkt sich auf die Beseitigung von Mängeln an dem im übrigen als vertragsgerecht abgenommenen Werk.

Beispiel:
Der Bauherr, Herr Müller, hat mit dem Architekten, eine stufenweise Beauftragung der Architektenleistungen vereinbart. Nach Errichtung des Bauwerkes und dem Abschluss aller wesentlichen Baumaßnahmen wird eine Baubegehung vorgenommen, bei der sich verschiedene Mängel herausstellen, die unter Beaufsichtigung des Architekten während seiner Leistungsphase 9 behoben werden müssen. Erst wenn dies geschehen ist, kann der Bauherr auch die Architektenleistung als vollständig erbracht abnehmen. In der Praxis geschieht dies zum Nachteil des Bauherrn kaum:

Abnahmeprotokoll

zum Vertrag vom 1. Januar 2002 zwischen:

dem Auftraggeber, ... (Bauherr)

und

dem Auftragnehmer, ... (Architekt)

1. Eingeladen wurde zur Abnahme mit Schreiben vom 1. Oktober 2002.

2. Es sind heute, am 14. Oktober 2002, an der Baustelle erschienen:
   ....
3. Es wurden noch folgende Mängel und Restarbeiten festgestellt:
   ....
   ....
   (Fortsetzung auf gesondertem Blatt)
4. Herr Architekt Schüller erhebt gegen die nachfolgende Mängelrüge keine Einwände:
   ....
   ....
5. Die Abnahme wird:
   m erklärt.
   m nicht erklärt. Es findet ein neuer Abnahmetermin am .... um .... Uhr statt, zu dem nicht mehr gesondert eingeladen werden muss.
6. Die unter 3. genannten Mängel und Restarbeiten sind bis zum .... zu beseitigen. Hinsichtlich dieser Arbeiten findet eine gesonderte Abnahme statt.
7. m Die Gewährleistungsfrist für die Leistungen des Architekten, mit Ausnahme der unter Ziffer 3. Erwähnten Restarbeiten und Mängel, bleibt unberührt.
8. Das Abnahmeprotokoll besteht aus diesem Protokoll und ..... Seiten Anlagen.
   Bonn, den 14. Oktober 2002

______________________________	______________________________
(Auftraggeber)	(Auftragnehmer)

2.6 Wirtschaftliche Pflichten

§ 6 Wirtschaftliche Pflichten

1. Baukostenrahmen: Der Architekt ist verpflichtet, so zu planen, dass das Objekt mit ca. ... m^2 umbautem Raum bei ca. ... m^2 Nettonutzfläche für eine Bausumme von .... DM inklusive Mehrwertsteuer errichtet werden kann. Die genannte Bausumme stellt gleichzeitig den Baukostenrahmen dar, den der Architekt verbindlich einzuhalten hat. Hierbei sind die Kostengruppen 210 (ohne 213), 230, 300, 400, 500, 730, 770 der DIN 276 (Fassung 1981) erfasst.
2. Baukostensenkungsprämie: Zwischen den Parteien wird mit Bezug auf § 5 Abs. 4 a HOAI eine Baukostensenkungsprämie vereinbart. Danach erhält der Architekt 20% der gegenüber dem Baukostenrahmen eingesparten tatsächlichen Bausumme als zusätzliche Prämie.

Baukostenrahmen

Dieser Begriff ist noch recht neu. Er kennzeichnet eine Möglichkeit des Bauherrn, gegenüber dem Architekten, eine finanzielle Vorgabe zur Umsetzung des Bauvorhabens. Damit ergibt sich schon für die erste Kostenermittlung eine Kostenkontrolle, die leider vom Gesetzgeber in der HOAI noch nicht aufgenommen worden ist; die Darlegungen zum 2. Risikofallgruppe.

Bei den Kostengruppen handelt es sich um solche, die von dem Architekten typischerweise erfasst werden können. Ausgenommen sind hier beispielsweise öffentliche Erschließung, Altlastenbeseitigung, Kunstwerke und Finanzierungskosten.

Baukostensenkungsprämie

In der Regel wird es für den Bauherrn so gut wie unmöglich sein, mit dem planenden Architekten eine Baukostengarantie zu vereinbaren. Auch ein vereinbarter Baukostenrahmen schützt nicht in jedem Fall vor einer höheren finanziellen Belastung. Alternativ bietet sich die Vereinbarung einer sogenannten Kostensenkungsprämie nach § 5 Abs. 4a HOAI an. Sie gewährleistet auch für den Architekten einen lohnenden Anreiz, die vorher errechneten und kalkulierten Kosten zu reduzieren. Andererseits stellt sich in diesen Fällen natürlich auch die Problematik, ob der Architekt, dem eine Kostenreduzierung tatsächlich gelingt, nicht bei seiner ursprünglichen Planung fehlerhaft vorgegangen ist (Vgl. Darlegung im 2. Teil).

2.7 Bauzeit und Bauzeitverlängerung

§ 7 Bauzeit und Bauzeitverlängerung

Die voraussichtliche Bauzeit beträgt ... Monate. Die Fertigstellung erfolgt spätestens am .... Gemäß § 4a Satz 3 HOAI kann der Architekt die ihm entstandenen Mehrkosten gegen Nachweis aufgrund einer von ihm nicht zu vertretenen Bauzeitverlängerung vom Bauherr ersetzt verlangen.

Vor allem größere Bauprojekte (gemeint ist nicht z.B. das „gewöhnliche" Einfamilienhaus) erfordern die permanente Anwesenheit des Architekten auf der Baustelle. In derartigen Fällen, wenn die Inanspruchnahme dieses einzelnen Großprojektes parallele Aufträge eingeschränkt oder überhaupt nicht zulassen, kommt der Einhaltung der Bauzeit eine besondere Bedeutung zu. Bei einer unvorhersehbaren Bauzeitverlängerung, kommt es dabei zu nicht voraus-kalkulierbaren Mehrkosten. Angesichts solcher Verzögerungen, die sich auch unmittelbar auf die Annahme und Durchführung von Anschlussaufträgen auswirken, muss der Bauherr Honorarerhöhungen akzeptieren.

Voraussetzung dafür ist jedoch das Vorhandensein einer entsprechenden Klausel im Architektenvertrag.[134] Wird im Vertrag ein bestimmter Fertigstellungstermin genannt, hat der Architekt gemäß § 4a Satz 3 HOAI die Möglichkeit, im Falle einer Bauzeitverlängerung, die ihm entstehenden Mehrkosten durch ein zusätzliches Honorar ersetzt zu verlangen (Vgl. Darlegungen im 2. Teil). Bedingung ist, dass der Architekt diese Bauzeitverlängerung nicht selbst verursacht und damit auch zu vertreten hat.

Die Höhe des zusätzlichen Honorars in diesem Falle richtet sich nach den belegbaren Mehrkosten, die dem Architekten entstanden sind. Erstattungsfähig sind dabei die Bruttopersonalkosten inklusive Gemeinkostenzuschlag sowie darauf anfallende Nebenkosten. Dieses Vertretenmüssen ist objektiv zu verstehen und nicht verschuldensabhängig. Dem Bauherrn, der sich aus beruflicher Überbelastung nicht um den Bau kümmern kann, der krank oder insolvent ist, Schwierigkeiten mit der Nachfinanzierung hat, ist dies im Sinne eines Vertretenmüssens zuzuordnen. Zuzurechnen sind dem Bauherrn alle Störeinflüsse von dritter Seite, die nicht dem Architekten angelastet werden können.

Zu beachten ist, dass die anrechenbare Verlängerungszeit immer von der Art und dem Umfang des Bauvorhabens abhängig ist. Eine übliche Größenordnung bei Objekten von nach alter Währung bis zu DM 1.500.000,- Bausumme sind 6 Monate, aber es handelt sich hierbei lediglich um eine Durchschnitts-Faustregel. Bei einer Regelbauzeit von fünf Monaten sind zwei Monate viel.[135]

[134] OLG Köln, BauR 1990, 762 - Zum Teil wird auch die Auffassung vertreten, dass der Bauherr, sollte die Bauzeitverlängerung von ihm zu vertreten gewesen sein, gegenüber dem Architekten zu Schadensersatz aus positiver Vertragsverletzung verpflichtet sein.

[135] Neuenfeld, Architekt und Bauherr, 106.

Die Festlegung einer Bauzeit ist aus verschiedenen Gründen auch für den Bauherrn ratsam, denn oft sind bestimmte Kündigungsfristen (z.B. für bestehende Mieten) zu berücksichtigen. Problematisch ist auch die Frage, was eigentlich als Bauzeit zu verstehen ist. Die Bauzeit endet, fasst man den Begriff von seinem originären Wortsinn her auf, mit der letzten Bauhandlung am Objekt selber. Hierzu gehören allerdings auch Nachbesserungshandlungen infolge Mängelbeseitigungen.

Als Bauzeit ist somit der Zeitraum zu verstehen, der mit der Errichtung des Grundstücks beginnt und mit der Fertigstellung der vertraglich geregelten Baulichkeiten endet. Häufig kommt es vor, dass wegen weiterer Bauausführung der Architekt Mitarbeiter vorhalten muss. Bauausführung beschreibt auch diesen Zeitraum, für welchen der Baubeginn bereits vorgesehen war, in welchem aber aus vom Architekten nicht zu vertretenden Gründen noch nicht begonnen wurde.

2.8 Allgemeine Pflichten

§ 8 Allgemeine Pflichten

1. Werden gemäß § 3 S. 2 dieses Vertrages weitere Leistungen beauftragt, so hat der Architekt bei Beginn einer jeden neuen Leistungsstufe die bisherigen Ergebnisse auf Fehlerfreiheit zu überprüfen.
2. Der Architekt ist Sachwalter des Bauherrn. Er darf von sonstigen an der Bauausführung Beteiligten weder mittelbar noch unmittelbar Leistungen entgegennehmen.
3. Der Architekt ist nicht berechtigt, ohne schriftliche Zustimmung des Bauherrn vertraglich übernommene Leistungen an Dritte weiterzugeben.
4. Der Architekt ist zur vertrauensvollen Zusammenarbeit mit den sonstigen Planern verpflichtet.
5. Muss der Architekt erkennen, dass für eine bestimmte Aufgabe Sonderfachleute herangezogen werden sollten, so ist er verpflichtet, den Bauherr hierauf unverzüglich hinzuweisen.
6. Der Bauherr erhält Kopien der gesamten Korrespondenz.
7. Entstehen während der Planung oder Ausführung Meinungsverschiedenheiten zwischen dem Architekt und anderen fachlich Beteiligten, so hat der Architekt den Bauherr unverzüglich zu benachrichtigen und dessen Entscheidung herbeizuführen.

Fehlerüberprüfungspflicht

Auch die stufenweise Vergabe der einzelnen Leistungsstufen verstößt nicht gegen den Einheitscharakter des Architektenvertrages, da diese Klausel nichts Ungewöhnliches und Überraschendes enthält, denn der bauplanende Architekt bleibt stets bis zur endgültigen Erbringung aller übernommenen Einzelleistungen verpflichtet, die Richtigkeit und Vollständigkeit bereits erbrachter Teilleistungen zu überprüfen.[136]

Sachwaltereigenschaft des Architekten

Zwischen Bauherr und Architekt existieren eine Reihe ungeregelter Vertragspflichten. Diese sind durch Schrifttum und Rechtsprechung aus der Erkenntnis heraus definiert worden, dass zwischen Bauherr und Architekt ein besonderes Sachwalterverhältnis besteht, das weit über die normalen Werkvertragspflichten hinausgehende Anforderungen an den Architekten stellt. Diese Pflicht besteht in einer intensiven Wahrnehmung der Interessen des Bauherrn und diese Interessenwahrnehmungspflicht, die über den vertraglichen Regelungsinhalt hinausgeht:

---

[136] BGH, BauR 1986, 606.

Vorvertragliche Beratungspflichten

Bevor der Vertrag geschlossen wird, schuldet der Architekt dem Bauherrn bereits eine Beratung in Zusammenhängen, auf die es einem Bauherren-Aspiranten bei vernünftiger Betrachtungsweise ankommen muss.

Der Auftragnehmer muss ferner auf eine mögliche Nichtberechtigung zur Führung des Architektentitels hinweisen.[137] Unterlässt er diese Information, kann das den Bauherrn zur Anfechtung des Vertrages oder zum Schadensersatz berechtigen.[138] Für Ansprüche wegen solcher Pflichtverletzungen haftet der Architekt seit dem 1.1.2002 nach dem Schuldrechtsreformgesetz gemäß § 199 Abs. 1 BGB drei Jahre ab Ende des Jahres, in dem der Anspruch entstanden ist und der Auftraggeber von den anspruchsbegründenden Umständen Kenntnis erlangt oder grob fahrlässig nicht erlangt hat.

BGB § 199 [Beginn der regelmäßigen Verjährungsfrist und Höchstfristen]

Die regelmäßige Verjährungsfrist beginnt mit dem Schluss des Jahres, in dem der Anspruch entstanden ist, und

1. der Gläubiger von den den Anspruch begründenden Umständen und der Person
2. des Schuldners Kenntnis erlangt oder ohne grobe Fahrlässigkeit erlangen müsste.

Für den Fall, dass der Bauherr erkennbar einen erfahrenen oder in einer speziellen Materie sachkundigen Architekten sucht, muss der Angesprochene auch ungefragt bekennen, dass er weder über besondere Erfahrungen noch über spezifische Fachkenntnisse verfügt. Weiß der Architekt, dass eine vom Bauherrn ins Auge gefasste Lösung auf dessen Grundstück nicht realisierbar ist, darf er sich nicht ohne Hinweis auf das Risiko das gesamte Leistungsbild übertragen lassen.

Demgegenüber verpflichtet die HOAI nicht zur Aufklärung über die Höhe des Honorars. Eine solche Aufklärungspflicht ergibt sich nur bei Vorliegen besonderer Umstände. Die Rechtsprechung hat folgende Einzelfälle als besondere Umstände in diesem Sinne anerkannt, wenn:

- dem Architekt ein niedrigeres Konkurrenzangebot bekannt ist[139],
- für den Architekten erkennbar ist, dass der Bauherr als Baulaie falsche Vorstellungen über die Honorarhöhe hegt[140] und

[137] BGH, NJW-RR 1998, 1713.

[138] OLG Nürnberg, NJW-RR 1998, 1713; OLG Düsseldorf, BauR 1997, 681.

[139] OLG Karlsruhe, BauR 1984, 538.

[140] OLG Hamm, BauR 1999, 1477; OLG Köln, BauR 1994, 271 = ZfBR 1994, 88 mit Zusammenfassung der Fälle der Aufklärungspflicht.

- der Bauherr einen Architektenwettbewerb zu einem Pauschalhonorar durchführt und dieses dem Architekten nennt. Der Architekt soll in diesem Fall verpflichtet sein, auf den zutreffenden Mindestsatz nach HOAI hinzuweisen.[141]

Ein Schadensersatzanspruch wegen Verletzung der Aufklärungspflicht hinsichtlich des Honorars ist jedoch in seltenen Fällen gegeben. Der Auftraggeber müsste nämlich für die Ursächlichkeit zu einem konkreten Schaden darlegen können, dass er in der Lage gewesen wäre, einen anderen Architekten zu beauftragen, der den Mindestsatz in zulässiger Weise wirksam hätte unterschreiten können.[142]

Systemimmanente Beratungspflichten

Die aus dem Architektenvertrag her rührenden Leistungspflichten lassen sich ohne weiteres an den Tatbestandsmerkmalen des § 15 HOAI festmachen. Systemimmanente Beratungspflichten regeln daher weniger das „was", sondern vielmehr das „wie" der zu erbringenden Leistungen. Aus der bereits angesprochenen Sachwaltereigenschaft des Architekten folgt die Pflicht zur intensiven Wahrnehmung der Interessen des Bauherrn und diese Interessenwahrnehmungspflicht endet erst, wenn vom Architekten ein Gesetzesverstoß erwartet würde. Der Architektenvertrag ist - anders als der Dienstvertrag - wie jeder Werkvertrag von einer strengen Erfolgsbezogenheit geprägt. Daraus folgt die Pflicht des Architekten, die Interessen des Bauherrn optimal wahrzunehmen. Diese Pflicht geht soweit, dass der Architekt dem Bauherrn als seinem Auftraggeber gegebenenfalls auf die Möglichkeit eines Anspruchs gegen ihn selbst hinzuweisen hat.[143]

Es ist die Aufgabe des Architekten, die Bauwünsche des Bauherrn zu ermitteln und dementsprechend zu planen.[144] Hierzu gehört eine möglichst optimierte Planung in baurechtlicher, bautechnischer, kostenmäßiger und architektonischer Hinsicht. Darüber hinaus wird der Architekt auch als der „in Baurechtsfragen erfahrener Berater des Bauherrn" bezeichnet.[145] Dies zwingt den Architekten zu einer Befassung mit einer wesensfremden Materie, die jedoch notwendig und zulässig ist, solange der Architekt nur Rechtsbesorgung betreibt, die zur Erfüllung seiner eigentlichen Architektenpflichten unverzichtbar sind.[146]

---

[141] OLG Stuttgart, BauR 1989, 630 = NJW 1989, S. 1183, dazu Knacke, Aufklärungspflicht des Architekten über die Vergütungspflicht und das Honorar seiner Leistungen, BauR 1990, S. 395. - Ablehnend Locher/Koeble/Frik, Einl., Rn 59.

[142] Locher/Koeble/Frik, Einl., Rn 60 unter Hinweis auf BGH, BauR 1993, 239 = NJW 1993, 661.

[143] BGH, BauR 1996, 418.

[144] BGH, BauR 1998, 356.

[145] BGH, BauR 1973, 321.

[146] BGH, NJW 1979, 1499.

2.9 Vergütung

§ 9 Vergütung

1. Die Vergütung richtet sich nach den anrechenbaren Kosten gemäß § 10 HOAI, den Punktwerten nach § 15 HOAI, der Tabelle zu § 16 HOAI und der Honorarzone ..... .
2. Ändert sich vor Abruf weiterer Leistungen gemäß § 3 Satz 2 dieses Vertrages die HOAI, so ist für die noch abzurufenden Leistungen die neue Honorartabelle zugrundezulegen.
3. Die Nebenkosten werden
   ☐ mit pauschal ..... % der Honorarsumme abgerechnet.
   ☐ auf Nachweis vergütet.
4. Die Besonderen Leistungen werden wie folgt honoriert:
   ☐ mit Vergütungen pro Besonderer Leistung:

Leistung	Stunden	Vergütung
....	....	....
....	....	....
....	....	....
....	....	....
....	....	....
....	....	....

   ☐ als Zeithonorar mit folgenden Stundensätzen für:

   Architekt:
   ....
   Mitarbeiter mit technischen oder wirtschaftlichen Aufgaben:
   ....
   Technischer Zeichner oder Mitarbeiter mit vergleichbarer Qualifikation
   ....
4. Werden einzelne Leistungen dieses Vertrages zeitversetzt erbracht, dann werden die jeweils zeitversetzt einzeln erbrachten Leistungen getrennt abgerechnet, wenn die zeitliche Trennung (Zeitversatz) zwischen den Abschnitten mindestens ..... Monate beträgt. Die Dauer der zeitlichen Trennung (Zeitversatz) rechnet sich vom Beginn der Leistung des vorangegangenen Abschnittes bis zum Beginn des nachfolgenden Abschnittes der vergleichbaren Leistungsphasen nach § 15 Absatz 2 HOAI. Die jeweils anrechenbaren Kosten bestimmen sich nach den Vorschriften der HOAI.
5. Eine Aufrechnung gegen den Vergütungsanspruch ist nur mit einer unbestrittenen oder rechtskräftig festgestellten Forderung zulässig.
6. Auf alle Positionen ist die gesetzliche Mehrwertsteuer zusätzlich zu berechnen.

Honorarsystem

Grundlegend und maßgeblich für das Honorar des Architekten ist die HOAI, denn sie ist öffentliches Preisrecht.[147] Sie regelt in welcher Höhe und nach welchen Gesichtspunkten Architekten und Ingenieure ihre Honorare berechnen können und müssen (vgl. die konkreten Darlegungen hierzu im 2. Teil: Architektenhonorar).

Geltung der HOAI-Fassung

Maßgeblicher Zeitpunkt ist der Vertragsabschluss zwischen Bauherr und Architekt. Bei einer – vorliegend empfohlenen – stufenweisen bzw. abschnittsweisen Beauftragung des Architekten kommt es auf die Beauftragung mit der jeweiligen Stufe bzw. mit dem jeweiligen Abschnitt an.[148] Ändert sich demnach die HOAI und damit auch die Honorartabelle zu § 16, so sind die Leistungen innerhalb eines Bauvorhabens, die der Bauherr erst nach Inkrafttreten der HOAI-Fassung in Auftrag gibt, nach dieser neuen Fassung abzurechnen; die bereits erbrachten und abgenommenen Leistungen müssen dagegen noch nach der alten HOAI-Fassung berechnet werden.

Nebenkostenabrechnung

Gemäß § 7 HOAI hat der Architekt auch Anspruch auf Erstattung der Nebenkosten:

HOAI § 7 [Nebenkosten]

(1) Die bei der Ausführung des Auftrags entstehenden Auslagen (Nebenkosten) des Auftragsnehmers können, soweit sie erforderlich sind, abzüglich der nach § 15 Abs. 1 des Umsatzsteuergesetzes abziehbaren Vorsteuern neben den Honoraren dieser Verordnung berechnet werden. Die Vertragsparteien können bei Auftragserteilung schriftlich vereinbaren, dass abweichend von Satz 1 eine Erstattung ganz oder teilweise ausgeschlossen ist.

(2) Zu den Nebenkosten gehören insbesondere:
1. Post- und Fernmeldekosten,
2. Kosten für Vervielfältigungen von Zeichnungen und von schriftlichen Unterlagen sowie Anfertigung von Filmen und Fotos,
3. Kosten für ein Baustellenbüro einschließlich der Einrichtung, Beleuchtung und Beheizung,
4. Fahrtkosten für Reisen, die über den Umkreis von mehr als 15 Kilometer vom Geschäftssitz des Auftragnehmers hinausgehen, in Höhe der steuerlich zulässigen Pauschalsätze, sofern nicht höhere Aufwendungen nachgewiesen werden,
5. Trennungsentschädigungen und Kosten für Familienheimfahrten nach den

[147] BGH, NJW 1997, 586.
[148] OLG Düsseldorf, BauR 1997, 340.

steuerlich zulässigen Pauschalsätzen, sofern nicht höhere Aufwendungen der Mitarbeiter aufgrund von tariflichen Vereinbarungen bezahlt werden,
6. Entschädigungen für den sonstigen Aufwand bei längeren Reisen nach Nummer 4, sofern die Entschädigungen vor der Geschäftsreise schriftlich vereinbart worden sind,
7. Entgelte für nicht dem Auftragnehmer obliegende Leistungen, die von ihm im Einvernehmen mit dem Auftraggeber Dritten übertragen worden sind,
8. im Falle der Vereinbarung eines Zeithonorars nach § 6 die Kosten für Vermessungsfahrzeuge und andere Messfahrzeuge, die mit umfangreichen Messinstrumenten ausgerüstet sind, sowie für hochwertige Geräte, die für Vermessungsleistungen und für andere messtechnische Leistungen verwandt werden.

(3) Nebenkosten können pauschal oder nach Einzelnachweis abgerechnet werden. Sie sind nach Einzelnachweis abzurechnen, sofern nicht bei Auftragserteilung eine pauschale Abrechnung schriftlich vereinbart worden ist.

Grundsätzlich hat der Architekt diese angefallenen Nebenkosten explizit aufzulisten. Die Vergütung kann jedoch, wie § 7 Abs. 2, Satz 1 HOAI normiert, auch durch Vereinbarung eines Pauschalbetrages erfolgen. Dies muss schriftlich bei Auftragserteilung erfolgen. Dabei ist von den Vertragsparteien ein einheitliches Vertragsformular zu verwenden, da ansonsten gegen § 126 Abs. 2 BGB verstoßen würde.[149]

BGB § 126 Abs. 2 [Gesetzliche Schriftform]

Bei einem Vertrage muss die Unterzeichnung der Parteien auf derselben Urkunde erfolgen. Werden über den Vertrag mehrere gleichlautende Urkunden aufgenommen, so genügt es, wenn jede Partei die für die andere Partei bestimmte Urkunde unterzeichnet.

Es stellt sich die Frage, wie hoch die Nebenkostenpauschale, sofern eine wirksame Vereinbarung darüber getroffen wird, ausfallen sollte. Auch hierüber gibt die HOAI keine konkrete Auskunft. Angemessen ist eine Pauschalisierung, wenn sie sich an dem zu erwartenden Nebenkostenaufwand orientiert. Die Architektenkammer Baden-Württemberg hat für die hauptsächlichen Auslagen des Architekten eine Übersicht der Durchschnittswerte erstellt, an denen sich auch der Bauherr orientieren kann. Die nachfolgenden Werte beziehen sich auf das Nettohonorar des Architekten:

[149] BGH, BauR 1994, 131.

Übersicht: Nebenkostenpauschale:

Gesamtkostenanteil	durchschnittlich 10 %
Einzelpostenanteil:	
1. Post- und Fernmeldegebühren (§ 7 Abs. 1 Nr. 1 HOAI)	durchschnittlich 3,0 %
□ Planung alleine	bis 2,0 %
□ Planung und Objektüberwachung	bis 3,0 %
□ Objektüberwachung alleine	bis 4,0 %
2. Kosten für Vervielfältigung (§ 7 Abs. 1 Nr. 4 HOAI)	durchschnittlich 4,0 %
□ Planung alleine	bis 5,0 %
□ Planung und Objektüberwachung (50 km bis 150 km vom Geschäftssitz des Architekten entfernt	bis 5,0 %
3. Trennungsentschädigungen (§ 7 Abs. 1 Nr. 5 HOAI)	durchschnittlich 1,5 %

Die öffentliche Hand vereinbart in Nordrhein-Westfalen für Leistungen nach § 15 HOAI regelmäßig 8 % des Honorars als pauschalisierte Nebenkostenerstattung.

Zu beachten ist noch für den privaten Bauherrn, dass bei Pauschalen, die in Prozentpunkten des Nettohonorars festgelegt sind, auch bei Zuschlägen, wie z.B. einem Umbauzuschlag, auch bei der Berechnung der Nebenkostenpauschale zugrunde zu legen sind.

Beispiel:

Nettohonorar	20.000,- €
Umbauzuschlag 10%	2.000,- €
	22.000,- €
Nebenkostenpauschale (10 %)	2.200,- €
	24.200,- €

Zu beachten ist außerdem, dass es zu keinem krassen Missverhältnis zwischen Nebenkostenpauschale und den tatsächlichen Nebenkosten kommen darf, und wenn dies zu einer Überschreitung der Höchstsätze führen würde.[150] Um ein solches Überschreiten festzustellen, muss ein Vergleich vorgenommen werden. Dabei stehen sich gegenüber das zulässige Höchstsatzhonorar zuzüglich einer ange-

[150] OLG Düsseldorf, BauR 1990, 641.

messenen Nebenkostenpauschale auf der einen Seite und das vereinbarte Honorar inklusive der vorgesehenen Nebenkostenpauschale auf der anderen Seite.[151] Ergibt sich hierbei eine Differenz zu Lasten des Bauherrn ist eine Überhöhung festgestellt.

Was aber ist die Folge einer festgestellten überhöhten Nebenkostenpauschale? In diesem Fall hat eine Abrechnung der Nebenkosten nach Einzelnachweisen zu erfolgen, weil die pauschale Abrechnung nur bei einer wirksamen Vereinbarung an die Stelle einer Einzelnachweisabrechnung treten kann.[152]

Vergütung der Besonderen Leistungen

Nach § 5 Abs. 4 HOAI sind Besondere Leistungen des Architekten nur zu vergüten, wenn das Honorar hierfür bereits vorher vereinbart worden ist. Mangelt es an einer solchen Vereinbarung, hat der Architekt keinen Anspruch auf Vergütung.

So hat z.B. das OLG Hamm entschieden, dass ein Honoraranspruch für einen von einem Architekten unstreitig vorbereiteten und einem Bauherrn unterschriebenen Antrag auf Bewilligung von öffentlichen Geldern schon deshalb nicht bestehe, weil es dazu nach § 5 Abs. 4 HOAI einer zuvor getroffenen schriftlichen Vereinbarung bedurft hätte und diese Vereinbarung unstreitig nicht getroffen worden war.[153] Das selbe Gericht entschied ferner, dass dem Architekten bei Fehlen einer solchen schriftlichen Honorarvereinbarung auch kein Anspruch aus § 812 BGB (ungerechtfertigte Bereicherung des Bauherrn) oder aus Geschäftsführung ohne Auftrag zustehen würde.[154]

Der Architekt geht also in diesen Fällen trotz erbrachter zusätzlicher Leistungen finanziell leer aus! Eine weitere Voraussetzung – neben der vorherigen schriftlichen Vereinbarung – für einen Vergütungsanspruch des Architekten ist, dass die Besondere Leistung im Verhältnis zu den Grundleistungen einen nicht unwesentlichen Arbeits- und Zeitaufwand verursacht.

Für beide Vertragspartner ist wesentlich, dass bei Vereinbarungsabschluss deutlich gemacht wird, welche Besonderen Leistungen vom Architekten zu erbringen sind und wie die Vergütung berechnet werden soll. Hierzu bestehen zwei Möglichkeiten in Form einer pauschalen Vergütung oder eines Zeithonorars.

Vergütung für zeitversetzt erbrachte Leistungen

Der Anwendungsbereich des § 21 HOAI

Da in der Praxis zunehmend abschnittsweise geplant und ausgeführt wird, entsteht das Problem, dass sich der Architekt und seine Mitarbeiter jeweils neu in das Projekt einarbeiten müssen und dadurch ein Zusatzaufwand entsteht, der ohne spezi-

---

[151] Löffelmann / Fleischmann, Architektenrecht, Rn. 1465, 1486.

[152] OLG Düsseldorf, BauR 1990, 641.

[153] OLG Hamm, BauR 1993, 761.

[154] OLG Hamm, BauR 1993, 633.

elle Regelung nicht honorarmäßig abgedeckt wird. § 21 HOAI löst dieses Problem.

HOAI § 21 [Zeitliche Trennung der Ausführung]

Wird ein Auftrag, der ein oder mehrere Gebäude umfasst, nicht einheitlich in einem Zuge, sondern abschnittsweise in größeren Zeitabständen ausgeführt, so ist für die das ganze Gebäude oder das Ganze Bauvorhaben betreffenden, zusammenhängend durchgeführten Leistungen das anteilige Honorar zu berechnen, das sich nach den gesamten anrechenbaren Kosten ergibt. Das Honorar für die restlichen Leistungen ist jeweils nach den anrechenbaren Kosten der einzelnen Bauabschnitte zu berechnen. Die Sätze 1 und 2 gelten entsprechend für Freianlagen und raumbildende Ausbauten.

Alle Architektenbüros haben bei der abschnittsweisen Auftragsabwicklung das Problem, das sie sich jeweils neu in das Projekt einarbeiten müssen. Hierdurch entsteht ein zeitlicher Zusatzaufwand, der dazu führt, dass der einzelne Abschnitt zum Teil einen Aufwand wie bei einem völlig eigenständigen neuen Projekt erfordert.

Unter bestimmten Voraussetzungen bietet § 21 HOAI die Möglichkeit, das Honorar für jeden dieser einzelnen Abschnitte getrennt abzurechnen, wodurch ein Honorarausgleich für den Mehraufwand geltend gemacht werden kann, der ansonsten nicht abgedeckt würde. Es lässt sich auf einen Katalog der Honorargrundlagen für die Anwendbarkeit des § 21 HOAI mit weiteren Erläuterungen verweisen, die in der Praxis entwickelt wurden.[155] Eine Zusammenfassung ergibt folgendes Bild:

Übersicht über die Honorargrundlagen des § 21 HOAI

- Eigenständiges Gebäude

Handelt es sich bei den zu planenden Gebäuden um eigenständige Gebäude (§ 22 HOAI), wird unabhängig von der zeitlichen Trennung immer gesondert abgerechnet. Die Regelung des § 22 HOAI ist im Tagesgeschäft wesentlich einfacher zu handhaben. Sie sollte deshalb vorzugsweise angewendet werden.

- Mehrere Einzelaufträge

Werden mehrere Einzelaufträge durch das Architektenbüro übernommen, gilt § 21 HOAI nicht. In diesem Fall kann ohnehin getrennt abgerechnet werden.

- Zeitliche Trennung

[155] Zusammenfassung der Darstellung von Siemon, Mit der richtigen Vertragsklausel zum optimalen Honorar, Wirtschaftsdienst für Ingenieure und Architekten, 2001 / 8, S. 7-11.

Die zeitliche Trennung der Ausführung bezieht sich nicht nur auf die bauliche Ausführung von Bauabschnitten. Auch Unterbrechungen der Planung oder Bauüberwachung sind betroffen. Da Rechtsprechungshinweise fehlen, ist von wenigstens 6 Monaten auszugehen.

- Zusatzaufwand belegen

Die getrennte Abrechnung ist nur dann möglich, wenn das Architektenbüro anhand einer ordnungsgemäßen Dokumentation den Zusatzzeitaufwand belegen kann. So sollten z.B. die Beginn-Termine jeder Leistungsphase dokumentiert werden.

- Mindestumfang der zeitlichen Trennung

Ein Mindestmaß der zeitlichen Trennung ist nicht definiert. Es ist einzelfallbezogen festzustellen, muss sich aber um einen größeren Zeitabstand handeln. Wichtig ist, dass es sich auch um einen zeitlichen Versatz handeln kann. Dies wiederum bedeutet, dass es auf eine vollständige Unterbrechung nicht ankommt, sondern nur darauf, ob die Unterbrechung innerhalb einer Leistungsphase länger als wenigstens 6 Monate zeitlich angedauert hat.

- Abschnittsweise Durchführung

Die abschnittsweise Durchführung muss nicht bereits von Beginn an vorgesehen sein. Sie kann sich bei einem einheitlichen Auftrag auch erst im Zuge der Planungsvertiefung ergeben.

- Schriftliche Vereinbarung

Eine schriftliche Vereinbarung im Planungsvertrag zur getrennten Honorarabrechnung ist zwar nicht erforderlich. In neuen Verträgen sollten Sie das aus Vereinfachungsgründen dennoch vorsorglich vorsehen.

- Alle Leistungsbilder betroffen

Die getrennte Abrechnung bei zeitlicher Trennung der Ausführung gilt für Architektenleistungen, Leistungen bei Ingenieurbauwerken/Verkehrsanlagen, für Leistungen der Tragwerkplanung, Technischen Ausrüstung, Raumbildenden Ausbauten sowie der Bauvermessung und Freianlagen gleichermaßen.

- Trennbarkeit der Leistungen

Die jeweiligen Abschnitte müssen honorarmäßig trennbar sein, also möglichst ganze Leistungsphasen umfassen, damit sie getrennt abgerechnet werden dürfen.
- Verantwortung für abschnittsweise Durchführung

Getrennte Abrechnung ist möglich, wenn der Bauherr für die abschnittsweise Durchführung verantwortlich ist. Die Abrechnung nach § 21 HOAI ist Ihnen auch gestattet, wenn die Ursachen für die abschnittsweise Bauausführung beim Fördermittelgeber liegen. Die getrennte Abrechnung scheidet aus, wenn die Ursachen beim Planer liegen.

– Verschiedene Leistungen

Handelt es sich um verschiedene Leistungen an einem Gebäude, wird ohnehin immer getrennt abgerechnet (§ 23 HOAI)

Liegen die genannten Voraussetzungen also vor, kann der Architekt die jeweils zeitversetzt erbrachten Leistungen getrennt abrechnen und damit seinen erbrachten Mehraufwand abdecken. Zu beachten ist immer, dass es sich um Einzelfallregelungen handelt, so dass die gängige 6-Monats-Regel keine universelle Zeitregel darstellt.

Aufrechnungsverbot

Zur Vermeidung von Aufrechnungen mit möglicherweise zweifelhaften Forderungen, sollte der Architekt ein Aufrechnungsverbot vereinbaren. Eine solche Klausel, die auch der frühere Einheitsarchitektenvertrag vorsah, gilt in der Rechtsprechung als zulässig. Sie dient der Honorarsicherung des Architekten und vermeidet unter Umständen eigene Liquiditätsprobleme. Die Rechte des Bauherrn werden dadurch nicht abgeschnitten, denn ihm obliegt die Möglichkeit, Gegenforderungen in selbständigen Verfahren bzw. mit Widerklagen geltend zu machen.

Mehrwertsteuer

Die Mehrwertsteuer in Höhe von 16 % wäre auch ohne schriftliche Vereinbarung zu entrichten. Der Bauherr hat allerdings einen Anspruch darauf, dass die Mehrwertsteuer auf einer Rechnung gesondert ausgewiesen ist.[156]

[156] BGH, BauR 1989, 83.

2.10 Abschläge und Rechnungslegung

§ 10 Abschläge und Rechnungslegung

1. Abweichend von § 8 HOAI werden Abschlagszahlungen fällig:
   a) nach Abschluss der Vorplanung für die Leistungsphasen 1 und 2
   b) nach Eingang der beantragten Baugenehmigung für die Leistungsphasen 3 und 4
   c) nach Abschluss der Leistungsphase 8
2. Abschlagsrechnungen für erbrachte Leistungen müssen prüffähig sein.

Abschlagszahlungen

Auch ohne, dass dies ausdrücklich vereinbart werden muss, stehen dem Architekten Abschlagszahlungen zu:

HOAI § 8 Abs. 2 [Zahlungen]

Abschlagszahlungen können in angemessenen zeitlichen Abständen für nachgewiesene Leistungen gefordert werden.

BGB § 632a [Abschlagszahlungen]

Der Unternehmer kann von dem Besteller für in sich abgeschlossene Teile des Werks Abschlagszahlungen für die erbrachten vertragsmäßigen Leistungen verlangen. Dies gilt auch für erforderliche Stoffe oder Bauteile, die eigens angefertigt oder angeliefert sind. Der Anspruch besteht nur, wenn dem Besteller Eigentum an den Teilen des Werks, an den Stoffen oder Bauteilen übertragen oder Sicherheit hierfür geleistet wird.

Es entspricht dem Wesen des Werkvertrages, wonach es dem Auftragnehmer gewöhnlich nicht zuzumuten ist, dass er erst dann Zahlungen erhält, wenn er seine Gesamtleistung erbracht hat. Allerdings ist voraussetzend für Abschlagszahlungen, dass der Architekt einen bestimmten Leistungsstand erbracht hat. Außerdem fordert der Gesetzgeber, dass Abschlagszahlungen nur in angemessenen zeitlichen Abständen gezahlt werden müssen.

Wann diese angemessenen zeitlichen Abstände vorliegen, kann sich in der Praxis durchaus unterschiedlich beurteilen und ist einzelfallabhängig. Zur Vermeidung diesbezüglicher Meinungsverschiedenheiten zwischen Bauherr und Architekt empfiehlt sich daher die vorliegende Regelung innerhalb des Architektenvertrages oder alternativ ein Zahlungsplan als Anlage zu einem Architektenvertrag. Eine solche spezielle Regelung legt für beide Seiten unmissverständlich und verbindlich die exakten bzw. bestimmbaren Abschlagszahlungszeitpunkte fest. Als praktische Faustregel kann gelten, dass die Beendigung einzelner

Leistungsphasen, erst recht nach Erbringung einzelner Leistungsstufen zu Abschlagszahlungen berechtigt. Abschlagszahlungen gehen immer auf 100% des erbrachten Leistungsstandes, sofern nicht ein genau bezeichneter Prozentsatz (üblicherweise 5 %) als Sicherheitseinbehalt des Bauherrn stehen bleiben soll, was ausdrücklicher Regelung bedarf.[157]

Abschlagsrechnungen

Die Fälligkeit von Abschlagszahlungen ist - wie bei der Schlussrechnung - davon abhängig, ob der geschuldete Erfolg bereits eingetreten ist. Auch Abschläge sind nur dann fällig, wenn die entsprechenden Leistungen erfolgreich erbracht wurden.

Daraus folgt, dass die Abschlagsrechnungen erst erfolgen dürfen, wenn die geschuldeten Leistungsphasen mängelfrei erbracht wurden.

Von Interesse ist auch eine Entscheidung des BGH zur Verjährungsproblematik von Abschlagsrechnungen. So wird die Auffassung vertreten, dass Abschlagszahlungen als schuldrechtliche Ansprüche eigenständig geltend gemacht werden und infolgedessen auch verjähren können.

Verjährte Abschlagsforderungen können allerdings in der Schlussrechnung wieder geltend gemacht werden können. Dies bedeutet, dass der Architekt, der es versäumt hat, rechtzeitig seine Abschlagsrechnung vorzulegen, sein Honorar für die erbrachten Leistungen dann noch immer in der Schlussrechnung in Rechnung stellen kann.

Die Frage, ob Abschlagsrechnungen prüffähig im Sinne des § 8 Abs. 1 HOAI sein müssen, ist durch § 632 a BGB nunmehr positiv geregelt. Dadurch sind im übrigen die verfassungsrechtlichen Bedenken[158] gegen § 8 Abs. 2 HOAI gegenstandslos geworden.[159]

Zu den weiteren Einzelheiten zu § 8 HOAI vergleiche die Darlegungen in 2. Teil.

---

[157] Neuenfeld, Architekt und Bauherr, 98.

[158] Hesse/Korbion/Mantscheff/Vygen, Kommentar zur HOAI, München [5]1996 § 8 Rn 3ff.

[159] Schmidt, Musterbriefe für das Architektur- und Ingenieurbüro: mit Erläuterungen und Rechtsprechungshinweisen, Düsseldorf 2000, Rn 281.

2.11 Gewährleistung

§ 11 Gewährleistung

1. Gewährleistungs- und Schadensersatzansprüche des Bauherrn richten sich nach den gesetzlichen Vorschriften.
2. Ergeben sich aus Gründen der Wirtschaftlichkeit oder auf der Grundlage besonderer Forderungen des Auftraggebers planerische Abweichungen gegenüber den Anforderungen der allgemein anerkannten Regeln der Technik bzw. der DIN-Normen, so wird einvernehmlich zwischen Auftragnehmer und Auftraggeber über die weitere Vorgehensweise entschieden. Diese Entscheidungen sind angemessen zu dokumentieren. Bei einvernehmlich schriftlich vereinbarten Abweichungen von den allgemein anerkannten regeln der Technik bzw. der DIN-Normen wird der Auftragnehmer in Bezug auf die betreffende Regel der Technik bzw. DIN-Norm von der Haftung freigestellt.
3. Soweit der Auftragnehmer im Einvernehmen mit dem Auftraggeber bzw. entsprechend dessen Planungsvorgaben aus Gründen der Wirtschaftlichkeit, Baubiologie, Denkmalpflege, des Objekt- und Exponatenschutzes oder Genehmigungsvorhaben vorhandene Baustoffe, -teile und -konstruktionen mitverwendet bzw. besondere, alternative bzw. unübliche Bauweisen anzuwenden hat, haftet er nicht für darauf zurückzuführende Baumängel und –schäden, technische und funktionale Einschränkungen und Abweichungen von de allgemein anerkannten Regeln der Technik und den DIN-Normen. Im Einzelnen betrifft dies die nachfolgend aufgeführten Fälle: Raum- und Durchgangshöhen, Raumbelichtung, Schlagregen- und Luftdichte alter Fenster, alternative Abdichtungen in Nassräumen, alternative Abdichtungen im Fundamentbereich, Mitverwendung verformter Konstruktionen, Normanforderungen zum Wärmeschutz, Schallschutz, Fensterschutz, Putz- und Anstrichbeschichtungen auf vorhandenen Untergründen.
4. Vertragliche Ansprüche des Bauherrn verjähren nach Ablauf von fünf Jahren, sofern gesetzlich keine anderen Verjährungsfristen vorgesehen sind.
5. Die Verjährung der Ansprüche des Bauherrn gegen den Architekten beginnt mit deren Abnahme, für danach erbrachte Leistungen mit Datum der schriftlichen Bestätigung der Leistungsbeendigung.
6. Wird der Architekt wegen eines Schadens am Bauwerk in Anspruch genommen, kann er vom Bauherrn verlangen, dass ihm die Beseitigung des Schadens übertragen wird. Wird der Architekt wegen eines Schadens in Anspruch genommen, den auch ein Dritter zu vertreten hat, kann er vom Bauherrn verlangen, dass der Bauherr sich gemeinsam mit ihm außergerichtlich erst bei dem Dritten um die Durchsetzung seiner Ansprüche auf Nacherfüllung und Gewährleistung bemüht.

Haftungsgrundlagen

Vertragliche Ansprüche setzen - natürlich - voraus, dass zwischen den Parteien ein entsprechender Vertrag getroffen worden ist. Die vertraglichen Ansprüche aus dem Rechtsverhältnis eines Architektenvertrages resultieren, wie dies bereits an früherer Stelle erläutert wurde, aus den Regelungen des Werkvertragsrechts. Primäres Leistungsziel des Werkvertrages ist die Herstellung des versprochenen Werkes, d. h. es wird ein bestimmter Erfolg geschuldet.[160] Die gesetzliche Grundlage bildet § 633 BGB:

BGB § 633 [Sach- und Rechtsmängel]

(1) Der Unternehmer hat dem Besteller das Werk frei von Sach- und Rechtsmängeln zu verschaffen.
(2) Das Werk ist frei von Sachmängeln, wenn es die vereinbarte Beschaffenheit hat. Soweit die Beschaffenheit nicht vereinbart ist, ist das Werk frei von Sachmängeln,
   1. wenn es sich für die nach dem Vertrag vorausgesetzte, sonst
   2. für die gewöhnliche Verwendung eignet und eine Beschaffenheit aufweist, die bei werken der gleichen Art üblich ist und die der Besteller nach der Art des Werks erwarten kann.

Einem Sachmangel steht es gleich, wenn der Unternehmer ein anderes als das bestellte Werk oder das Werk in zu geringer Menge herstellt.

(3) Das Werk ist frei von Rechtsmängeln, wenn Dritte in Bezug auf das Werk keine oder nur die im Vertrag übernommenen Rechte gegen den Besteller geltend machen können.

Das „versprochene Werk" eines Architekten besteht in der Addition der nach seinem Vertrag geschuldeten Leistungen, also im Normalfall bestehend aus den Grundleistungen des § 15 HOAI (oder zumindest eines Teils davon) und gegebenenfalls den ausdrücklich vereinbarten Besonderen Leistungen.

Zu beachten ist, dass der Architekt nicht das Bauwerk selber schuldet. Letztere Verpflichtung trifft alleine den Bauunternehmer. Die Pläne des Architekten, seine Ausschreibungsunterlagen und seine sonstigen Beratungsleistungen müssen diesen Erfolg eintreten lassen. Hinzu kommt die Objektüberwachung als Sorge für die korrekte Umsetzung dieser Unterlagen in die dreidimensionale Wirklichkeit. Im Zentrum dieser erfolgsbezogenen Einstandspflicht des Architekten steht die Einhaltung der Regeln der Technik.

Nun folgt jedoch aus der Erfolgsbezogenheit des Werkvertrages, dass der Erfolg die Vertragserfüllung bestimmt, nicht die Wege, die zu seiner Erzielung gegangen werden. Nach aktueller Rechtsprechung hat der Architekt die Entstehung eines mangelfreien, zweckgerechten Werkes zu gewährleisten. Entspricht die Leistung nicht den Anforderungen, so ist sie fehlerhaft, und zwar unabhängig davon,

---

[160] BGH, BauR 1985, 567.

ob die anerkannten Regeln der Technik eingehalten worden sind.[161] Es müssen somit alle Mittel eingesetzt werden, um ein dauerhaft mangelfreies Werk zu erstellen.

Was aber ist konkret ein Mangel?

Ein Mangel ist ein Schaden am Bauwerk selber (Mangelschaden) oder wenn Schäden an anderen Sachen und Personen eingetreten sind (Mangelfolgeschaden). Damit entfallen die Abgrenzungsschwierigkeiten nach den Kriterien der früheren Rechtsprechung[162] zwischen engen und entfernteren Mangelfolgeschäden.

Fraglich ist in diesem Zusammenhang, welche Anforderungen an die Substantiierung von Mängeln für den Bauherrn bestehen. Nach der sogenannten Symptomrechtsprechung des BGH[163] genügt, wenn der Mangel sinnlich wahrgenommen und in seinem äußeren Erscheinungsbild beschrieben wird. Der BGH[164] hat die Symptomrechtsprechung auch auf den Architektenvertrag übertragen. Das bedeutet, dass der Auftraggeber weder in außergerichtlichen Schreiben noch in Schriftsätzen, mit denen er seine Ansprüche geltend macht, eine Mangelursache angeben muss. Es genügt vielmehr, wenn auch Gegenansprüche gegen den Architekten alleine mit dem äußeren Erscheinungsbild eines Mangels substantiiert werden.[165] Zu der konkreten Bestimmung eines Mangels sei an dieser Stelle auf die Ausführungen im 3. Teil verwiesen.

Obwohl eine Architektenleistung möglicherweise mangelhaft ist, kann sich der Bauherr den Honoraransprüchen des Architekten ausgesetzt sehen. In diesem Fall stehen dem Bauherrn zunächst einmal Abwehransprüche in Form von Einreden zur Verfügung:

BGB § 320 [Einrede des nichterfüllten Vertrages]

(1) Wer aus einem gegenseitigen Vertrage verpflichtet ist, kann die ihm obliegende Leistung bis zur Bewirkung der Gegenleistung verweigern, es sei denn, dass er vorzuleisten verpflichtet ist. Hat die Leistung an mehrere zu erfolgen, so kann dem einzelnen der ihm gebührende Teil bis zur Bewirkung der ganzen Gegenleistung verweigert werden. Die Vorschrift des § 273 Abs. 3 findet keine Anwendung.

(2) Ist von der einen Seite teilweise geleistet worden, so kann die Gegenleistung insoweit nicht verweigert werden, als die Verweigerung nach den Umständen, insbesondere wegen verhältnismäßiger Geringfügigkeit des rückständigen Teiles, gegen Treu und Glauben verstoßen würde.

[161] BGH, BauR 1984, 510.

[162] BGH, NJW 1969, 1710; BGH, NJW 1986, 2307.

[163] BGH, NJW 1987, 381; BGH, BauR 1987, 443; BGH, BauR 1988, 474 = NJW-RR 1988, 1047.

[164] BGH, BauR 1997, 1065 = NJW 1998, 135 = ZfBR 1998, 25.

[165] Locher/Koeble/Frik, Einl., Rn 91.

BGB § 273 [Zurückbehaltungsrecht]

(1) Hat der Schuldner aus demselben rechtlichen Verhältnis. Auf dem seine Verpflichtung beruht, einen fälligen Anspruch gegen den Gläubiger, so kann er, sofern nicht aus dem Schuldverhältnisse sich ein anderes ergibt, die geschuldete Leistung verweigern, bis die ihm gebührende Leistung bewirkt wird (Zurückbehaltungsrecht).
(2) Wer zur Herausgabe eines Gegenstandes verpflichtet ist, hat das gleiche Recht, wenn ihm ein fälliger Anspruch wegen Verwendungen auf den Gegenstand oder wegen eines ihm durch diesen verursachten Schaden zusteht, es sei denn, dass er den Gegenstand durch eine vorsätzlich begangene unerlaubte Handlung erlangt hat.
(3) Der Gläubiger kann die Ausübung des Zurückbehaltungsrechts durch Sicherheitsleistung abwenden. Die Sicherheitsleistung durch Bürgen ist ausgeschlossen.

Gravierendste Folge dieser Einrede für den Architekten ist, dass der Bauherr die komplette Honorarzahlung bis zu dem Zeitpunkt verweigern darf, an dem der Architekt den geschuldeten Soll-Stand erbracht hat, also nachgebessert hat. Die Einrede des nichterfüllten Vertrages ist also ein vorläufiges Druckmittel, das seine Wirkung nur entwickelt, solange der Vertrag nicht erfüllt ist. Der Bauherr ist sogar berechtigt, das Honorar bis zum dreifachen Betrag des voraussichtlichen Schadensbeseitigungsbetrages zurückzubehalten.

Voraussetzung ist allerdings, dass die Nichterfüllung auf einem Mangel beruht. Wenn der Architekt seine Honorarforderung geltend macht, die von seinem Leistungserfolg noch nicht gedeckt ist, bedarf es noch nicht dieser Einrede. Der Bauherr kann selbstverständlich eine Zahlung des Honorars verweigern, das noch nicht erarbeitet worden ist. Dem Bauherrn steht in § 634 BGB ein Katalog von Gewährleistungsrechten zur Verfügung:

BGB § 634 [Rechte des Bestellers bei Mängeln]

Ist das Werk mangelhaft, kann der Besteller, wenn die Voraussetzungen der folgenden Vorschriften vorliegen und soweit nicht ein anderes bestimmt ist,
1. nach § 635 Nacherfüllung verlangen,
2. nach § 637 den Mangel selbst beseitigen und Ersatz der erforderlichen Aufwendungen verlangen,
3. nach den §§ 636, 323 und 326 Abs. 5 von dem Vertrag zurücktreten oder nach § 638 die Vergütung mindern und
4. nach den §§ 636, 280, 281, 283 und 311a Schadensersatz oder nach § 284 Ersatz vergeblicher Aufwendungen verlangen.

Damit folgt § 634 BGB im Grundsatz dem kaufrechtlichen Muster des § 437 BGB.

Nacherfüllung

Nach dem neuen Schuldrecht muss der Bauherr als Besteller grundsätzlich zunächst Nacherfüllung gemäß §§ 634 Nr. 1 i.V.m. 635 BGB verlangen.

BGB § 635 [Nacherfüllung]

(1) Verlangt der Besteller Nacherfüllung, so kann der Unternehmer nach seiner Wahl den Mangel beseitigen oder ein neues Werk herstellen.
(2) Der Unternehmer hat die zum Zweck der Nacherfüllung erforderlichen Aufwendungen, insbesondere Transport-, Wege-, Arbeits- und Materialkosten zu tragen.
(3) Der Unternehmer kann die Nacherfüllung unbeschadet des § 275 Abs. 2 und 3 verweigern, wenn sie nur mit unverhältnismäßigen Kosten möglich ist.
(4) Stellt der Unternehmer ein neues Werk her, so kann er vom Besteller Rückgewähr des mangelhaften Werks nach Maßgabe der §§ 346 bis 348 verlangen.

Nacherfüllung liegt in allen Handlungen vor, mit denen der Architekt den vereinbarten Soll-Stand zu erreichen sucht. Dabei braucht sich der Bauherr technologisch oder wirtschaftlich zweifelhaften Nacherfüllungsvorschlägen des Architekten nicht auszuliefern. Er kann ferner verlangen, dass der Architekt Nacherfüllungswege geht, die technisch machbar sind und zu einer wirtschaftlichen Lösung führen. Umgekehrt kann der Architekt eine Nacherfüllung verweigern, wenn sie einen unverhältnismäßigen Aufwand erfordert. Der BGH sieht einen solchen Fall dann als gegeben an, wenn der mit der Nacherfüllung der in Richtung auf die Beseitigung des Mangels erzielbare Erfolg bei Abwägung aller Umstände des Einzelfalls in keinem vernünftigen Verhältnis zur Höhe des dafür erforderlichen Aufwandes steht.[166]

Unverhältnismäßigkeit ist danach in aller Regel nur anzunehmen, wenn einem objektiv geringen Interesse des Bauherrn in einer völlig ordnungsgemäßen vertraglichen Leistung ein ganz unerheblicher und deshalb vergleichsweise unangemessener Aufwand gegenübersteht. Hat der Bauherr hingegen ein objektiv berechtigtes Interesse an einer ordnungsgemäßen Erfüllung, kann ihm regelmäßig nicht wegen der hohen Kosten die Nachbesserung verweigert werden. Zu beachten ist, dass es nicht auf ein Preis-/Leistungsverhältnis auf der Grundlage des Architektenvertrages ankommt. Ohne Bedeutung ist auch das Verhältnis von Nacherfüllungsaufwand zum Vertragspreis. Nacherfüllungsmehrkosten, die durch den Aufwand für die Erbringung der mangelhaften Leistung außerhalb des normalen Leistungszusammenhanges wie durch Kostensteigerung infolge von Zeitablauf bedingt sind, gehören zum Erfüllungsrisiko des Architekten und können regelmäßig den Einwand der Unverhältnismäßigkeit nicht rechtfertigen.[167]

Die Aufwendungen des Architekten, um der Nacherfüllung ausführen zu können, müssen den Bauherrn nur sekundär berühren. Hier können jedoch erhöhte

[166] BGH, BauR 1996, 858.
[167] Vgl. BGH, BauR 1996, 858.

Folgekosten drohen (z. B. Energie und Wartung), die es zu bedenken gilt. Bevor der Architekt nicht nacherfüllt hat, ist sein Honorar auch nicht fällig; damit bleibt die etwa erhobene Einrede des nichterfüllten Vertrages bestehen.

Auch der Bauherr selber kann dem Architekten bei Vorliegen von Mängeln eine angemessene Frist zur Nacherfüllung setzen, die für den Fall entbehrlich ist, wenn sie fehlgeschlagen ist.

Wann ein Fehlschlagen vorliegt, lässt sich nicht so ohne weiteres bestimmen. Anders als im Kaufrecht, wo die Nacherfüllung bei zweimaligen Fehlversuchen als fehlgeschlagen gilt[168], sieht das Werkvertragsrecht solche Bestimmungen nicht vor. Eine praxisnahe Auslegung sollte ebenfalls auf zwei Nachbesserungsversuchen bestehen, indessen bleibt die Frage auch nach neuem Recht letztlich ungeklärt.[169]

Des weiteren sind auch Einschränkungen beim Nacherfüllungsanspruch zu beachten. So besteht hinsichtlich der Pläne und Ausschreibungsunterlagen nur solange ein Nachbesserungs- bzw. Nacherfüllungsrecht des Architekten, solange noch nicht danach gebaut bzw. vergeben worden ist.[170] Eine ähnliche Problematik stellt sich, wenn die Genehmigungsfähigkeit nicht zu erlangen ist und die Neuplanung ein anderes Gebäude zum Gegenstand des Architektenvertrages hätte.[171]

In den Fällen, in denen eine Nacherfüllung noch überhaupt möglich ist, kann der Bauherr dem Architekten auch nach dem neuen Schuldrecht eine Frist setzen, innerhalb der er – allerdings nach eigener Wahl die Mangelbeseitigung vornimmt oder eine gänzliche Neuherstellung seiner Leistung bewirkt. Anders als nach früherem Recht bedarf es allerdings keiner Ablehnungsandrohung mehr. Wenn die Frist erfolglos verstrichen ist, bleibt nach neuem Schuldrecht der Nacherfüllungsanspruch bestehen. Dem Gläubiger – in diesem Fall dem Bauherrn – ist dann allerdings auch der Weg zu weiteren, im Nachfolgenden vorgestellten, Gewährleistungsrechten eröffnet.

Selbstvornahme

In einem engen gewährleistungsrechtlichen Zusammenhang mit dem Nacherfüllungsanspruch des Bauherrn, steht auch sein Anspruch auf Selbstvornahme im Sinne der §§ 634 Nr. 2 i.V.m. 637 BGB.

BGB § 637 [Selbstvornahme]

(1) Der Besteller kann wegen eines Mangels des Werks nach erfolglosem Ablauf einer von ihm zur Nacherfüllung bestimmten Frist den Mangel selbst beseitigen und Ersatz der erforderlichen Aufwendungen verlangen, wenn nicht der Unternehmer die Nacherfüllung zu Recht verweigert.

---

168 Vgl. § 440 Satz 2 BGB.

169 Fingerhut/Kroh, Das neue Schuldrecht in der Unternehmerpraxis, u.a. Köln 2002, 53.

170 BGH, BauR 1989, 97, 100f.

171 OLG Düsseldorf, BauR 1986, 469; OLG München, BauR 1992, 534f.

(2) § 323 Abs. 2 findet entsprechende Anwendung. Der Bestimmung einer Frist bedarf es auch dann nicht, wenn die Nacherfüllung fehlgeschlagen oder dem Besteller unzumutbar ist.
(3) Der Besteller kann von dem Unternehmer für die zur Beseitigung des Mangels erforderlichen Aufwendungen Vorschuss verlangen.

Der Bauherr kann demnach für den Fall, dass sich der Architekt weigert, Nacherfüllung zu leisten, die Nachbesserung oder Neuherstellung der beanstandeten Architektenleistung durch einen anderen Architekten durchführen lassen und diese Kosten dem sich weigernden „Erstarchitekten" in Rechnung stellen. Diese Möglichkeit einer Selbstvornahme ist nicht neu. Neu ist dagegen, dass der „Erstarchitekt" nicht mehr schuldhaft in Verzug geraten sein muss, bevor sich der Bauherr des Hilfsmittels der Selbstvornahme bedient. Nunmehr genügt es, wenn der Bauherr dem Architekten eine Frist zur Nacherfüllung setzt und diese Frist fruchtlos verstrichen ist.

Im Ergebnis kann der Besteller danach:

- bei unberechtigter Verweigerung der Nacherfüllung durch den Werkunternehmer (§§ 637 Abs. 2 Satz 1, 323 Abs. 2 Nr. 1 BGB),
- bei erfolglosem Nacherfüllungsbemühen des Werkunternehmers, ggf. schon nach dem ersten Fehlschlagen einer Nachbesserung (§ 637 Abs. 2, Satz 2, Alt. 1 BGB) oder
- bei für ihn unzumutbarer Nacherfüllung (§ 637 Abs. 2, Satz 2, Alt. 2 BGB)

eine Selbstvornahme vornehmen, ohne dass es einer Fristsetzung zur Nacherfüllung bedarf.

Wichtig für den Bauherrn ist in diesem Zusammenhang auch, dass er bei Beauftragung des „Zweitarchitekten", der die Nacherfüllung ausführen soll, kostenmäßig nicht in Vorleistung zu treten braucht, sondern gemäß § 637 Abs. 3 BGB von dem sich weigernden „Erstarchitekten" einen Vorschuss für die erforderlichen Aufwendungen verlangen kann.

Rücktritt vom Vertrag

Ähnlich wie beim Anspruch auf Schadensersatz führt auch der Rücktritt vom Werkvertrag gemäß §§ 634 Nr. 3 Fall 2 i.V.m. 636, 323, 326 Abs.5 BGB des neuen Schuldrechts in das allgemeine Leistungsstörungsrecht. Diese Möglichkeit trat an die Stelle der bisherigen Wandelung.

BGB § 323 [Rücktritt wegen nicht oder nicht vertragsgemäß erbrachter Leistung]

(1) Erbringt bei einem gegenseitigen Vertrag der Schuldner eine fällige Leistung nicht oder nicht vertragsgemäß, so kann der Gläubiger, wenn er dem Schuld-

ner erfolglos eine angemessene Frist zur Leistung oder Nacherfüllung bestimmt hat, vom Vertrag zurücktreten.

(2) Die Fristsetzung ist entbehrlich, wenn
1. der Schuldner die Leistung ernsthaft und endgültig verweigert,
2. der Schuldner die Leistung zu einem im Vertrag bestimmten Termin oder innerhalb einer bestimmten Frist nicht bewirkt und der Gläubiger im Vertrag den Fortbestand seines Leistungsinteresses an die Rechtzeitigkeit der Leistung gebunden hat oder
3. besondere Umstände vorliegen, die unter Abwägung der beiderseitigen Interessen den sofortigen Rücktritt rechtfertigen.

(3) Kommt nach der Art der Pflichtverletzung eine Fristsetzung nicht in Betracht, so tritt an deren Stelle eine Abmahnung.

(4) Der Gläubiger kann bereits vor dem Eintritt der Fälligkeit der Leistung zurücktreten, wenn offensichtlich ist, dass die Voraussetzungen des Rücktritts eintreten werden.

(5) Hat der Schuldner eine Teilleistung bewirkt, so kann der Gläubiger vom ganzen Vertrag zurücktreten, wenn er an der Teilleistung kein Interesse hat. Hat der Schuldner die Leistung nicht vertragsgemäß bewirkt, so kann der Gläubiger vom Vertrag nicht zurücktreten, wenn die Pflichtverletzung unerheblich ist.

(6) Der Rücktritt ist ausgeschlossen, wenn der Gläubiger für den Umstand, der ihn zum Rücktritt berechtigen würde, allein oder weit überwiegend verantwortlich ist, oder wenn der vom Schuldner nicht zu vertretende Umstand zu einer Zeit eintritt, zu welcher der Gläubiger im Verzug der Annahme ist.

BGB § 326 Abs. 5 [Befreiung von der Gegenleistung und Rücktritt beim Ausschluss der Leistungspflicht]

Braucht der Schuldner nach § 275 Abs. 1 bis 3 nicht zu leisten, kann der Gläubiger zurücktreten; auf den Rücktritt findet § 323 mit der Maßgabe entsprechende Anwendung, dass die Fristsetzung entbehrlich ist.

BGB § 636 [Besondere Bestimmungen für Rücktritt und Schadensersatz]

Außer in den Fällen der §§ 281 Abs. 2 und 323 Abs. 2 bedarf es der Fristsetzung auch dann nicht, wenn der Unternehmer die Nacherfüllung gemäß § 635 Abs. 3 verweigert oder wenn die Nacherfüllung fehlgeschlagen oder dem Besteller unzumutbar ist.

Statt der bislang notwendigen Fristsetzung mit Ablehnungsandrohung verbleibt jetzt das bloße Erfordernis einer Fristsetzung; an die Stelle des Anspruchs auf Wandelung tritt der Rücktritt vom Vertrag als Gestaltungsrecht.

Gemäß § 636 BGB ist die Fristsetzung – über die in §§ 281 Abs. 2 und § 323 Abs. 2 BGB genannten Fälle hinaus – entbehrlich,

- wenn der Besteller die Nacherfüllung verweigern darf, weil sie unmöglich (§ 275 Abs. 2 und 3 BGB) oder unverhältnismäßig teuer ist (§ 635 Abs. 3 BGB) oder
- wenn die Nacherfüllung fehlgeschlagen ist oder
- wenn die Nacherfüllung dem Besteller unzumutbar ist.

BGB § 275 Abs. 4 und 5 [Ausschluss der Leistungspflicht]

(4) Der Schuldner kann die Leistung verweigern, soweit diese einen Aufwand erfordert, der unter Beachtung des Inhalts des Schuldverhältnisses und der Gebote von Treu und Glauben in einem groben Missverhältnis zu dem Leistungsinteresse des Gläubigers steht. Bei der Bestimmung der dem Schuldner zuzumutenden Anstrengungen ist auch zu berücksichtigen, ob der Schuldner das Leistungshindernis zu vertreten hat.

(5) Der Schuldner kann die Leistung verweigern, wenn er die Leistung persönlich zu erbringen hat und sie ihm unter Abwägung des seiner Leistung entgegenstehenden Hindernisses mit dem Leistungsinteresse des Gläubigers nicht zugemutet werden kann.

Für den Fall, dass die Architektenleistung für den Bauherrn völlig unbrauchbar ist, kann er vom Vertrag zurücktreten mit der Folge, dass sich beide Vertragspartner gegenseitig das Erhaltene gemäß § 346 BGB zurückgewähren müssen. Bleibt die Leistung des Architekten mängelbehaftet, ist sie aber noch verwertbar, kann der Bauherr das Honorar um den Wert des verbleibenden Schadens mindern.

Minderung

Ein weiteres Regelungsinstrument steht dem Bauherrn mit der Minderung gemäß §§ 634 Nr. 3 Fall 2 i.V.m. 638 BGB zur Verfügung.

BGB § 638 [Minderung]

(1) Statt zurückzutreten, kann der Besteller die Vergütung durch Erklärung gegenüber dem Unternehmer mindern. Der Ausschlussgrund des § 323 Abs. 5 Satz 2 findet keine Anwendung.

(2) Sind auf der Seite des Bestellers oder auf der Seite des Unternehmers mehrere beteiligt, so kann die Minderung nur von allen oder gegen alle erklärt werden.

(3) Bei der Minderung ist die Vergütung in dem Verhältnis herabzusetzen, in welchem zur Zeit des Vertragsschlusses der Wert des Werks in mangelfreiem Zustand zu dem wirklichen Wert gestanden haben würde. Die Minderung ist, soweit erforderlich, durch Schätzung zu ermitteln.

(4) Hat der Besteller mehr als die geminderte Vergütung gezahlt, so ist der Mehrbetrag vom Unternehmer zu erstatten. § 346 Abs. 1 und § 347 Abs. 1 finden entsprechende Anwendung.

Die Voraussetzungen für die Anwendung einer Minderung im Architektenvertragsrecht sind faktisch dieselben wie beim Rücktritt. Hier wie dort sichert der Verweis auf die Voraussetzungen des Rücktritts den Vorrang der Nacherfüllung.

Das Minderungsrecht steht nach der Neufassung bei jedem Mangel zur Verfügung. Es muss sich nicht um wesentliche Fehler handeln, vielmehr genügen auch „leichte“ Mängel.[172]

Anknüpfungspunkt für die Berechnung des Minderungsbetrages ist das Verhältnis des Wertes des mangelfreien Werkes zum wirklichen Wert.[173]

Die Berechnung der Honorarminderung:

$$\frac{\text{Mangelfreier Wert}}{\text{Mangelhafter Wert}} = \frac{\text{Vereinbartes Architektenhonorar}}{x}$$

Für den Architektenvertrag bedeutet dies, dass nicht die Kosten für die tatsächliche Mangelbeseitigung, sondern der entsprechende Honoraranteil für die ordnungsgemäße Leistung im Verhältnis zur nicht ordnungsgemäßen Leistung ermittelt werden muss. Das führt dazu, dass nicht nur Teilleistungen, sondern auch Teile von Teilleistungen bewertet werden müssen.[174]

Anders als nach dem früherem Recht, bei dem der maßgebliche Zeitpunkt für die Berechnung des Minderwertes der Werkleistung der Zeitpunkt der Abnahme war[175], soll nunmehr der Zeitpunkt des Vertragsschlusses der für die Minderung maßgebende Zeitpunkt sein.[176]

Schadensersatz

Gemäß §§ 634 Nr. 4 Fall 1 i. V. m. 636, 280, 281, 283, 311a BGB stehen dem Bauherrn auch Schadensersatzansprüche zur Verfügung, wenn die Voraussetzungen für Rücktritt oder Minderung vorliegen und der Architekt darüber hinaus den Mangel zu vertreten hat.

BGB § 636 [Besondere Bestimmungen für Rücktritt und Schadensersatz]

[siehe bei Rücktritt]

---

[172] Locher/Koeble/Frik, Einl., Rn 283.
[173] Marx/Wenglorz, 54f.
[174] Locher/Koeble/Frik, Einl., Rn 283.
[175] OLG Düsseldorf, NJW 1981, 1455.
[176] Locher/Koeble/Frik, Einl., Rn 283.

BGB § 280 [Schadensersatz wegen Pflichtverletzung]

(1) Verletzt der Schuldner eine Pflicht aus dem Schuldverhältnis, so kann der Gläubiger Ersatz des hierdurch entstehenden Schadens verlangen. Dies gilt nicht, wenn der Schuldner der Pflichtverletzung nicht zu vertreten hat.
(2) Schadensersatz wegen Verzögerung der Leistung kann der Gläubiger nur unter der zusätzlichen Voraussetzung des § 286 verlangen.

BGB § 281 [Schadensersatz statt der Leistung wegen nicht oder nicht wie geschuldet erbrachter Leistung]

(1) Soweit der Schuldner die fällige Leistung nicht oder nicht wie geschuldet erbringt, kann der Gläubiger unter den Voraussetzungen des § 280 Abs. 1 Schadensersatz statt der Leistung verlangen, wenn er dem Schuldner erfolglos eine angemessene Frist zur Leistung oder Nacherfüllung bestimmt hat. Hat der Schuldner eine Teilleistung bewirkt, so kann der Gläubiger Schadensersatz statt der ganzen Leistung nur verlangen, wenn er an der Teilleistung kein Interesse hat. Hat der Schuldner die Leistung nicht wie geschuldet bewirkt, so kann der Gläubiger Schadensersatz statt der ganzen Leistung nicht verlangen, wenn die Pflichtverletzung unerheblich ist.
(2) Die Fristsetzung ist entbehrlich, wenn der Schuldner die Leistung ernsthaft und endgültig verweigert oder wenn besondere Umstände vorliegen, die unter Abwägung der beiderseitigen Interessen die sofortige Geltendmachung des Schadensersatzanspruches rechtfertigen.
(3) Kommt nach der Art der Pflichtverletzung eine Fristsetzung nicht in Betracht, so tritt an deren Stelle eine Abmahnung.
(4) Der Anspruch auf die Leistung ist ausgeschlossen, sobald der Gläubiger statt der Leistung Schadensersatz verlangt hat.
(5) Verlangt der Gläubiger Schadensersatz statt der Leistung, so ist der Schuldner zur Rückforderung des Geleisteten nach den §§ 346 bis 348 berechtigt.

BGB § 283 [Schadensersatz statt der Leistung bei Ausschluss der Leistungspflicht]

Braucht der Schuldner nach § 275 Abs. 1 bis 3 nicht zu leisten, kann der Gläubiger unter den Voraussetzungen des § 280 Abs. 1 Schadensersatz statt der Leistung verlangen. § 281 Abs. 1 Satz 2 und 3 und Abs. 5 finden entsprechende Anwendung.

BGB § 311a [Leistungshindernis bei Vertragsschluss]

(1) Der Wirksamkeit eines Vertrags steht es nicht entgegen, dass der Schuldner nach § 275 Abs. 1 bis 3 nicht zu leisten braucht und das Leistungshindernis schon bei Vertragsschluss vorliegt.

(2) Der Gläubiger kann nach seiner Wahl Schadensersatz statt der Leistung oder Ersatz seiner Aufwendungen in dem in § 284 bestimmten Umfang verlangen. Dies gilt nicht, wenn der Schuldner das Leistungshindernis bei Vertragsschluss nicht kannte und seine Unkenntnis auch nicht zu vertreten hat. § 281 Abs. 1 Satz 2 und 3 und Abs. 5 findet entsprechende Anwendung.

Da der Schadensersatzanspruch ein schuldhaftes Verhalten des Architekten voraussetzt, muss eine zumindest fahrlässige Handlungsweise des Architekten gem. § 276 BGB vorliegen:

BGB § 276 [Verantwortlichkeit des Schuldners]

(1) Der Schuldner hat Vorsatz und Fahrlässigkeit zu vertreten, wenn eine strenge oder mildere Haftung weder bestimmt noch aus dem sonstigen Inhalt des Schuldverhältnisses, insbesondere aus der Übernahme einer Garantie oder eines Beschaffungsrisikos zu entnehmen ist. Die Vorschriften der §§ 827 und 828 finden entsprechende Anwendung.
(2) Fahrlässig handelt, wer die im Verkehr erforderliche Sorgfalt außer Acht lässt.
(3) Die Haftung wegen Vorsatzes kann dem Schuldner nicht im voraus erlassen werden.

Ein Verschulden des Architekten wird allerdings – abgeleitet aus § 280 Abs. 1 BGB - als gegeben vermutet. Der Architekt muss also sein Nichtvertretenmüssen darlegen und beweisen.

Die Verschuldensfrage ist von elementarer Bedeutung angesichts des Umstandes, dass die streng erfolgsbezogene Werkvertragsrechtsprechung bereits die Schwelle der Gefährdungshaftung erreicht und die Gerichte nicht selten bei einem Schadensersatzanspruch eine Korrektur über das erforderliche Verschulden vornehmen.[177]

Die Einhaltung von DIN-Vorschriften mag unter Erfolgskriterien immer noch einen Schaden provozieren. Dennoch ist zu fragen, ob angesichts einer unangefochtenen DIN-Norm nicht Fahrlässigkeit auszuschließen ist, denn es ist schwer vorstellbar, wie der „Normalarchitekt“ angesichts der häufig bis ins Detail definierten Technikregeln und ihrer ständigen Fortschreibung eine technische Lösung jenseits dieser DIN-Normen finden soll.

Bei der Fahrlässigkeitsprüfung stellt sich deshalb die Frage - und dies vorrangig im Rahmen der Objektüberwachung -, welche Ausführungsmängel der Architekt sehen und verhindern musste und welche außerhalb seines normalen Wissenstandes liegend ihm verborgen bleiben durften. In einer großen Zahl von Schadensersatzfällen aufgrund von Ausführungsfehlern stellt sich immer wieder die Frage der korrespondierenden Haftung des objektüberwachenden Architekten, die Verschul-

[177] Neuenfeld, Architekt und Bauherr, 116.

den voraussetzt. Mit der Feststellung dieses Verschuldens tun sich die Gerichte und Sachverständige sehr schwer.

Zu beachten ist, dass der Anspruch auf Schadensersatz neben dem Rücktritt geltend gemacht werden kann:

BGB § 325 [Schadensersatz und Rücktritt]

Das Recht, bei einem gegenseitigen Vertrag Schadensersatz zu verlangen, wird durch den Rücktritt nicht ausgeschlossen.

Wichtig bei Berechnung des Schadensersatzanspruches ist der Grundsatz der Sowiesokosten.

Darunter sind jene Kosten zu verstehen, die auch bei pflichtgemäßem Handeln ohnehin entstanden wären.

Diese Sowiesokosten sind vom Schadensersatz abzuziehen. Dem liegt die Überlegung zugrunde, dass diejenigen Kosten, die sowieso angefallen wären, vom Architekten nicht als Schaden zu erstatten sind. Der Bauherr ist lediglich so zu stellen, wie er stände, wenn der Architekt fehlerfrei geplant hätte. Die dann anfallenden Kosten gehen zu Lasten des Bauherrn.[178] Umgekehrt entlastet es den Architekten nicht, wenn nach derzeitiger Nutzung des Objektes nur ein geringer oder gar kein Schaden angefallen sein kann, die Vereinbarung der Parteien aber wesentlich höhere Anforderungen vorsahen. Schuldet ein Architekt Schadensersatz, weil eine Geschossdecke eines Supermarktes statt der vertragsmäßigen Tragfähigkeit nur eine wesentlich geringere hat, dann entfällt ein Schadensersatzanspruch nicht schon deshalb, weil der Bauherr derzeit das Obergeschoss als Personalaufenthaltsraum nutzt, wozu die Tragfähigkeit ausreicht. Vielmehr ist darauf abzustellen, wie sich die vertragswidrige Beschaffenheit allgemein auf die Nutzbarkeit und damit auf den Ertrags- und Veräußerungswert des Gebäudes auswirkt.[179]

Mit diesem Anspruch kann der Bauherr nicht verlangen, dass der Architekt die vertraglich geschuldete Leistung neu herstellt.[180]

Zu beachten ist, dass der Schadensersatzanspruch auch für unerhebliche Mängel und nach dem neuen Recht bei Verletzung sonstiger Pflichten, die bislang über die Institute der positiven Forderungsverletzung und culpa in contrahendo (§§ 241 Abs. 2, 311 Abs. 2, 3 BGB n.F.) abgewickelt wurden, verlangt werden kann.

Verzug

BGB § 286 [Verzug des Schuldners]

(1) Leistet der Schuldner auf eine Mahnung des Gläubigers nicht, die nach dem Eintritte der Fälligkeit erfolgt, so kommt er durch die Mahnung in Verzug.

[178] BGH, BauR 1990, 360.
[179] BGH, BauR 1995, 388.
[180] BGH, BauR 1978, 498.

Der Mahnung stehen die Erhebung der Klage auf die Leistung sowie die Zustellung eines Mahnbescheids im Mahnverfahren gleich.

(2) Der Mahnung bedarf es nicht, wenn

1. für die Leistung eine Zeit nach dem Kalender bestimmt ist,
2. der Leistung ein Ereignis vorauszugehen hat und eine angemessene Zeit für für die Leistung in der Weise bestimmt ist, dass sie sich von dem Ereignis an nach dem Kalender berechnen lässt,
3. der Schuldner die Leistung ernsthaft und endgültig verweigert,
4. aus besonderen Gründen unter Abwägung der beiderseitigen Interessen der sofortige Eintritt des Verzugs gerechtfertigt ist.

(3) Der Schuldner einer Entgeltforderung kommt spätestens in Verzug, wenn er nicht innerhalb von 30 Tagen nach Fälligkeit und Zugang einer Rechnung oder gleichwertigen Zahlungsaufstellung leistet; dies gilt gegenüber einem Schuldner, der Verbraucher ist, nur, wenn auf diese Folgen in der Rechnung oder Zahlungsaufstellung besonders hingewiesen worden ist. Wenn der Zeitpunkt des Zugangs der Rechnung oder Zahlungsaufstellung unsicher ist, kommt der Schuldner, der nicht Verbraucher ist, spätestens 30 Tage nach Fälligkeit und Empfang der Gegenleistung in Verzug.

(4) Der Schuldner kommt nicht in Verzug, solange die Leistung infolge eines Umstandes unterbleibt, den er nicht zu vertreten hat.

Die Regelungen über Voraussetzung und Rechtsfolgen bei Verzug haben sich durch die Schuldrechtsreform nicht geändert, wenn auch die maßgebliche Norm des § 286 BGB eine Neufassung erhielt.

Grundsätzlich gerät ein Vertragspartner dann in Verzug, wenn er nach Eintritt der Fälligkeit gemahnt, also gemäß § 286 Abs. 1 BGB in Verzug gesetzt wurde. Die Mahnung ist eine an den Vertragspartner gerichtete Aufforderung, die geschuldete Leistung innerhalb einer zu setzenden Frist zu erbringen. Grundsätzlich ist eine solche Inverzugsetzung nicht formgebunden, weshalb sie auch mündlich erfolgen kann. Aus Beweisgründen sollte jedoch immer die Schriftform gewählt werden. Eine Ausnahme vom Erfordernis des Inverzugsetzen besteht in dem Fall, wenn die Leistung nach einem bestimmten Datum vereinbart worden ist oder dieses Datum genau bestimmt werden kann; in diesem Fall ist eine Mahnung entbehrlich. Bei einem Architekten kann sich ein Verzug dergestalt ergeben, dass er schuldhaft die Erbringung seiner Architektenleistungen verzögert. Etwaige Schäden des Bauherrn (z.B. Behinderungskosten des Bauunternehmers aufgrund verzögerter Planungslieferungen) genießen grundsätzlich keinen Versichrungsschutz. Allerdings besteht die Ausnahme, dass mangelhafte Planungen, die wegen der Mangelhaftigkeit zu Zeitverzögerungen führen, in den Versicherungsschutz mit einbezogen sind, weil der Verstoß in der mangelhaften Planung liegt und der Zeitverzug nur eine Folge ist. Der Bauherr muss diesen Verzug beweisen und de facto ist dies nur bei Planlieferungsvereinbarungen eine relativ leichte Sache.

Die schon als üblich zu nennenden Verzögerungen im Bauablauf durch säumige Unternehmer lassen sich wesentlich schwerer in einen Verzugsvorwurf ummünzen.[181] Es muss in diesem Zusammenhang beachtet werden, dass die Möglichkeiten des objektüberwachenden Architekten, die Bauunternehmer in vereinbartem Umfang und zu den vereinbarten Zeiten zu einem vertragsgetreuen Ablauf zu veranlassen, beschränkt sind und sich in nachhaltigen Koordinierungen, Inverzugsetzungen und gegebenenfalls einer Empfehlung an den Bauherrn, den Vertrag wegen Leistungsverzugs der Bauunternehmer zu kündigen, erschöpfen. Einen automatischen Leistungsverzug durch verzögerte Leistungen der Bauunternehmer gibt es nicht.

Neben der kalendermäßigen Bestimmtheit einer Leistungszeit ersetzt nach der Schuldrechtsreform auch die bloße kalendermäßige Bestimmbarkeit der Leistungszeit die Mahnung, wenn der Leistung ein Ereignis vorauszugehen hat und eine angemessene Zeit für die Leistung in der Weise bestimmt ist, dass sie sich von dem Ereignis an nach dem Kalender berechnen lässt.

Eine Ausnahmeregelung enthält das Schuldrechtsreformgesetz auch für die Überleitung der Zinsvorschriften. An die Stelle des Basiszinssatzes nach dem Diskontsatz-Überleitungs-Gesetz vom 9.6.1998 trat seit 1.1.2002 der Basiszinssatz des § 247 BGB von anfangs 3,62% ab 1.1.2002 bis 30.6.2002.

BGB § 247 [Basiszinssatz]

(1) Der Basiszinssatz beträgt 3,62 Prozent. Er verlängert sich zum 1. Januar und 1. Juli eines jeden Jahres um die Prozentpunkte, um welche die Bezugsgröße seit der letzten Veränderung des Basiszinses gestiegen oder gefallen ist. Bezugsgröße ist der Zinssatz für die jüngste Hauptrefinanzierungsoperation der europäischen Zentralbank vor dem ersten Kalendertag des betreffenden Halbjahres.
(2) Die Deutsche Bundesbank gibt den geltenden Basiszinssatz unverzüglich nach den in Absatz 1 Satz 2 genannten Zeitpunkten im Bundesanzeiger bekannt.

Der Verzugszinssatz beträgt bei einem Verbraucher als Schuldner 5% über dem Basiszinssatz (§ 288 Abs. 1 BGB). In anderen Fällen beträgt er 8% über dem Basiszinssatz und zwar „für Entgeltforderungen" (§ 288 Abs. 2 BGB).

BGB § 288 Abs. 1 und 2 [Verzugszinsen]

(1) Eine Geldschuld ist während des Verzugs zu verzinsen. Der Verzugszinssatz beträgt für das Jahr fünf Prozentpunkte über dem Basissatz.
(2) Bei Rechtsgeschäften, an denen ein Verbraucher nicht beteiligt ist, beträgt der Zinssatz für Entgeltforderungen acht Prozentpunkte über dem Basiszinssatz.

[181] Neuenfeld, Architekt und Bauherr, 122.

Das ist für Honorarforderungen von Architekten, Ingenieuren und Projektsteuerern zu bejahen und gilt auch im Hinblick auf ihre Nebenforderungen.[182]

Organisationsverschulden

Nach einer Entscheidung des BGH[183] muss sich der Geschäftsherr unter Umständen besonders schwere Verstöße seines Arbeitnehmers zurechnen lassen. Begründet wird diese Zurechnung damit, dass aus einem solchen besonders schweren Verstoß auf ein arglistiges Verhalten des Arbeitnehmers geschlossen werden kann. Diese Arglist wiederum muss sich der Geschäftsherr dann zurechnen lassen, wenn seine Organisationsmängel diese Verhaltensweise des arglistigen Arbeitnehmers erst ermöglicht haben.

Damit stellt sich die Frage, welche Bedeutung diese Rechtsprechung für den Architektenvertrag hat, insbesondere im Hinblick auf eine Objektüberwachung. Wenn auch gerichtliche Entscheidungen noch ausstehen, zeigt eine Tendenz in der Fachliteratur, diese Grundsätze des BGH tatsächlich auch für die Architektenhaftung anzuwenden. Dies könnte bedeuten, dass eine falsche oder unzureichende Organisation der Baustelle durch den Architekten und damit einhergehende Nichtentdeckung gravierender Fehler den Schluss zulassen, dass hier Arglist vorliegt. Das zwingt zu einer sinnvollen Organisation der Baustelle - übrigens keine ungerechtfertigte Forderung - und damit zu einer besonders präzisen Dokumentation, denn diese gravierende Entwicklung bedeutet vor allem, dass der Architekt für Organisationsverschulden haftet.[184]

Gleiches gilt, wenn der Architekt in Kenntnis der Schadenszusammenhänge den Verdacht von sich abzulenken versucht, obgleich er verpflichtet wäre, auf seine Verantwortlichkeit oder jedenfalls Mitverantwortlichkeit aufmerksam zu machen.[185] Die Verjährung für ein Organisationsverschulden betrug nach altem Recht 30 Jahre; entsprechend der Neuregelung der regelmäßigen Verjährungsfrist des § 195 BGB beträgt sie nunmehr nur noch drei Jahre.

BGB § 195 [Regelmäßige Verjährungsfrist]
Die regelmäßige Verjährungsfrist beträgt drei Jahre.

Beweislastverteilung

Nach der ständigen Rechtsprechung des BGH[186] muss der geschädigte Bauherr die Tatbestandsvoraussetzungen für seine Schadensersatzansprüche beweisen. Vermutet wird zugunsten der Anspruchssituation des Bauherrn allein das Verschulden des Architekten.

---

182 Locher/Koeble/Frik, Einl., Rn 277.

183 BGH, BauR 1992, 500.

184 Neuenfeld, Architekt und Bauherr, 123f.

185 BGH, BauR 1987, 343.

186 BGH, BauR 1982, 514.

Gelingt das Vorbringen des Bauherr, kehrt sich die Beweislast um und der Architekt muss beweisen, dass ihn kein Verschulden trifft. Die Beweispflicht des Bauherrn für die objektive Mängelverursachung durch den Architekten bedeutet zunächst einmal, dass der Nachweis von Mängeln alleine nicht ausreicht. Vielmehr muss subjektiv in nachvollziehbarer, vom Architekten konkret bestreitbarer und vom Gericht im Wege der Beweisaufnahme überprüfbarer Weise dargetan werden, welche Pflichtverletzung der Architekt begangen haben soll.[187]

Diese Beweisführungspflicht sollte nicht mit überzogenen Anforderungen belastet werden, jedenfalls dann nicht, wenn der Bauherr ein Laie ist. Man würde ihn ansonsten zwingen, ein selbständiges Beweisverfahren einzuleiten, bei dem wiederum die Angabe der Beweistatsachen in groben Zügen ausreicht.[188] Er hat also im selbständigen Beweisverfahren weniger Anforderungen zu genügen als bei einer außergerichtlichen Auseinandersetzung. Die Umkehr der Beweislast im subjektiven Bereich bedeutet, dass der Architekt sein fehlendes Verschulden nachweisen muss, was begrifflich nur erforderlich wird, wenn von ihm Schadensersatz verlangt wird. Bei den Erfüllungsansprüchen kann die Umkehr der Beweislast nicht greifen. Bei Schadensersatzansprüchen greift sie deshalb, weil der Architekt näher am Sachverhalt ist. Daneben ist zu beachten, dass der Architekt dem Bauherrn eine rückhaltlose Aufklärung hinsichtlich eingetretener Schäden und hierfür Verantwortlicher schuldet.

Beruft sich der Architekt gegenüber dem Vorwurf, er habe den Bauherrn nicht genügend aufgeklärt, darauf, dass der durch seine Pflichtwidrigkeit verursachte Schaden auch in anderer Form eingetreten wäre, so trägt er die Beweislast für diese hypothetische Schadensverursachung.[189] Den Architekten trifft auch dafür die Beweislast, dass der Bauherr trotz Aufklärung an einer fehlerhaften Konstruktion festgehalten hätte.[190]

Gesamtschuld

Das Prinzip der Gesamtschuld

Bei auftretenden Baumängeln kommen in der Regel mehrere Verantwortliche in Betracht. Aus diesem Grunde spielt die Haftungsverteilung eine große Rolle. Der Gesetzgeber regelt dieses Problem über das Prinzip der Gesamtschuld (§§ 421 und 426 BGB).

BGB § 421 [Gesamtschuldner]

Schulden mehrere eine Leistung in der Weise, dass jeder die ganze Leistung zu bewirken verpflichtet, der Gläubiger aber die Leistung nur einmal zu fordern berechtigt ist (Gesamtschuldner), so kann der Gläubiger die Leistung nach seinem

[187] OLG Frankfurt, BauR 1991, 370.
[188] OLG Köln, BauR 1988, 241.
[189] OLG Hamm, MDR 1970, 751.
[190] BGH, WM 1971, 1271.

Belieben von jedem der Schuldner ganz oder zu einem Teile fordern. Bis zur Bewirkung der ganzen Leistung bleiben sämtliche Schuldner verpflichtet.

BGB § 426 [Ausgleichungspflicht der Gesamtschuldner]

(1) Die Gesamtschuldner sind im Verhältnisse zueinander zu gleichen Anteilen verpflichtet, soweit nicht ein anderes bestimmt ist. Kann von einem Gesamtschuldner der auf ihn entfallende Beitrag nicht erlangt werden, so ist der Ausfall von den übrigen zur Ausgleichung verpflichteten Schuldnern zu tragen.
(2) Soweit ein Gesamtschuldner den Gläubiger befriedigt und von den übrigen Schuldnern Ausgleichung verlangt werden kann, geht die Forderung des Gläubigers gegen die übrigen Schuldner auf ihn über. Der Übergang kann nicht zum Nachteile des Gläubigers geltend gemacht werden.

Inhalt dieses Gesamtschuldprinzips ist, dass im Falle des Vorhandenseins mehrerer Schädiger der auf Zahlung zunächst in Anspruch genommene Gesamtschuldner sich bei dem einen oder dem anderen Gesamtschuldner im Innenverhältnis die gezahlte Summe ganz oder teilweise zurückholen kann, entsprechend dem jeweiligen Grad der Verschuldensquote. Dieser Ausgleichsanspruch unterliegt der regelmäßigen Verjährung[191] und beträgt für die nach dem 1.1.2002 abgeschlossenen Verträge gemäß § 195 BGB drei Jahre.

Entscheidend für den Bauherrn ist, dass er sich im Falle einer Gesamtschuld des Architekten, des Bauunternehmers oder eines anderen Baubeteiligten frei denjenigen auswählen kann, von dem er seinen Schaden ersetzt verlangt. Der Inanspruchgenommene wiederum kann sich im Innenverhältnis, dass heißt, im Verhältnis zu den anderen Gesamtschuldnern die geleistete Schadenssumme ganz oder teilweise zurückholen – je nach Grad des Verschuldens der einzelnen Gesamtschuldner.

Zu dem gleichen Ergebnis gelangt man, wenn der Architekt oder einer der anderen Baubeteiligen eine unerlaubte Handlung begehen (z.B. Verletzung des Eigentums des Bauherrn oder ein Verstoß gegen ein Schutzgesetz zugunsten des Bauherrn). In diesen Fall ergibt sich das Gesamtschuldverhältnis aus § 840 BGB:

BGB § 840 Abs. 1 [Haftung mehrerer]

Sind für den aus einer unerlaubten Handlung entstehenden Schaden mehrere nebeneinander verantwortlich, so haften sie als Gesamtschuldner.

Eine gesamtschuldnerische Haftung trifft die einzelnen Schadensverursacher auch dann, wenn sie aus verschiedenen Rechtsgründen auf Schadensersatz haften (z.B. aus unerlaubter Handlung und aus positiver Vertragsverletzung).

---

[191] BGH, BauR 1971, 60.

Nun arbeiten viele Architekten innerhalb einer Arbeitsgemeinschaft mit Berufskollegen. Aus dieser Konstellation ergibt sich die Frage, wie sich eine haftungsverursachende Handlung des einen auf den Haftungsumfang der anderen Architekten dieser Arbeitsgemeinschaft auswirkt.

Grundsätzlich gilt: Jeder Architekt einer Architektengemeinschaft haftet persönlich unbeschränkt für Handlungen der jeweils anderen Architekten dieser Gemeinschaft. Die Architektengemeinschaft stellt eine Gesellschaft bürgerlichen Rechts dar. Die Mitglieder der Gemeinschaft können sich aber nicht darauf berufen, dass der jeweils handelnde Architekt von ihnen zu der Vertretung nicht bevollmächtigt gewesen sei. So entschied das OLG Oldenburg[192], dass mit dem Auftreten als Gesellschaft bürgerlichen Rechts die freiberuflichen Architekten zum Ausdruck bringen, dass jeder von ihnen umfassend bevollmächtigt ist, die jeweils anderen zu vertreten. Im konkreten Fall hatte ein Architekt der Architektengemeinschaft eine Herstellungskostengarantie gegenüber dem Bauherrn erklärt, die nicht eingehalten werden konnte. Der Bauherr hatte sämtliche Architekten der Gemeinschaft klageweise in Anspruch genommen und aus den vorgenannten Gründen obsiegt.

Das Prinzip der Gesamtschuld betrifft das Haftungsfeld zwischen Architekt und Bauunternehmer sowie zwischen Architekt und Fachplaner.

Die Haftung zwischen Architekt und Bauunternehmer

Die Haftungsverteilung zwischen Architekt und Bauunternehmer stellt sich in zwei Fällen, auf die Neuenfeld[193] zuletzt hinwies:

- Fallkonstellation: Ausführung nach fehlerhaften Plänen

Der Architekt begeht einen technischen Planungsfehler Der Bauunternehmer bemerkt und rügt diesen Fehler nicht, obwohl er dazu verpflichtet gewesen wäre.
Faustformel: Es besteht eine Haftungsquote von jeweils 50 %. Allerdings können die Haftungsquoten im Einzelfall durchaus davon abweichen.

- Fallkonstellation: Fehlerhafte Ausführung und mangelhafte Objektüberwachung

Der Bauunternehmer begeht einen Ausführungsfehler. Der Architekt übersieht den Fehler bei seiner Objektüberwachung.
Faustformel: Es besteht eine Haftung des Bauunternehmers zu 100 %, weil letztlich immer der den Schaden trägt, der den Fehler verursacht hat, und nicht derjenige, der ihn nicht festgestellt hat. [194]

---

[192] OLG Oldenburg, Urteil vom 31.5. 1995 - 2 U 63/93.

[193] Neuenfeld, Die Haftungsverteilung zwischen Unternehmer, Architekt und Fachplaner, Wirtschaftsdienst für Ingenieure und Architekten 8/2001, 12-14 (12-13).

[194] BGH, NJW 1971, 752; OLG Düsseldorf, BauR 1984, 201.

Die Haftung zwischen Architekt und Fachingenieur

In der Praxis häufen sich die Fälle, in denen bei der Mängelverantwortlichkeit zwischen Architekten und Fachplanern gestritten wird. Zu beachten ist, dass der Architekt grundsätzlich nicht über das Spezialwissen eines Fachingenieurs verfügen muss. Letzterer wurde ja gerade deswegen eingeschaltet, um das Generalwissen des Architekten im Fachbereich zu ergänzen. Klaus Neuenfeld[195] wies auf sieben Fallkonstellationen, die dennoch zu einer juristischen Verantwortlichkeit des Architekten gegenüber dem Bauherrn führen können:

- Fallkonstellation: Architekt unterlässt Einschaltung des Fachingenieurs

Der Architekt schaltet keinen Ingenieur ein, weil er glaubt, das Problem selber lösen zu können.

- Fallkonstellation: Architekt beauftragt ungeeigneten Fachplaner

Der Architekt wählt einen Ingenieur aus, der dessen Nichteignung für den konkreten Fall hätte bekannt sein müssen bzw. während der Bauausführung hätte bekannt werden müssen.

- Fallkonstellation: Architekt liefert Fachplaner unzureichende Pläne

Der Architekt liefert den Ingenieuren für deren Planung unzureichende Planungsdaten, die ihm auch später nicht mehr auffallen.

- Fallkonstellation: Der Architekt unterlässt Prüfung der Tatbestandsprämissen

Der Architekt unterlässt es, die Tatbestandsprämissen der Fachpläne der Ingenieure zu überprüfen.

- Fallkonstellation: Fehlerhafte Übernahme der Fachplanungen

Der Architekt versäumt es, die Fachplanungen korrekt umzusetzen.

- Fallkonstellation: Diskrepanz zum Wissen des gestandenen Architekten

Dem Architekten fallen Mängel bei der Fachplanung nicht auf, die einem erfahrenen Architekten hätten auffallen müssen.

- Fallkonstellation: Mangelhafte Fachplaner-Koordination des Architekten

[195] Neuenfeld, Die Haftungsverteilung zwischen Unternehmer, Architekt und Fachplaner, Wirtschaftsdienst für Ingenieure und Architekten 8/2001, 12-14 (13-14).

Der Architekt koordiniert und überwacht die Sonderfachleute auf der Baustelle nicht oder nicht umfassend genug.

Im Innenverhältnis zwischen Architekt und Fachingenieur aber gilt, dass dem Fachingenieur aufgrund der Dominanz auf seinem Gebiet eine Regressquote von 100% trifft.

Haftungsausschlussklausel bei Planabweichung

Oftmals kommt es vor, das die Planung des Architekten in Übereinstimmung mit den Wünschen des Bauherrn ein Abweichen von den allgemein gültigen Regeln der Technik bzw. der DIN-Normen vorsehen. Um sich haftungsrechtlich für diese Abweichungen abzusichern, sollte der Architekt auf eine schriftliche Fixierung bestehen. In der Literatur[196] wird daher die Vereinbarung der unter Nr. 2 wiedergegebenen Klausel vorgeschlagen. Dieser oben angegebene Formulierungsvorschlag muss allerdings individuell angepasst werden. Zudem sollte die Entscheidung über die Planabweichung ebenfalls schriftlich mittels Unterschrift beider Parteien im Protokoll erfolgen.

Verjährung

Die Überleitungsvorschrift zum Verjährungsrecht (Art 229 EGBGB § 6) regelt im Gegensatz zu der allgemeinen Überleitungsvorschrift der Schuldrechtsreform, dass die Regelungen, die seit dem 1.1.2002 gelten, auf die an diesem Tag bestehenden und noch nicht verjährten Ansprüche Anwendung finden. Infolgedessen richten sich die Verjährungsvorschriften nach altem Recht. Das bedeutet, dass für den Beginn, die Hemmung, die Ablaufhemmung und den Neubeginn der Verjährung ebenfalls die vor dem 1.1.2002 geltenden Regelungen maßgebend sind, wenn der entsprechende Sachverhalt vor dem Stichtag eingetreten ist. Zweigeteilt ist die Situation für Ereignisse, die nach dem 31.12.2001 eingetreten sind.

Im Hinblick auf die Hemmung und die Ablaufhemmung findet das neue Recht Anwendung, während für die Fiktion der Unterbrechung der Verjährung zugunsten des Gläubigers das BGB in der früheren Fassung anzuwenden ist (Art. 229 EGBGB § 6 Abs. 1 S.3).

Eine weitere Besonderheit gilt auch für diejenigen Fälle, in denen statt der früheren Unterbrechung der Verjährung heute eine Hemmung vorgesehen ist. Das betrifft zum Beispiel Klage und den Mahnbescheid sowie das selbständige Beweisverfahren. Wenn hier die Unterbrechung zum Stichtag noch nicht beendigt ist, gilt sie als beendet und gehemmt. Sobald diese Hemmung dann beendet ist, greift die Ablaufhemmung und endet nach 6 Monaten (Art. 229 EGBGB § 6 Abs. 2 i.V.m. § 204 Abs. 2 BGB n.F.). Für Altverträge gilt, dass das alte Recht gilt, sofern dessen Verjährungsfrist kürzer ist, als nach dem neuen Recht. Ist dagegen die Verjährung nach neuem Recht kürzer, dann gilt das neue Recht, allerdings wird

---

[196] Siemon, Vertragsklauseln zur Verminderung des Haftungsrisikos im Bereich Baumängel, Wirtschaftsdienst für Ingenieure und Architekten 9/2001, 12-13 (13).

die Frist erst ab dem 1.1.2002 berechnet. Wenn dann die Verjährungsfrist nach altem Recht früher abläuft, so ist diese maßgebend.

Die Ansprüche des Bauherrn gegen den Architekten aus Pflichtverletzung verjähren gemäß § 634a Abs. 1 Nr. 2 BGB (entspricht § 638 Abs. 1 BGB a.F.) in 5 Jahren.

BGB § 634a [Verjährung der Mängelansprüche]

(1) Die in § 634 Nr. 1, 2 und 4 bezeichneten Ansprüche verjähren 1. vorbehaltlich der Nummer 2 in zwei Jahren bei einem Werk, dessen Erfolg in der Herstellung, Wartung oder Veränderung einer Sache oder in der Erbringung von Planungs- oder Überwachungsleistungen hierfür besteht, 2. in fünf Jahren bei einem Bauwerk und einem Werk, dessen Erfolg in der Erbringung von Planungs- oder Überwachungsleistungen hierfür besteht, und 3. im Übrigen in der regelmäßigen Verjährungsfrist.

(2) Die Verjährung beginnt in den Fällen des Absatzes 1 Nr. 1 und 2 mit der Abnahme.

(3) Abweichend von Absatz 1 Nr. 1 und 2 und Absatz 2 verjähren die Ansprüche in der regelmäßigen Verjährungsfrist, wenn der Unternehmer den Mangel arglistig verschwiegen hat. Im Fall des Absatzes 1 Nr. 2 tritt die Verjährung jedoch nicht vor Ablauf der dort bestimmten Frist ein.

(4) Für das in § 634 bezeichnete Rücktrittsrecht gilt § 218. Der Besteller kann trotz einer Unwirksamkeit des Rücktritts nach § 218 Abs. 1 die Zahlung der Vergütung insoweit verweigern, als er auf Grund des Rücktritts dazu berechtigt sein würde. Macht er von diesem Recht Gebrauch, kann der Unternehmer vom Vertrag zurücktreten.

(5) Auf das in § 634 bezeichnete Minderungsrecht finden § 218 und Absatz 4 Satz 2 entsprechende Anwendung.

Die Planungsleistungen eines Architekten und/oder die ihm übertragene Bauleitung sind werkvertragliche Leistungen, die auf ein Bauwerk bezogen sind. Werden diese Leistungen mangelhaft erbracht, verjähren die Rechte des Bauherrn (Bestellers) auf Nacherfüllung, Selbstvornahme, Schadensersatz oder Ersatz vergeblicher Aufwendungen parallel zu den Gewährleistungsansprüchen aus der Herstellung des Bauwerks selbst – in fünf Jahren, beginnend mit der jeweiligen Abnahme.

Der Begriff des Bauwerkes ist nicht gesetzlich definiert. Er ist weiter als der des Gebäudes, da sowohl Hoch- als auch Tiefbau umfasst werden. Wesentlich ist die grundstücksbezogene Herstellung einer unbeweglichen Sache durch Verwendung von Arbeit und Material.[197]

Der BGH[198] fasste bislang alle Verkürzungen dieser Frist in Formularverträgen unter Hinweis auf den bis zum 31.12.2001 geltenden § 11 Nr. 10 f AGBG als nichtig auf. An dieser Auffassung wird festzuhalten sein, da nunmehr der neuge-

[197] Marx/Wenglorz, 78.

[198] Vgl. BGH, BauR 1987, 113.

fasste § 309 Nr. 8 b (ff) BGB an die Stelle des § 11 Nr. 10 f AGB-Gesetz getreten ist:

BGB § 309 Nr. 8 b (ff) [Klauselverbote ohne Wertungsmöglichkeit]
Auch soweit eine Abweichung von den gesetzlichen Vorschriften zulässig ist, ist in Allgemeinen Geschäftsbedingungen unwirksam 8. b (Mängel) eine Bestimmung, durch die bei Verträgen über Lieferung neu hergestellter Sachen und über Werkleistungen (ff) (Erleichterung der Verjährung) die Verjährung von Ansprüchen gegen den Verwender wegen eines Mangels in den Fällen des § 438 Abs. 1 Nr. 2 und des § 634a Abs. 1 Nr. 2 erleichtert oder in den sonstigen Fällen eine weniger als ein Jahr betragende Verjährungsfrist ab dem gesetzlichen Verjährungsbeginn erreicht wird; dies gilt nicht für Verträge, in die Teil B der Verdingungsordnung für Bauleistungen insgesamt einbezogen ist;

Die Verjährung beginnt mit der Abnahme des Architektenwerkes gemäß § 634a Abs. 2 BGB, aber nicht vor dessen Beendigung. Zudem ist zu unterscheiden:

- Bei allen Leistungen bis Leistungsphase 8 beginnt der Fristenlauf mit der Abnahme der letzten Leistung bzw. dem Zeitpunkt, an dem die Parteien das Auftragsverhältnis als beendet ansehen.
- Wenn auch noch die Leistungsphase 9 vereinbart wurde, beginnt der Fristenlauf erst, wenn zuvor sämtliche Teilleistungen des Architekten erbracht wurden und auch die letzte Gewährleistungsfrist aller beteiligten Bauhandwerker abgelaufen ist.[199] Dabei wird konsequenterweise von der Rechtsprechung[200] angenommen, dass etwaige Teilabnahmen wegen unwirksamer Verkürzung der gesetzlichen Verjährungsfristen unwirksam sind. Um den späten Beginn der Verjährung in diesem Fall zu vermeiden, regte das OLG Köln an, dass sich der Architekt (zuvor) um eine gesonderte Vereinbarung für die Leistungsphase 9 bemühen sollte; entweder durch einen eigenständigen Vertrag oder durch Vereinbarung über eine Teilabnahme nach Leistungsphase 8.

Wann das Architektenwerk abgenommen ist, muss aus den Umständen ermittelt werden. Förmliche oder ausdrückliche Abnahmen sind zwar nicht die Regel, aber letztlich - wie im Mustertext dargelegt - zu empfehlen: Da die Architektenleistung zudem meist als werkvertragliche Leistung einzuordnen ist, kann ihre förmliche und ausdrückliche Abnahme auch nicht verweigert werden. Nimmt man sie vor,

[199] BGH, NJW 1994, 1277, OLG Hamm, IBR 1995, 171.
[200] BGH, NJW 1994, 1277; OLG Schleswig, BauR 2001, 1286.

stellen sich auch keine Probleme hinsichtlich des Beginns der Verjährungsfrist; ansonsten hat man hier sehr oft eine Indizienforschung vorzunehmen, wann denn nun der Fristenlauf beginnt.

Von rechtlicher Pikanz ist auch der Umstand, dass der Architekt eine Pflicht zur Aufklärung über Ansprüche gegen sich selbst trifft. Der Architekt muss also prüfen, ob eine eigene Pflichtverletzung vorliegt und den Bauherrn gegebenenfalls darauf hinweisen. Unterlässt er einen solchen Hinweis, kann er sich hinterher nicht auf Verjährung berufen.[201]

Beispiel:
Ein Bauherr hatte gegen ein ausführendes Unternehmen wegen mangelhafter Leistungen geklagt. Im Verlaufe des Rechtsstreits stellte sich heraus, dass die Mangelhaftigkeit auf die fehlerhafte Leistung eines anderen Unternehmens zurückzuführen war. Der Bauherr hatte nach Vorliegen des Mangels den Architekten in die Auseinandersetzung mit einbezogen und verklagt nun den Architekten auf Schadensersatz, weil dieser ihn nicht hinreichend beraten habe. Er habe insbesondere nicht darauf hingewiesen, dass hier auch ein Anspruch gegen ihn selbst bestünde aus fehlerhafter Bauüberwachung. Das OLG München gab der Klage statt und verurteilte den Architekten nicht nur zur Zahlung der Mängelbeseitigungskosten, sondern auch der Kosten des vorangegangenen Rechtsstreits.[202]

Die Hinweispflicht ergibt sich für den Architekten auch dann, wenn er nicht umfassend beauftragt worden ist.[203]

Was aber geschieht, wenn sich der Architekt auf den Ablauf der Verjährung beruft, obwohl er selber es vor Ablauf der Frist pflichtwidrig unterlassen hat, die Ursachen der vom Bauherrn gerügten Mängel objektiv zu klären?

Das OLG Düsseldorf[204] entschied hierzu, dass sich der Architekt nicht auf Verjährung berufen könne. Dem umfassend beauftragten Architekten obliege auch nach Beendigung seiner eigentlichen Tätigkeit im Rahmen seiner Betreuungsaufgaben nicht nur die Wahrung der Auftraggeberrechte gegenüber den Bauunternehmern, sondern auch und zunächst die objektive Klärung der Mängelursachen, selbst wenn zu diesen eigene Planungs- oder Aufsichtsfehler gehören. Er schulde der Architekt eine unverzügliche und umfassende Ursachenaufklärung und ihrer tatsächlichen und rechtlichen Folgen. Ein Unterlassen dieser Untersuchung und Beratung begründe einen weiteren Schadensersatzanspruch dahin, dass die Verjährung der gegen den Architekten gerichteten Gewährleistungs- und Schadensersatzansprüche als nicht eingetreten gelte.

Beispiel:
Der Bauherr glaubt einen Baumangel entdeckt zu haben. Er wendet sich an den Architekten und bittet diesen um eine Überprüfung. Der Architekt könnte dazu neigen - sollte sich tatsächlich ein Baumangel feststellen lassen - den Fehler eher beim ausführenden Bau-

---

[201] BGH, BauR 1986, 112.
[202] OLG München, IBR 2000, 614.
[203] BGH, BauR 1996, 418.
[204] OLG Düsseldorf, BauR 2001, 673 unter Hinweis auf BGHZ 71, 144, 148f.; BGHZ 92, 251, 258.

unternehmer oder einem anderen am Bau Beteiligten zu suchen und den Bauherrn auffordern, gegen den Dritten vorzugehen.

Meistens ergibt sich dann während des Prozesses die (Mit-) Verantwortung des Architekten. Gegebenenfalls kann der Bauherr nunmehr Ansprüche gegen den Architekten geltend machen. Dem Architekten kann der Einwand entgegengehalten werden, dass er sich infolge eines arglistigen Verschweigens seiner Mitverursachung am Baumangel nicht auf Verjährung berufen darf. Hierin liegt ansonsten ein Verstoß gegen Treu und Glauben gemäß § 242 BGB.

BGB § 242 [Leistung nach Treu und Glauben]

Der Schuldner ist verpflichtet, die Leistung so zu bewirken, wie Treu und Glauben mit Rücksicht auf die Verkehrssitte es erfordern.

Das kann auch dann vorliegen, wenn der Architekt die Überwachung der Bauleistung nicht richtig organisiert hat und dadurch schwerwiegende Ausführungsfehler übersehen hat.[205]

Aus den dargestellten Gründen greift die Verjährungseinrede des Architekten in der Praxis nur selten.

Die Verkürzung der Gewährleistungsfristen ist im übrigen auch bei Verträgen zwischen Architekten und Vollkaufleuten nicht möglich. So entschied der BGH[206], das die Gewährleistungsfristen – etwa analog über VOB – nicht auf zwei Jahre wirksam zu reduzieren sind. Etwaige Vereinbarungen seien unwirksam, da sie gegen § 9 AGB-Gesetz verstießen. Anstelle dieser Norm ist der im wesentlichen inhaltsgleiche § 307 BGB getreten. Die Auffassung des BGH wird daher auch weiterhin zu beachten sein.

Ohne eine spezielle vertragliche Regelung würde eine einheitliche Verjährung der Ansprüche mit Abschluss der letzten Leistungsphase beginnen. Eine Abkopplung durch Teilabnahmen vorheriger Leistungsphasen ist zum einen zulässig, zum anderen empfehlenswert.

Wird der Architekt als Gesamtschuldner in Anspruch genommen, so unterliegt der Ausgleichanspruch gegenüber den anderen Gesamtschuldnern der regelmäßigen Verjährung[207], die seit dem 1.1.2002 gemäß § 195 BGB drei Jahre beträgt.

Was aber geschieht, wenn es bereits im Planungsstadium zur Kündigung des Architektenvertrages kommt und es deshalb an einer Abnahme fehlt? Das OLG Stuttgart[208] entschied: Wenn die Parteien den Vertrag vorzeitig durch Kündigung beendet haben, beginnt die Verjährungsfrist schon im Zeitpunkt der Kündigung zu laufen und nicht erst im Zusammenhang mit der Fertigstellung des Bauvorhabens.

---

[205] OLG Celle, NJW-RR 1995, 1486.
[206] BGH, Urteil vom 03.12.1998 -VII ZR 109/97.
[207] BGH, BauR 1971, 60.
[208] OLG Stuttgart, Urteil vom 30.03.1987 -12 W 10/87.

2.12 Aufbewahrungspflichten

§ 12 Aufbewahrungspflichten

Der Bauherr kann verlangen, dass nach Beendigung der Gesamtleistungen des Architekten und dem Ausgleich aller Honoraransprüche, dass ihm die genehmigten Bauvorlagen, Pausen der Originalzeichnungen und sonstige Unterlagen ausgehändigt werden. Die Aufbewahrungsfrist des Architekten für sämtliche Unterlagen beträgt zehn Jahre nach Abnahme der letzten von ihm erbrachten Leistung. Nach Ablauf dieser Aufbewahrungsfrist verpflichtet sich der Architekt, dem Bauherrn die Unterlagen anzubieten. Für den Fall, dass der Bauherr die Annahme der Unterlagen verweigert oder ablehnt, darf der Architekt die Unterlagen vernichten. Unberührt von dieser Regelung bleiben steuerliche Aufbewahrungsfristen.

Die hier geregelte Aushändigungspflicht bezieht sich auf:

- genehmigte Bauvorlagen,
- Pausen von Originalzeichnungen,
- Originalzeichnungen selber und
- sonstige Originaldokumente.

Die bei einigen Leistungsphasen des § 15 HOAI dem Architekten abverlangte Dokumentation seiner Leistungen innerhalb der abgeschlossenen Leistungsphase wäre auch im Streitfall ein hervorragendes Beweismittel, weil in dieser Dokumentation alles aufgeführt sein sollte, was der Architekt innerhalb der Leistungsphase getan hat.

Die Rechtsordnung kennt keine Verjährungsfrist des Aushändigungsanspruchs; wohl dagegen aber z.B. zehnjährige Aufbewahrungspflichten, die naturgemäß mit Aushändigungspflichten korrespondieren müssten. Dem trägt die hier vorgeschlagene Regelung Rechnung und veranschlagt demzufolge auch eine Aushändigungspflicht von zehn Jahren. Eine solche Frist erscheint ausreichend genug für beide Seiten, auf eventuelle Schwierigkeiten im Zusammenhang mit der Bauleistung mit Belegen auseinandersetzen zu können.

Das Anbieten der Unterlagen erfolgt zweckmäßigerweise in der Form, dass der Architekt nicht pauschal seine Akten anbietet, sondern in einer Liste aufführt, welche Unterlagen sich noch bei ihm befinden, die der Bauherr nicht in seinem Besitz haben kann. Auf das Anschreiben des Architekten sollte der Bauherr schnellstmöglich reagieren, wenn er mehr als jene in der Liste aufgeführten Unterlagen haben möchte.

2.13 Honorarkürzung

§ 13 Honorarkürzung

Erbringt der Architekt einzelne zentrale Grundleistungen, wie auch vereinbarte einzelne Teilleistungen gem. § 15 HOAI nicht, erfolgt - sofern dem Bauherr kein weitergehender Schaden entstanden ist - eine angemessene Reduzierung des Honorars.

In der Rechtsprechung der Oberlandesgerichte setzt sich mehr und mehr die Auffassung durch, dass bei Nichterbringung sogenannter zentraler Grundleistungen Honorarabzüge zulässig sind.[209] Was aber sind die einzelnen zentralen Grundleistungen? Hier ist zunächst eine begriffliche und inhaltliche Abgrenzung vorzunehmen gegenüber der Auflistung der einzelnen Teilleistungen in § 15 HOAI, da diese gem. § 2 Abs. 2 HOAI nur diejenigen Leistungen darstellen, die zu einer ordnungsgemäßen Erfüllung des Auftrages durch den Architekten ohnehin notwendig sind.

HOAI § 2 Abs. 2 [Leistungen]

Grundleistungen umfassen die Leistungen, die zur ordnungsgemäßen Erfüllung eines Auftrags im allgemeinen erforderlich sind. sachlich zusammengehörige Grundleistungen sind zu jeweils in sich abgeschlossenen Leistungsphasen zusammengefasst.

Die einzelnen Teilleistungen des § 15 HOAI fallen damit nicht unter die Einordnung der „zentralen" Grundleistungen. Welche aber sind das? Da der Gesetzgeber schweigt, hat die Rechtsprechung in einzelnen Fällen über die Qualifizierung der „zentralen Leistungen" entscheiden müssen. Es ergab sich folgendes Bild:

Leistungsphase 1 = keine

Leistungsphase 2 = 1) Erarbeiten eines Planungskonzepts mit Varianten[210]

2.) Kostenschätzung nach DIN 276[211]

Leistungsphase 3 = 1.) Objektentwurf[212]

2.) Kostenberechnung nach DIN 276[213]

---

[209] OLG Hamm, NJW-RR 1990, 522; OLG Celle, BauR 1991, 371; OLG Düsseldorf, BauR 1994, 133.

[210] Motzke/Wolff, Praxis der HOAI, München ^{2}1995, 185.

[211] OLG Karlsruhe, BauR 1993, 109.

[212] OLG Düsseldorf, BauR 1994, 133 – Ausnahme hier: Alternative Vornahme einer umfangreichen Bauteilkostenberechnung.

Leistungsphase 4 = Erarbeiten der Vorlagen[214]

Leistungsphase 5 = Zeichnerische Objektdarstellung[215]

Leistungsphase 6 = 1.) Ermitteln und Zusammenstellen von Mengen[216]

2.) Aufstellen von Leistungsbeschreibungen[217]

Leistungsphase 7 = Zusammenstellung von Verdingungsunterlagen, Einholen Von Angeboten, Prüfen der Angebote, Auflistung eines Preisspiegels, Kostenanschlag nach DIN 276 (Kostenvergleich).[218]

Leistungsphase 8 = 1.)Überwachung der Bauausführung[219]

2.) Kostenfeststellung[220]

Leistungsphase 9 = Überwachung der Mängelbeseitigung[221]

In Einzelfällen können weitere zentrale Leistungen hinzukommen.

Wie viel kann aber vom Honorar gekürzt werden? Der Umfang der Honorarkürzung lässt sich nicht allgemein für jede einzelne Leistung festlegen, da jeder dieser zentralen Leistungen bei jedem Bauprojekt ein anderer Schwerpunkt zukommen kann. Es existiert keine gesicherte Regelung über die Bewertung von Teilleistungen. In der Praxis wird häufig auf die Steinfurt-Tabelle[222] zurückgegriffen. Diese ist 1976 oder 1977 ohne das Vorhandensein von Bewertungsgrundlagen aus der Sicht von Bauämtern entstanden, die gar nicht beurteilen können, welcher Aufwand in einem freien Architekturbüro mit den einzelnen Leistungsteilen verbunden ist. Empfehlenswerter ist es, dass die Parteien von vornherein einen festen Prozentsatz vereinbaren, der bei Fehlen einzelner Leistungen – ob nun zentrale oder nicht zentrale Grundleistung - vom Honorar abgezogen wird. Dabei bleibt jedoch das Grundproblem bestehen, dass der sachunkundige Bauherr mit dem Architekten einen Bewertungsmaßstab festlegen muss.

[213] OLG Hamm, BauR 1994, 793 = NJW-RR 1994, 982.

[214] Motzke/Wolff, 185.

[215] Ebd.

[216] Ebd.

[217] Ebd.

[218] Ebd.

[219] Ebd.

[220] Ebd.

[221] Ebd.

[222] »Der Gemeindehaushalt«, Nr. 11/1980.

Wie aber soll dieser Bewertungsmaßstab aussehen? Inzwischen hat die baurechtliche Literatur praktikable Tabellen vorgelegt[223], auf die hiermit verwiesen wird. Trotz aller Bedenken bei der Handhabung solcher Tabellen, können sie nützliche Orientierungshilfen darstellen, um als Basis einer Vereinbarung zwischen Bauherr und Architekt zu dienen. Als Regelungsvorgabe sei vorliegend die Tabelle von Hesse/Korbion/Mantscheff/Vygen[224] wiedergegeben:

Tabelle 1. Bewertung der einzelnen Grundleistungen von Gebäuden

		v.H.
1	**Grundlagenermittlung**	
1.1.	Klären der Aufgabenstellung	0,4-0,8
1.2.	Beraten zum gesamten Leistungsbedarf	1,0-2,0
1.3.	Formulieren von Entscheidungshilfen für die Auswahl anderer an der Planung fachlich Beteiligter	0,3-0,5
1.4.	Zusammenfassen der Ergebnisse	0,5
	Volle Leistung	3
2.	**Vorplanung (Projekt- und Planungsvorbereitung)**	
2.1.	Analyse der Grundlagen	0,1
2.2.	Abstimmen der Zielvorstellungen (Randbedingungen, Zielkonflikte)	0,2
2.3.	Aufstellen eines planbezogenen Zielkatalogs (Programmziele)	0,1
2.4.	Erarbeiten eines Planungskonzepts einschließlich Untersuchung der Alternativen Lösungsmöglichkeiten nach gleichen Anforderungen mit zeichnerischer Darstellung, Strichskizzen, gegebenenfalls mit erläutern den Angaben	3,0-4,0
2.5.	Integrieren der Leistungen anderer an der Planung fachlich Beteiligter	0,2
2.6.	Klären und Erläutern der wesentlichen städtebaulichen, gestalterischen, funktionalen, technischen, bauphysikalischen, wirtschaftlichen (z.B. hinsichtlich rationeller Energieverwendung), biologischen und ökologischen und ökologischen Zusammenhänge, Vorgänge und Bedingungen	0,7-1,2
2.7.	Vorverhandlungen mit Behörden und anderen an der Planung fachlich Beteiligten über die Genehmigungsfähigkeit	0,5-1,0
2.8.	entfällt (nur bei Freianlagen)	
2.9.	Kostenschätzung nach DIN 276 oder nach dem wohnungsrechtlichen Berechnungsrecht	1
2.10.	Zusammenstellen aller Vorplanungsergebnisse	0,2

[223] Hesse/Korbion/Mantscheff/Vygen, § 5 Rn. 32b; Pott/Dahlhoff/Kniffka, Kommentar zur HOAI, Essen [7]1996, Anhang III, S. 972ff.

[224] Hesse/Korbion/Mantscheff/Vygen, § 5 Rn. 32b.

	Volle Leistung	7
3.	**Entwurfsplanung (System- und Integrationsplanung)**	
3.1.	Durcharbeiten des Planungskonzepts (stufenweise Erarbeitung einer zeichnerischen Lösung) unter Berücksichtigung städtebaulicher, gestalterischer, funktionaler, technischer, bauphysikalischer, wirtschaftlicher, energiewirtschaftlicher (z.B. hinsichtlich rationeller Energieverwendung), biologischer und ökologischer Anforderungen unter Verwendung der Beiträge anderer an der Planung fachlich Beteiligter bis Zum vollständigen Entwurf	1,5-2,5
3.2.	Integrieren der Leistungen anderer an der Planung Fachlich Beteiligter	0,2-0,5
3.3.	Objektbeschreibung	0,2
3.4.	Zeichnerische Darstellung des Gesamtentwurfs, zum Beispiel durchgearbeitete, vollständige Vorentwurfs- Und/oder Entwurfszeichnung (Maßstab nach Art und Größe des Bauvorhabens), gegebenenfalls auch Detailpläne mehrfach wiederkehrender Raumgruppen	5,0-6,0
3.5.	Verhandlungen mit Behörden und anderen an der Planung fachlich Beteiligten über die Genehmigungsfähigkeit	0,5-1,0
3.6.	Kostenberechnung nach DIN 276 oder nach dem Wohnungsrechtlichen Berechnungsrecht	1,5
3.7.	Kostenkontrolle durch Vergleich der Kostenberechnung mit der Kostenschätzung	0,5
3.8.	Zusammenfassung aller Entwurfsunterlagen	0,2
	Volle Leistung	11
4.	**Genehmigungsplanung**	
4.1.	Erarbeiten der Vorlagen für die nach den öffentlich-rechtlichen Vorschriften erforderlichen Genehmigungen Oder Zustimmungen einschließlich der Anträge auf Ausnahmen und Befreiungen unter Verwendung der Beiträge anderer an der Planung fachlich Beteiligter Sowie noch notwendiger Verhandlungen mit Behörden	5
4.2.	Einreichen dieser Unterlagen	0,2
4.3.	Vervollständigen und Anpassen der Planungsunterlagen, Beschreibungen und Berechnungen unter Verwendung der Beiträge anderer an der Planung fachlich Beteiligter	0,8
4.4.	Entfällt	
	Volle Leistung	6
5.	**Ausführungsplanung**	
5.1.	Durcharbeiten der Ergebnisse der Leistungsphasen 3 und 4 (stufenweise Erarbeitung und Darstellung der Lösung) unter Berücksichtigung städtebaulicher, gestalterischer,	

	funktionaler, technischer, bauphysikalischer, wirtschaftlicher (z.B. hinsichtlich rationeller Energieverwendung), biologischer und ökologischer Anforderungen unter Verwendung der Beiträge anderer an der Planung fachlich Beteiligter bis zur ausführungsreifen Lösung	4,0-7,0
5.2.	Zeichnerische Darstellung des Objekts mit allen für die Ausführung notwendigen Einzelangaben, zum Beispiel endgültige, vollständige Aus führungs-, Detail- und Konstruktionszeichnungen im Maßstab 1:50 bis 1:1, mit den erforderlichen textlichen Ausführungen	15,0-16,0
5.3.	Entfällt	
5.4.	Erarbeiten der Grundlagen für die anderen an der Planung fachlich Beteiligten und Integrierung ihrer Beiträge bis zur ausführungsreifen Lösung	2,0-3,0
5.5.	Fortschreiten der Ausführungsplanung während der Objektausführung	1,0-2,0
	Volle Leistung	25
6.	**Vorbereitung der Vergabe**	
6.1.	Ermitteln und Zusammenstellen von Mengen als Grundlage für das Aufstellen von Leistungsbeschreibungen unter Verwendung der Beiträge anderer an der Planung fachlich Beteiligter	3,0-3,5
6.2.	Aufstellen von Leistungsbeschreibungen mit Leistungsverzeichnissen nach Leistungsbeschreibungen der an der Planung fachlich Beteiligten	0,5-1,0
6.3.	Abstimmen und Koordinieren der Leistungsbeschreibungen der an der Planung fachlich Beteiligten	0,5-1,0
	Volle Leistung	10
7.	**Mitwirkung bei der Vergabe**	
7.1.	Zusammenstellen der Verdingungsunterlagen für alle Leistungsbereiche	0,2
7.2.	Einholen von Angeboten	0,1
7.3.	Prüfen und Werten der Angebote einschließlich Aufstellen eines Preisspiegels nach Teilleistungen unter Mitwirkung aller während der Leistungsphasen 6 und 7 fachlich Beteiligten	1,5
7.4.	Abstimmen und Zusammenstellen der Leistungen der fachlich Beteiligter	0,2
7.5.	Verhandlung mit Bietern	0,5
7.6.	Kostenanschlag nach DIN 276 aus Einheits- oder Pauschalpreisen der Angebote	0,5
7.7.	Kostenkontrolle durch Vergleich des Kostenanschlags mit der Kostenberechnung	0,5
7.8.	Mitwirken bei der Auftragserteilung	0,5

	Volle Leistung	4
8.	**Objektüberwachung (Bauüberwachung)**	
8.1.	Überwachen der Ausführung des Objekts auf Übereinstimmung mit der Baugenehmigung oder Zustimmung, den Ausführungsplänen und den Leistungsbeschreibungen sowie mit den allgemein anerkannten Regeln der Technik und den einschlägigen Vorschriften	16
8.2.	Koordinieren der an der Objektüberwachung fachlich Beteiligten	0,8-1,2
8.3.	Überwachung und Detailkorrektur von Fertigteilen	0,1-0,3
8.4.	Aufstellen und Überwachen eines Zeitplanes (Balkendiagramm)	0,6-1,0
8.5.	Führen eines Bautagebuches	0,5
8.6.	Gemeinsames Aufmaß mit den bauausführenden Unternehmen	2,5
8.7.	Abnahme der Bauleistungen unter Mitwirkung anderer an der Planung und Objektüberwachung fachlich Beteiligter unter Feststellung von Mängeln	1,6-2,0
8.8.	Rechnungsprüfung	3,6-4,0
8.9.	Kostenfeststellung nach DIN 276 oder nach dem wohnungsrechtlichen Berechnungsrecht	1
8.10.	Antrag auf behördliche Abnahme und Teilabnahme daran	0,4
8.11.	Übergabe des Objekts einschließlich Zusammenstellung und Übergabe der erforderlichen Unterlagen, zum Beispiel Bedienungsanleitungen, Prüfprotokolle	0,2
8.12.	Auflisten der Gewährleistungsfristen	0,3
8.13.	Überwachen der Beseitigung der bei der Abnahme der Bauleistungen festgestellten Mängel	1,0-2,0
8.14.	Kostenkontrolle durch Überprüfen der Leistungsabrechnung der bauausführenden Unternehmen im Vergleich zu den Vertragspreisen und dem Kostenanschlag	1
	Volle Leistung	31
9.	**Objektbetreuung und Dokumentation**	
9.1.	Objektbetreuung zur Mängelfeststellung vor Ablauf der Verjährungsfristen der Gewährleistungsansprüche gegenüber den bauausführenden Unternehmen	0,8
9.2.	Überwachen der Beseitigung von Mängeln, die innerhalb der Verjährungsfristen der Gewährleistungsansprüche, längstens jedoch bis zum Ablauf von fünf Jahren seit Abnahme der Bauleistungen auftreten	1,5
9.3.	Mitwirken bei der Freigabe von Sicherheitsleistungen	0,1
9.4.	Systematische Zusammenstellung der zeichnerischen Darstellungen und rechnerischen Ergebnisse des Objekts	0,6
	Volle Leistung	3

Es bleibt zu beachten, dass diese Tabelle nur eine Richtschnur und Grundlage für eine individuelle, auf das konkrete Bauobjekt bezogene Bewertung sein kann und soll. Hinzuweisen ist darauf, dass jede Änderung in der Bewertung einer Grundleistung zum Ausgleich bei den anderen Grundleistungen der jeweiligen Leistungsphasen führt, da deren vorgeschriebener Prozentsatz für jede Leistungsphase unverändert bleiben muss. Die Anwendung dieser Tabelle als Orientierungshilfe kommt nur für solche Fälle in Betracht, in denen die wertmäßige Erfassung bzw. Berechnung des Anteils einzelner Grundleistungen an der gesamten Leistungsphase von der HOAI verlangt wird.[225] Der Anwendungsbereich ergibt sich aus § 5 Abs. 2, 3, 4 HOAI sowie bei Kündigung gem. § 649 BGB:

HOAI § 5 Abs. 2, 3 und 4 [Berechnung des Honorars in besonderen Fällen]

(1) ...
(2) Werden nicht alle Grundleistungen einer Leistungsphase übertragen, so darf für die übertragenen Leistungen nur ein Honorar berechnet werden, das dem Anteil der übertragenen Leistungen an der gesamten Leistungsphase entspricht. Das gleiche gilt, wenn wesentliche Teile von Grundleistungen dem Auftragnehmer nicht übertragen werden. Ein zusätzlicher Koordinierungs- und Einarbeitungsaufwand ist zu berücksichtigen.
(3) Werden Grundleistungen im Einvernehmen mit dem Auftraggeber insgesamt oder teilweise von anderen an der Planung und Überwachung fachlich Beteiligten erbracht, so darf nur ein Honorar berechnet werden, das dem verminderten Leistungsumfang des Auftragnehmers entspricht. § 10 Abs. 4 HOAI bleibt unberührt.
(4) Für Besondere Leistungen, die zu den Grundleistungen hinzutreten, darf ein Honorar nur berechnet werden, wenn die Leistungen im Verhältnis zu den Grundleistungen einen nicht unwesentlichen Arbeits- und Zeitaufwand verursachen und das Honorar schriftlich vereinbart worden ist. Das Honorar ist in einem angemessenen Verhältnis zu dem Honorar für die Grundleistungen zu berechnen, mit der die Besondere Leistung nach Art und Umfang vergleichbar ist. Ist die Besondere Leistung nicht mit einer Grundleistung vergleichbar, so ist das Honorar nach § 6 zu berechnen.

---

[225] Hesse/Korbion/Mantscheff/Vygen, § 5 Rn. 32c.

2.14 Vertretungsbefugnis

§ 14 Vertretungsbefugnis

1. Der Architekt erhält die beschränkte Vertretungsbefugnis, die erforderlichen Verhandlungen mit den zuständigen Behörden, Stellen und Nachbarn des Bauherrn für diesen zu führen und insbesondere auch Rückfragen im Baugenehmigungsverfahren für den Bauherrn zu erledigen. Zur Wahrnehmung seiner Vertretungsbefugnis für den Bauherrn, wird dem Architekten eine entsprechende schriftliche Vollmacht erteilt.
2. Der Architekt ist im übrigen nicht berechtigt, im Namen des Bauherrn ohne dessen Genehmigung gegenüber sonstigen an der Ausführung Beteiligten rechtsgeschäftliche Erklärung abzugeben, insbesondere dürfen keine Zusatzaufträge erteilt werden. Das Recht zur Geschäftsführung ohne Auftrag bleibt unberührt; so dürfen und müssen insbesondere rechtsgeschäftliche Verpflichtungen für den Bauherrn von dem Architekt eingegangen werden, wenn Gefahr im Verzug ist und das Einverständnis des Architekten nicht rechtzeitig zu erlangen ist.

Die Vertretungsbefugnis des Architekten

Es stellt sich die Frage, inwieweit dem Architekten eine Vertretung des Bauherrn zukommt; hier ergeben sich verschiedene Möglichkeiten. Der Architekt ist grundsätzlich dann zur Vertretung des Bauherrn berechtigt, wenn er von diesem bevollmächtigt wurde.

Unter Vollmacht ist die Befugnis zu verstehen, einen anderen bei Rechtsgeschäften zu vertreten. Der bevollmächtigte Architekt darf entsprechend der allgemeinen Regelung des § 164 Abs. 1 BGB für den Bauherrn in dessen Namen und mit Wirkung für und gegen ihn handeln, also Willenserklärungen abgeben und entgegennehmen.

BGB § 164 Abs. 1 [Wirkung der Vertretererklärung]

Eine Willenserklärung, die jemand innerhalb der ihm zustehenden Vertretungsmacht im Namen des Vertretenen abgibt, wirkt unmittelbar für und gegen den Vertretenen. Es macht keinen Unterschied, ob die Erklärung ausdrücklich im Namen des Vertretenen erfolgt oder ob die Umstände ergeben, dass sie in dessen Namen erfolgen soll.

Diese Befugnis wird durch eine Willenserklärung des Bauherrn eingeräumt. So entschied das OLG Stuttgart, dass die Bestellung eines Architekten für sich allein nicht ausreicht, um anzunehmen, dass der Bauherr den Architekten bevollmächtigt hat, in seinem Namen Bauleistungen an Handwerker zu vergeben.[226] Ähnlich ur-

[226] OLG Stuttgart, BauR 1974, 423.

teilte das OLG Köln, als es befand, dass der Bauherr, der einen Architekten mit der Einholung eines Angebotes beauftragt, gegenüber dem anbietenden Unternehmer nicht den Anschein setzt, dass der Architekt auch zur Auftragsvergabe bevollmächtigt ist.[227] Mangelt es also an einer solchen Bevollmächtigung, hängt die Wirksamkeit einer rechtsgeschäftlichen Handlung des Architekten davon ab, ob der Bauherr sie nachträglich genehmigt. Geschieht dies nicht, wird das Rechtsgeschäft als von Anfang an unwirksam behandelt. Der Architekt haftet dann gemäß § 179 Abs. 1 BGB gegenüber dem Dritten, der sich auf die wirksame Vertretung des Bauherrn durch den Architekten verlassen hat.

Trotz fehlender Bevollmächtigung kann sich in Einzelfällen allerdings eine Rechtmäßigkeit des vollmachtlos handelnden Architekten ergeben, wenn dieser in Kenntnis und ohne Widerspruch des Bauherrn Aufträge verteilt oder in sonstiger allen Beteiligten bekannten Weise rechtsgeschäftlich tätig wird. Dies ergibt sich aus den Grundsätzen über die Duldungsvollmacht bzw. die Anscheinsvollmacht.

So entschied als Beispiel hierfür das OLG Hamburg für den Fall, dass dem Bauherrn genau bekannt gewesen sei, dass ein Teil der Arbeiten bereits durchgeführt worden war und der Architekt die Arbeiten im Namen des Bauherrn und für dessen Rechnung in Auftrag gegeben hat, das 'Handeln' des Bauherrn eine Duldungsvollmacht darstellte.[228]

Der Architekt sollte, wenn er für den Bauherrn mit Dritten in geschäftlichen Kontakt tritt, auf die Fälle der Gefahr im Verzug beschränkt bleiben, wenn das Einverständnis des Bauherrn nicht rechtzeitig erlangt werden kann. Diese Lösung deckt sich im übrigen mit der Rechtsprechung des BGH und der Oberlandesgerichte, die dem Architekten im Normalfall nicht die Vollmacht zu Aufträgen konzedieren, die über Kleinaufträge hinausgehen.[229]

Die verschiedenen Vollmachtsarten

Mit dem Abschluss des Architektenvertrages, erwirbt der Architekt auch die originäre Vollmacht alle Maßnahmen, die zu dem übernommenen Leistungsumfang gehört, für und gegen den Bauherrn vornehmen zu können. Die Bevollmächtigung reicht also nur soweit, wie auch der Rahmen der Tätigkeiten aus dem Architektenvertrag festgelegt wurde. Der Architekt hat dabei die Rechte des Bauherrn zu wahren; seine Vollmacht geht nicht über den Rahmen des Bauvorhabens hinaus.[230]

Vollständig ist der Umfang der originären Vollmacht in Rechtsprechung und Rechtsliteratur noch nicht gelöst. Sofern nichts anderes vereinbart ist, bestimmt sich die Reichweite der Bevollmächtigung im Zweifel nach Treu und Glauben.[231] Aufgrund der nicht hundertprozentig geklärten Rechtssituation zur originären

[227] OLG Köln, BauR 1993, 243.

[228] OLG Hamburg, BauR 1996, 256.

[229] m.w.N. Werner/Pastor, Rn. 1064 bis 1088; Neuenfeld/Baden/Dohna/Groscurth, Handbuch des Architektenrechts, Band 1, Allgemeine Grundlagen, Stuttgart ^{3}1999, II, Rn. 259-264.

[230] BGH, Schäfer/Finnern/Hochstein, Z. 2.310, Bl. 21.

[231] BGH, NJW 1960, 859.

Vollmacht des Architekten, kann zweifelsfrei nur auf allgemeine Grenzen verwiesen werden, die durch die Rechtsprechung gesichert ist. So umfasst die originäre Vollmacht folgende Befugnisse:

- die Vergabe einzelner Bauleistungen von unerheblicher finanzieller Auswirkung,
- die Erteilung von Weisungen,[232]
- die Rüge von Mängeln,
- die fachtechnische Abnahme geleisteter Arbeiten,
- die Prüfung der Schlussrechnung auf Richtigkeit, auf Rechenfehler und auf technische Übereinstimmung mit den Bauplänen, der Baugenehmigung und den maßgeblichen technischen Vorschriften (Richtigkeitsvermerk),
- die Entgegennahme von Erklärungen des Auftragnehmers über dessen Bedenken, es sei denn, dass sich der Architekt diesen Bedenken verschließt[233],
- Aufforderungen zur Mängelbeseitigung, Mahnung, und Fristsetzung.

Der Architekt ist nicht befugt, ein Anerkenntnis zu Lasten des Bauherrn abzugeben, aufgrund dessen dem Bauherrn alle Einwendungen gegen die Rechnung abgeschnitten sind.

Hinweis: Prüfungsvermerk

Der Prüfungsvermerk eines Architekten auf der Schlussrechnung ist eine subjektive Meinungsäußerung, jedoch kein objektiver Leistungsnachweis des Bauunternehmers. Mit dem Vermerk „rechnerisch richtig“ wird rechtlich nur festgestellt, dass der Architekt verglichen hat.

Verglichen heißt, dass er nachgerechnet und korrigiert hat, ob die Rechnung mit den Angaben im Leistungsverzeichnis übereinstimmt und ob die Massen-/ bzw. Mengenangaben tatsächlich den erbrachten Leistungen entsprechen sowie ob die Vergütung fehlerfrei errechnet worden ist. Folglich muss der Bauunternehmer im Streitfall seine Bauleistung hinsichtlich Mängel und Qualität trotz des positiven Prüfungsvermerks beweisen. Der Prüfungsvermerk kann nur dann als rechtsgeschäftliches Anerkenntnis des Bauherrn gewertet werden, wenn der Architekt vom Bauherrn entsprechend bevollmächtigt war, eine solche Erklärung im Rahmen eines Schuldanerkenntnis abzugeben.[234]

Die Bevollmächtigung des Architekten durch den Bauherrn kann ausdrücklich (mündlich wie schriftlich) oder stillschweigend, d.h. durch schlüssiges Verhalten, erfolgen. Sie erfolgt durch Abgabe einer Willenserklärung des Bauherrn gegenüber dem Architekten oder Dritten (z.B. dem Bauunternehmen oder einzelnen

---

232 BGH, NJW 1974, 646.

233 BGH, BauR 1978, 54.

234 Vgl. OLG Köln, DB 1977, 1739.

Handwerkern). Zu beachten gilt, dass die stillschweigende Bevollmächtigung nicht mit der Duldungs- bzw. Anscheinsvollmacht verwechselt wird. So liegt dann eine stillschweigende Bevollmächtigung vor, wenn der Bauherr keine entsprechende dahingehende Willenserklärung abgibt, jedoch aus seinem sonstigen Verhalten auf eine Bevollmächtigung geschlossen werden kann.

Beispiel:
Der Bauherr beauftragt den Architekten, sich um die Statik des Bauvorhabens zu kümmern. Ohne ausdrücklich von einer Bevollmächtigung gesprochen zu haben, muss nach Treu und Glauben, unter Berücksichtigung der Verkehrssitte, für den Rechtsverkehr davon ausgegangen werden, dass diese Aufgabe mit einer „stillschweigenden" Bevollmächtigung, beschränkt auf die Durchführung der übertragenen Aufgabe, verbunden war.

Auf der anderen Seite kann der Architekt für den Bauherrn bestimmte wirksame Rechtshandlungen nur dann vornehmen, wenn ihm eine besondere Vollmacht erteilt worden ist:

- bei der Vergabe von Aufträgen (Zusatz- oder Mehrleistungen), die nicht von unbedeutendem Umfang sind,
- bei der Änderung der vertraglichen Vereinbarung zwischen Bauherrn und Bauunternehmer,
- bei der Vereinbarung der Geltung der VOB, sowie die Vereinbarung von Gerichtsstand oder Schiedsklausel,
- bei der Verschiebung vertraglich vereinbarter Fertigstellungstermine,[235]
- bei Zusatzarbeiten, die nur zweckmäßig oder wünschenswert, aber nicht notwendig sind (z.B. mehr Lichtschalter),
- bei Zusatzaufträgen für die Beseitigung eigener Arbeitsfehler[236],
- bei Zusatzaufträgen im Rahmen einer Pauschalvereinbarung, wenn dadurch die Grenze des Pauschalvertrages wesentlich überschritten werden.[237],
- bei Aufträge an Sonderfachleuten wie Statiker, Heizungsprojektant etc.[238],
- bei der rechtsgeschäftlichen Abnahme der Leistungen[239],
- bei Vorbehalt einer Vertragsstrafe bei der Abnahme. Der Bauunternehmer muss die fehlende Vertretungsbefugnis rügen. Andernfalls wird der Vorbehalt wirksam, wenn ihn der Bauherr genehmigt[240],

---

[235] BGH, NJW 1978, 995.
[236] OLG München, OLGZ 69, 414.
[237] BGH, NJW 1978, 995.
[238] BGH, BauR 75, 358; BGH, Schäfer/Finnern/Hochstein, Z.3.01, Bl. 376.
[239] Vgl. §§ 640 BGB, 12 VOB/B.
[240] Vgl. §§ 341 Abs. 3 BGB, 11 Abs. 4 VOB/B.

- bei Anerkennung einer Schlussrechnung im Sinne eines Schuldanerkenntnisses,
- bei der Beauftragung von Bauunternehmen über die Beseitigung von Mängeln.[241]

Die Feststellung des Vorliegens einer Duldungs- und Anscheinsvollmacht ist in der Praxis schwierig, weil es für die am Bauvorhaben Beteiligten oft nicht ersichtlich ist, wie es um das Vollmachtsverhältnis zwischen Bauherr und Architekt bestellt ist. Aus diesem Grunde besteht in der Praxis das Bedürfnis, diejenigen, die mit dem Architekten Verträge abschließen, unter bestimmten Umständen nach den Gesichtspunkten von Treu und Glauben zu schützen, was zur Folge hat, dass diese Verträge wirksam auch für und gegen den Bauherrn wirken.

Zu beachten ist, dass – entgegen der terminologischen Bezeichnung – sowohl die Anscheins- wie auch die Duldungsvollmacht keine Vollmachten im rechtsgeschäftlichen Sinne sind! Sie bedingen lediglich rechtsgeschäftliche Folgen. Dies ergibt sich daraus, dass hier jemand – der Bauherr – den Rechtsschein einer Bevollmächtigung - des Architekten - erweckt und sich deshalb auch entsprechend behandeln lassen muss. Er wird demzufolge so behandelt, als habe er eine Vollmacht erteilt, vorausgesetzt, der Dritte hat darauf vertraut, dass eine solche vorliegt, obwohl sie es nicht tat.

Bei der Duldungsvollmacht kennt der Bauherr das rechtsgeschäftliche Handeln des vollmachtlosen Architekten und duldet dies, ohne zu widersprechen. Er lässt es wissentlich geschehen, dass der Architekt für ihn als Vertreter auftritt und Dritte verstehen dies nach Treu und Glauben dahingehend, dass der Architekt für den Bauherrn mit einer entsprechenden Vollmacht handelt, d. h. dass dieser mit dem Handeln des Architekten einverstanden ist. Der Bauherr muss sich in diesem Fall das Handeln des Architekten zurechnen lassen.[242]

Bei der Anscheinsvollmacht wiederum weiß der Bauherr nicht, dass der Architekt für ihn und sein Bauvorhaben tätig ist, er hätte diese Kenntnis aber bei pflichtgemäßer Sorgfalt haben und das Handeln verhindern können.

Jeder Dritte am Bau Beteiligte erlangt durch die Annahme einer Duldungs- oder Anscheinsvollmacht die Rechtsstellung, die ihn in die Lage versetzt, als habe er mit dem Bauherrn einen Vertrag abgeschlossenen.

Bezeichnet der Bauherr in seinen Gesprächen mit den anderen am Bau beteiligten den Architekten als seinen „bevollmächtigten Vertreter“ und erläutert dies nicht näher, so bedeutet dies nicht, dass der Architekt unbegrenzte Vertretungsmacht hat. Es besagt vielmehr nur, dass der Architekt Vollmacht besitzt, nicht aber, wie weit diese reicht. Dies bestimmt sich ausschließlich nach dem Willen des Bauherrn. Im Zweifel ist der Vertrag und die Vollmacht zum Schutz des Bauherrn eng auszulegen. Derartige Zweifel sollten bereits im Vorfeld dadurch ausgeschlossen werden, dass der Umfang der Bevollmächtigung abschließend, konkret und schriftlich festgehalten wird. Hat der Architekt die Objektüberwachung übernommen und der Bauherr mit dem Unternehmer einen Pauschalwerklohn verein-

---

241 BGH, BB 1963, 1193.

242 OLG Hamburg, BauR 1996, 256.

bart, so kann der Architekt namens des Bauherrn auch Zusatzaufträge vergeben, jedoch nur mit der Einschränkung, dass diese Zusatzaufträge keine weitreichenden Folgen haben.

Wird durch den Zusatzauftrag beispielsweise der Pauschalwerklohn verdoppelt, so ist das nicht mehr von der Vollmacht eines Architekten gedeckt. Die zulässige Vergabe von Zusatzaufträgen beschränkt sich auf die Vergabe von Aufträgen kleineren Umfanges.[243] Die Vollmacht des Architekten erstreckt sich nicht auf die Beseitigung eigener Fehlleistungen.[244]

Die Vollmacht umfasst auch nicht die Befugnis, eine Vergütungszusage für Arbeiten zu erteilen, die nicht zur Gewährleistung gehören.[245] Der Architekt ist originär nicht bevollmächtigt, die Arbeit des Bauunternehmers geschäftlich abzunehmen oder vertragliche Vereinbarungen zwischen Bauherrn und Bauunternehmern abzuändern.

Die Rechtsfolgen fehlender Vertretungsbefugnis

Handelt der Architekt ohne Vollmacht für den Bauherrn, sind seine Handlungen grundsätzlich unwirksam. Zu beachten ist allerdings, dass der Bauherr – sobald er feststellt, dass der Architekt z.B. eine vollmachtlose Beauftragung an Bauunternehmer vorgenommen hat – sofort auf die Unwirksamkeit hinweist und der Beauftragung widerspricht. Der BGH[246] entschied zuletzt, dass der Bauherr, der diesen Hinweis unterlässt und sogar die Leistungen des Bauunternehmers entgegennimmt und nutzt, auch die erbrachte Architektenleistung mit dem üblichen Honorarsatz vergüten muss.

Der Bauherr kann das vollmachtlos vorgenommene Rechtsgeschäft auch ausdrücklich genehmigen; bis dahin ist das Rechtsgeschäft schwebend unwirksam. Mit der Genehmigung wird es endgültig wirksam. Bis zur Genehmigung kann der Vertragspartner den Vertrag widerrufen. Eine solche Genehmigung kann bei sogenannten kleineren Nachtragsaufträgen (die aus praktischen Gründen vor Ort und ohne Rücksprache mit dem Bauherrn erteilt werden müssen) auch in der anstandslosen Bezahlung der Schlussrechung, die auch diese Beauftragungen umschließt, gesehen werden. Die Bezahlung der Schlussrechnung stellt in diesem Fall eine konkludente nachträgliche Genehmigung der Beauftragung dar.

Verweigert der Bauherr die Genehmigung, ist das Rechtsgeschäft, der Vertrag, endgültig unwirksam. Der Geschäftspartner hat eventuell Ansprüche gegen den Bauherrn aus Verschulden bei Vertragsschluss gemäß §§ 241 Abs. 2, 311 Abs. 2, 3 BGB.

Den vollmachtlosen Architekten kann der Geschäftspartner nach seiner Wahl auf Erfüllung des Vertrages (z.B. Zahlung des Werklohnes) oder auf Schadensersatz in Anspruch nehmen (§ 179 BGB). Das ist dann ausgeschlossen, wenn der

---

[243] BGH, BauR 1978, 139 und 316 sowie Schmalzl, Die Haftung des Architekten und Bauunternehmers, NJW-Schriftenreihe Heft 4, [4]1980,Rn. 11.

[244] BGH, NJW 1975, 1217 und BauR 1978, 139.

[245] OLG Düsseldorf, Schäfer/Finnern/Hochstein, Z. 2.410, Bl. 47.

[246] BGH, Urteil vom 26.04.2001 - VII ZR 222/99.

Geschäftspartner das Fehlen der Vollmacht kannte oder aufgrund genügender Anhaltspunkte kennen musste.[247]

Verjährungsbeginn ist der Zeitpunkt, in dem der Bauherr sich weigert, den Vertrag zu genehmigen. Die Erteilung einer inhaltlich beschränkten Vollmacht für den Architekten erscheint praxisgerecht und führt zur Vermeidung unnötiger Rückfragen, vor allem im Genehmigungsverfahren. Zum anderen löst diese Art der Bevollmächtigung keine kostenintensiven Aufträge aus.

Beispiel:

VOLLMACHT

Hiermit bevollmächtige(n) ich/wir, ...,
- nachfolgend Auftraggeber genannt -

den Architekten ....,
- nachfolgend Auftragnehmer genannt -

für mein/unser Bauvorhaben ....

1. die erforderlichen Verhandlungen mit den zuständigen Behörden, Stellen und Nachbarn zu führen und insbesondere auch Rückfragen im Baugenehmigungsverfahren für mich zu erledigen sowie
2. alle Handlungen und Maßnahmen zu ergreifen, die für eine ordnungsgemäße, sachlich und technisch richtige wie auch termin- und kostenmäßige Leistungserbringung und Projektabwicklung erforderlich sind.

Eine weitergehende Vertretungsbefugnis bedarf einer gesonderten schriftlichen Bevollmächtigung. Dies gilt insbesondere für finanzielle Verpflichtungen, Rechtsgeschäfte und Gestaltungsrechte gegenüber Dritten.

(Ort, Datum, Auftraggeber)	(Ort, Datum, Auftragnehmer)

[247] OLG Saarbrücken, NJW-RR 2001, 453.

2.15 Urheberrecht

§ 15 Urheberrecht

1. Der Architekt überträgt dem Bauherr das Erstverwertungsrecht und das Recht zum Nachbau im Falle der Zerstörung des Gebäudes mit Erbringung der Leistungsphase 2. Dies gilt auch dann, wenn weitere Leistungen nicht beauftragt werden.
2. Der Architekt verzichtet auf alle etwaigen Urheberpersönlichkeitsrechte, insbesondere die Anbringung seines Namens am Bauwerk.
3. Der Architekt verzichtet auf das Recht der Bearbeitung und Umgestaltung sowie das Recht auf Zugang zum Original. Der Bauherr ist ausdrücklich berechtigt, Änderungen am urheberrechtlich geschützten Werk vorzunehmen. Der Bauherr wird allerdings dem Architekt bei wesentlichen Änderungen zuvor Gelegenheit zur Äußerung geben.

Der Urheberrechtschutz des Architekten

Zu den Dingen, die ein Bauherr gewöhnlicherweise am wenigsten bei der vertraglichen Abwicklung mit einem Architekten bedenkt, gehört die Klärung der urheberrechtlichen Situation. Das Urheberrecht schützt den Urheber in seinen geistigen und persönlichen Beziehungen zum Werk und in der Nutzung des Werkes. So wird das Werk gemäß § 11 UrhG vor Änderungen und Entstellungen, nicht jedoch vor Vernichtung geschützt.

UrhG § 11

Das Urheberrecht schützt den Urheber in seinen geistigen und persönlichen Beziehungen zum Werk und in der Nutzung des Werkes.

Voraussetzung für diesen Urheberrechtsschutz ist, dass es sich bei dem Werk um eine persönliche eigene Schöpfung handelt, die mit Darstellungsmitteln der Kunst durch formgebende Tätigkeit hervorgebracht und vorzugsweise für die ästhetische Anregung des Gefühls durch Anschauung bestimmt ist. Dabei ist es gleichgültig, ob das Werk neben seinem ästhetischen Zweck noch einen praktischen Gebrauchszweck dient.[248] Wesentlich ist, dass das Urheberrecht nicht das Werk als einen von der Person des Schöpfers losgelösten selbständigen Rechtsgegenstand schützt, sondern nur die Person des Urhebers im Hinblick auf sein Werk. Das Urheberrecht erwächst ohne Formalakt kraft Gesetz mit der fortlaufenden Gestaltung des Werkes. Es handelt sich um ein Gesamtrecht (Persönlichkeitsrecht und Verwertungsrechte), das grundsätzlich nicht übertragen werden kann.

---

[248] BGHZ 73, 288.

Eine Ausnahme gilt in erbrechtlicher Hinsicht. So kann es durch eine Verfügung von Todes wegen oder an Miterben im Wege der Erbauseinandersetzung gemäß § 29 UrhG übertragen, ansonsten gemäß § 28 UrhG vererbt werden:

UrhG § 28 [Vererbung des Urheberrechts]

(1) Das Urheberrecht ist vererblich.
(2) Der Urheber kann durch letztwillige Verfügungen die Ausübung des Urheberrechts einem Testamentsvollstrecker übertragen. § 2210 Bürgerliches Gesetzbuch ist nicht anzuwenden.

UrhG § 29 [Übertragung des Urheberrechts]

Das Urheberecht kann in Erfüllung einer Verfügung von Todes wegen oder an Miterben im Wege der Erbauseinandersetzung übertragen werden. Im übrigen ist es nicht übertragbar.

Was aber besagt das Urheberrecht für den Bereich des Architekten? Stellen dessen Leistungen Werke im Sinne des Urheberrechtes dar? Der Schutzbereich ergibt sich aus § 2 UrhG:

UrhG § 2 [Geschützte Werke]

(1) Zu den geschützten Werken der Literatur, Wissenschaft und Kunst gehören insbesondere:
Nr. 1 (...)
Nr. 2 (...)
Nr. 3 (...)
Nr. 4 Werke der bildenden Künste einschließlich der Werke der Baukunst und der angewandten Kunst und Entwürfe solcher Werke
Nr. 5 (...)
Nr. 6 (...)
Nr. 7 Darstellungen wissenschaftlicher oder technischer Art, wie Zeichnungen, Pläne, Karten, Skizzen, Tabellen, und plastische Darstellungen.
(2) Werke im Sinne dieses Gesetzes sind nur persönliche geistige Schöpfungen.

Der Urheberrechtsschutz erfasst demzufolge auch den Arbeitsbereich des Architekten: Werke der Baukunst sind nicht nur die Gebäude, sondern auch die technischen Konstruktionen, wie z.B. Brücken oder Türme. Auch raumgestaltende Werke, z.B. die Anlage einer Stadt oder eines Stadtviertels, können Kunstwerke und damit schutzfähig im Sinne des Urheberrechtsgesetzes sein. Bauentwürfe können ebenfalls dazu zählen, weshalb mit Vorsicht die in der Praxis häufig praktizierte Handhabung zu betrachten ist, dass der Bauherr mit ersten Vorentwürfen eines Architekten zum nächsten rennt, um einen Alternativentwurf zu erlangen. Hier kann es zu Übernahmen kommen, die gegen den Urheberrechtsschutz des „ersten“ Architekten verstoßen. Der Bauherr darf folglich das Bauwerk nach diesem ersten Entwurf nicht durch einen anderen Architekten ausführen lassen.[249] Urheberrechtsschutz entsteht nicht nur für das gesamte Werk und nicht nur für das vollendet Werk. Das Urheberrecht kann sich dabei auf eine ganze Wohnanlage erstrecken.[250]

Bei der Frage, ob die Entwürfe von Einfamilienhäuser Urheberrechtsschutz genießen, besteht in der Rechtsprechung eine konträre Meinung. Während der BGH[251] und das OLG Köln[252] den Standpunkt vertreten, dass lediglich große und besonders teure Architektur urheberrechtsfähig sei, entschied das OLG Hamm[253], dass auch der Entwurf eines Wohnhauses Urheberrechtsschutz genießen könne. Das sei dann der Fall, wenn er Ausdruck einer eigenen, persönlichen geistigen Schöpfung des Planers ist, die eine über die technischen Lösung der Baufrage hinausgehenden ästhetischen Gehalt aufweise.

Anders sieht es bei der städtebaulichen Planung aus. In diese Fällen genießt der Architekt keinen Anspruch darauf, dass seine Planung unverändert beschlossen wird. [254]

Auch Teilskizzen oder fertiggestellte Teile eines Gebäudes, wie z.B. eine Fassade können Urheberrechtsschutz genießen.[255] Dass bedeutet allerdings nicht, dass ein Bauwerk immer und in jedem Fall urheberrechtlichen Schutz genießt. Vielmehr ist erforderlich, dass hierbei schöpferische Elemente enthalten sind oder die darstellerischen Gedanken auf eigentümliche Art in der Abbildung zum Ausdruck gekommen sind.[256] Das Bauwerk muss aus der Masse des alltäglichen Bauschaffens herausragen und das Ergebnis einer persönlichen geistigen Schöpfung des Architekten sein.[257] Hiervon können auch einzelne Werkteile, wie Fassadengestaltungen aber auch bauliche Innenraumausstattungen erfasst sein.[258] Andernfalls wäre jeder phantasielos nachgebaute Plattenbau ohne besondere gestalterische Eigenarten urheberrechtlich geschützt. Das Bauwerk muss sich also deutlich vom durchschnittlichen Bauwerk abheben.[259] Gleiches gilt natürlich auch für etwaige Pläne.[260]

---

[249] BGH, DB 1984, 2611.
[250] LG Gera, BauR 1995, 866 = IBR 1996, 158.
[251] BGH, NJW 1973, 1196.
[252] OLG Köln, BauR 1991, 647.
[253] OLG Hamm, BauR 1999, 1198 = 1999, 327.
[254] BVerwG, IBR 1994, 378.
[255] BGH, BauR 1981, 298.
[256] BGH, BauR 1982, 178.
[257] OLG Celle, BauR 1986, 601.
[258] BGH, BauR 1989, 348.
[259] BGH, BauR 1988, 361.
[260] BGH, BauR 1989, 348.

Liegt nun ein solches urheberrechtliches Werk vor, ist es umfassend geschützt, d.h. der Architekt hat das Recht, eine Entstellung oder eine andere Beeinträchtigung seines Werkes zu verbieten, die geeignet ist, seine berechtigten geistigen oder persönlichen Interessen am Werk zu gefährden. Wenn der Architekt als Schöpfer eines Bauwerkes Urheberrecht für sich in Anspruch nimmt, so steht ihm kraft des Urheberpersönlichkeitsrechts alleine die Befugnis zu, zu bestimmen, ob und wie sein Werk zu veröffentlichen ist. Außerdem hat er ein Recht auf Anerkennung seiner Urheberschaft am Werk. Hierzu gehört, dass er die Anbringung seines Namens - als Urheber des Bauwerkes - verlangen kann.[261] Neben diesem Urheberpersönlichkeitsrecht stehen dem Architekten auch Urheberverwertungsrechte zu, die selten beachtet werden, aber dennoch von Gesetz wegen existieren. Dazu zählen:

- das Vervielfältigungsrecht (Nachbau),
- das Verbreitungsrecht,
- das Ausstellungsrecht
- das Recht der Bearbeitung und Umgestaltung und
- das Recht auf Zugang zum Original.

Bestimmte Urheberverwertungsrechte, soweit sie die Persönlichkeitssphäre des Bauherrn betreffen (z.B. Vervielfältigungsrecht, Recht auf Zugang zum Original) sollten vertraglich in jedem Fall beschränkt werden.

Die Verletzung des Urheberrechts und seine Folgen

Das Urheberrecht des Architekten kann durch zwei grundlegende Verletzungshandlungen rechtswidrig beeinträchtigt werden: einer Änderung und einer Entstellung des Werkes.

Bei einer Änderung des Werkes wird in die Gestalt des Werkes eingegriffen.[262] Diese Verletzungshandlung betrifft demzufolge den Bestand und die Unversehrtheit des Werkes in der vom Architekten geschaffenen Form. Eine Entstellung wiederum liegt vor, wenn die geistigen und persönlichen Urheberinteressen des Architekten durch die Form oder Art der Werkwiedergabe und Werknutzung rechtswidrig beeinträchtigt wird.[263] Die Wesenszüge des Werkes dürfen also nicht verzerrt oder sonst wie verändert werden. Die Ansprüche, die der Architekt infolge urheberrechtlicher Verletzungen sowohl gegen den Bauherrn wie auch gegen Dritte, insbesondere Konkurrenten haben kann, sind vielfältig. So stehen ihm aus dem UrhG Ansprüche[264] zu auf:

---

[261] BGH, BauR 1994, 784.

[262] Vgl. § 39 UrhG.

[263] Vgl. § 14 UrhG.

[264] Die nachfolgende Auflistung stammt von Großhauser, 174.

- Beseitigung der Beeinträchtigung, wenn ein fortdauernder störender Zustand geschaffen wurde,
- auf Unterlassung der Verletzung, wenn die Rechtsverletzung bereits begangen worden ist und sogenannte Wiederholungsgefahr besteht,
- auf vorbeugende Unterlassung, wenn eine konkrete Verletzungsgefahr besteht,
- auf Schadensersatz, wenn die Verletzung schuldhaft erfolgte,
- auf Herausgabe des Gewinns (anstelle des Schadensersatzes),
- auf Rechnungslegung über den Gewinn,
- auf Entschädigung in Geld, die nicht Vermögensschäden darstellen,
- auf Vernichtung der rechtswidrig hergestellten oder verbreiteten Vervielfältigungsstücke des geschützten Werkes,
- auf Überlassung der Vervielfältigungsstücke gegen angemessene Vergütung. Die Vergütung darf allerdings die Herstellungskosten nicht übersteigen.

Liegen die Anspruchsvoraussetzung, d.h. eine widerrechtliche Verletzung des Urheberrechts des Architekten vor, so kann er vom Verletzter Schadensersatz verlangen, der auch den entgangenen Gewinn beinhaltet oder eine angemessene Lizenzgebühr[265] als Schaden geltend machen.

UrhG § 97 Abs. 1 [Anspruch auf Unterlassung und Schadensersatz]

Wer das Urheberrecht oder ein anderes nach diesem Gesetz geschütztes Recht widerrechtlich verletzt, kann vom Verletzten auf Beseitigung der Beeinträchtigung, bei Wiederholungsgefahr auf Unterlassung und, wenn dem Verletzer Vorsatz oder Fahrlässigkeit zur Last fällt, auch auf Schadensersatz in Anspruch genommen werden. An Stelle des Schadensersatzes kann der Verletzte die Herausgabe des Gewinns, den der Verletzer durch die Verletzung des Rechts erzielt hat, und Rechnungslegung über diesen Gewinn verlangen.

Bei der Berechnung einer angemessenen Lizenzgebühr wird der Schaden unter Anlegung eines objektiven Maßstabs aus einer fiktiven Lizenz berechnet. Dabei ist zu prüfen, was bei einer vertraglich vereinbarten Nutzungseinräumung ein vernünftiger Lizenzgeber verlangt und ein vernünftiger Lizenznehmer gewährt hätte. Bei der Ermittlung dieses Wertes können die Honorarsätze der HOAI nicht unmittelbar übernommen werden. Diese enthalten keine Honoraranteile für die Einräumung eines Nutzungsrechts am Urheberrecht oder gar einer Rechtsübertragung. Die HOAI bietet jedoch verlässliche Maßstäbe. So können unterschiedliche gestalterische Leistungen über die verschiedenen Honorarzonen berücksichtigt werden. Die Tätigkeiten, die nicht direkt mit den schöpferischen, Individualität für

[265] BGH, NJW 1973, 1696.

das Bauwerk schaffenden Tätigkeiten des Planers in Verbindung stehen (z.B. Vergabe, Objektüberwachung und –betreuung), bleiben unberücksichtigt.[266]

Neben den Ansprüchen aus dem UrhG kann der Architekt, dessen Urheberrechte verletzt wurden, möglicherweise auch Bereicherungsansprüche[267], Schadensersatzansprüche wegen unerlaubter Handlung, wettbewerbsrechtliche Ansprüche, aber auch Ansprüche aus Geschäftsführung ohne Auftrag und Beseitigungsunterlassungsansprüche wegen Verletzung der Rechte geltend machen.

Die Ansprüche nach dem UrhG verjähren in drei Jahren von dem Zeitpunkt an, in welchem der Architekt, dessen Rechte verletzt wurden, von dem Schaden der Person des Ersatzpflichtigen Kenntnis erlangt hat.

UrhG § 102 [Verjährung]

Auf die Verjährung der Ansprüche wegen Verletzung des Urheberrechts oder eines anderen nach diesem Gesetz geschützten Rechts finden die Vorschriften des Abschnitts 5 des Buches 1 des Bürgerlichen Gesetzbuches entsprechende Anwendung. Hat der Verpflichtete durch die Verletzung auf Kosten des Berechtigten etwas erlangt, findet § 852 des Bürgerlichen Gesetzbuches entsprechende Anwendung.

Ein besonderes Problem kann dadurch entstehen, dass der Architekt des Bauherrn das Urheberrecht eines anderen Architekten verletzt. Hieraus ergeben sich wiederum Rechtsfolgen im Innenverhältnis zwischen dem Bauherrn und seinem Architekten.

Grundsätzlich hat der Architekt seinem Bauherrn gegenüber dafür einzustehen, dass er durch seine Arbeiten nicht in die Rechte Dritter eingreift, insbesondere nicht Urheberrechte Dritter verletzt. Aus der zumeist werkvertraglichen Einordnung der Architektenleistung ergeben sich folgende Überlegungen: Das Werkvertragsrecht kennt keine Haftung für Rechtsmängel. Die Rechtsprechung schließt diese Regelungslücke durch die analoge Anwendung der kaufrechtlichen Haftungsregeln. Das hat zur Folge, dass der Architekt als Auftragnehmer des Bauherrn die Planung frei von Rechten Dritter zu verschaffen hat und, wenn er diese Verpflichtung nicht erfüllt, dem Bauherrn folgende Rechte zustehen:[268]

Als Maßstab für die Ermittlung einer fiktiven Lizenz für die Nutzung eines Urheberrechts an einem Fertighaus können nur die Leistungsphasen 1,2,3 und 5 des § 15 HOAI herangezogen werden. Bei der mehrfacher Verwendung der Planung greift die Honorarminderung gemäß § 22 HOA ein. Ersparte Aufwendungen sind zu berücksichtigen.[269]

---

[266] OLG Nürnberg, BauR 1998, 168

[267] BGHZ 56, 322.

[268] Vgl. Großhauser, 179.

[269] Ebd.

- solange der Eingriff in fremde Rechte besteht, hat der Bauherr die Einrede des nicht erfüllten Vertrages und kann seine Leistung verweigern,
- ist es nicht möglich, das Bauwerk frei von Rechten Dritter zu erstellen und ist hierfür niemand verantwortlich, so verlieren Architekt und Bauherr jeweils ihren Anspruch auf die Gegenleistung,
- hat einer von den Beteiligten die Verletzung der Rechte Dritter zu vertreten, so muss er seine Leistungsverpflichtung erfüllen, verliert jedoch dem Anspruch auf die Gegenleistung,
- ist einer der beteiligten mit der Beibringung der Freiheit von Rechten Dritter in Verzug, so kann der andere ihm die Frist hierfür setzen mit der Erklärung, nach Ablauf der Frist die Leistung abzulehnen. Nach diesem Fristablauf ist er berechtigt, Schadensersatz wegen Nichterfüllung zu verlangen oder vom Vertrag zurückzutreten.

2.16 Versicherung

§ 16 Versicherung

1. Der Architekt ist verpflichtet, eine angemessene Berufshaftpflichtversicherung nachzuweisen und während der gesamten Ausführung der Leistung zu unterhalten. Angemessen ist eine Versicherung mit der Haftungssumme von ....€ für Personenschäden und ....€ für sonstige Schäden.
2. Der Nachweis der Versicherung ist auf Aufforderung des Auftraggebers vorzulegen.
3. Für den Fall, dass der Auftragnehmer der Aufforderung nicht binnen zweier Wochen nachkommt, ist der Auftraggeber berechtigt, den Vertrag aus wichtigem Grund kündigen.
4. Ergeben sich während der Ausführung des Vertrages nachteilige Veränderungen der Versicherung, so ist der Bauherr unverzüglich zu unterrichten.

Versicherungspflicht des Architekten

Aufgrund der Umfänglichkeit des Haftpflichtversicherungsrechts der Architekten können nur die wesentlichen Aspekte kurz umrissen werden.

Es gehört zur Informationspflicht des Architekten, den Bauherrn darüber aufzuklären, dass auch die anderen Baubeteiligten unbedingt versichert sein müssen, sei es über eine Haftpflichtversicherung oder eine Bauleistungsversicherung.

Bei der Bauleistungsversicherung handelt es sich um eine Sachversicherung, während es sich bei der Haftpflichtversicherung um eine Schadensversicherung handelt, die das Interesse versichert, dass jemand daran hat, dass sein Vermögen nicht mit Ansprüchen belastet wird - also Fremdschäden abgedeckt sind. Der Bauherr sollte in jedem Fall dafür sorgen, eine Bauleistungsversicherung sowie die obligatorischen anderen Versicherungen (für z.B. Feuer, Sturm etc.) abzuschließen.

Rechtsgrundlagen des Versicherungsschutzes

Der Versicherer muss dem Versicherten bei Abschluss des Versicherungsvertrages eine Urkunde, den Versicherungsschein gemäß § 3 Versicherungsvertragsgesetz VVG, aushändigen:

VVG § 3 Abs. 1 [Versicherungsschein]

Der Versicherer ist verpflichtet, eine von ihm unterzeichnete Urkunde über den Versicherungsvertrag (Versicherungsschein) dem Versicherungsnehmer auszuhändigen. Eine Nachbildung der eigenhändigen Versicherung genügt.

Problematisch ist allerdings, dass im Schadensfall der Versicherungsschein nicht ohne weiteres die Frage klärt, ob denn Versicherungsschutz gewährt wird oder nicht.

Ergänzend zu den Inhalten des Versicherungsscheins gelten:

- das Versicherungsvertragsgesetz (VVG),
- das Versicherungsaufsichtsgesetz (VAG),
- die Allgemeinen Versicherungsbedingungen für die Haftpflichtversicherung (AHB),
- die Besonderen Bedingungen für die Haftpflichtversicherung der Architekten und Beratenden Ingenieure (BBR),
- einzelne Bestimmungen des Bürgerlichen Gesetzbuches (BGB),
- einzelne Bestimmungen des öffentlichen Rechts,
- der konkrete Architektenvertrag.

Das Verhältnis AHB zu BBR ist dadurch gekennzeichnet, dass die auf die Architekten und Ingenieure zugeschnittenen Besonderheiten der AHB durch die BBR konkretisiert werden.[270]

Seit einigen Jahren hat sich in der Haftpflichtversicherung für Architekten und Ingenieure völlig legal die Besonderheit herausgebildet, dass Einzelversicherer eigene Besondere Haftpflichtbedingungen konzipiert haben und anwenden. Da dies nur einen Sinn ergibt, wenn die allgemein noch existierenden BBR verändert werden, da es andernfalls keiner eigenen Formulierungen bedürfte.

Weil einige Haftpflichtversicherer besondere individuelle Haftpflichtbedingungen konzipiert haben, existieren auch unterschiedliche Vertragskonstrukte. Die einheitlichen BBR gelten allerdings, sofern sie einmal dem Versicherungsverhältnis zugrunde gelegt worden sind, weiter. Will der Versicherer seine eigenen Geschäftsbedingungen in das Vertragsverhältnis einführen, bedarf es einer Änderungskündigung. Andererseits lässt sich nicht feststellen, dass diese neugeschaffenen Einzel-Versicherungsbedingungen grundlegend von den alten BBR abweichen.[271] Zwar besteht aus berufsrechtlichen Gründen für den Architekten die Verpflichtung, sich ausreichend zu versichern, doch sollte der Bauherr darauf bestehen, dass ihm ein Nachweis vorgelegt wird. Nur so kann er sicher sein, dass die vereinbarte Versicherung auch tatsächlich besteht.

Wenn ein Mitarbeiter des Architekten einen Fehler begeht und dem Bauherrn oder einem Dritten ein Fehler zugefügt wird, ist der dadurch entstandene Schaden mitversichert, soweit diese Mitarbeiter durch die jährliche Meldung in den Vertrag mit einbezogen wurden.[272] Der Architekt haftet für den Fehler seiner Mitarbeiter gemäß § 278 BGB wie für eigenes Verschulden. Werden Verkehrssicherungspflichten verletzt, richtet sich die Haftungsfrage nach § 831 BGB, d. h., es wird gefragt, ob den Architekten bei der Auswahl seiner Mitarbeiter eine Auswahlpflichtverletzung trifft.

[270] Neuenfeld, Architekt und Bauherr, 132.
[271] Ebd., 133.
[272] Ebd., 128.

BGB § 831 [Haftung für den Verrichtungsgehilfen]

(1) Wer einen anderen zu einer Verrichtung bestellt, ist zum Ersatze des Schadens verpflichtet, den der andere in Ausführung der Verrichtung einem Dritten zufügt. Die Ersatzpflicht tritt nicht ein, wenn der Geschäftsführer bei der Auswahl der bestellten Person und, sofern er Vorrichtungen oder Gerätschaften zu beschaffen oder die Ausführung der Verrichtung zu leiten hat, bei der Beschaffung oder der Leitung die im Verkehr erforderliche Sorgfalt beobachtet oder wenn der Schaden auch bei Anwendung dieser Sorgfalt entstanden sein würde.

(2) Die gleiche Verantwortlichkeit trifft denjenigen, welcher für den Geschäftsherrn die Besorgung eines im Absatz 1 Satz 2 bezeichneten Geschäfte durch Vertrag übernimmt.

Kann der Architekt darlegen, dass er einen Mitarbeiter eingesetzt hat, der gewöhnlich zuverlässig ist, so trifft ihn keine Auswahlpflichtverletzung, und damit auch keine Haftung für eine Verkehrssicherungspflichtverletzung (die Inanspruchnahme des Mitarbeiters schließt natürlich nicht aus, dass er über die Versicherung seines Arbeitgebers, des Architekten, mitversichert ist und der Schaden dadurch abgedeckt wird). Für größere Bauvorhaben sei auch auf die Möglichkeit des Abschlusses einer objektbezogenen Einzelfallversicherung hingewiesen.

Der Personenschaden erfasst alle physischen Einwirkungen, nicht jedoch Verletzungen des Persönlichkeitsrechtes wie Ehrverletzungen und Freiheitsberaubung. Der Personenschaden spielt in der Praxis keine große Rolle. Er kann nur in Zusammenhang mit der Baustelle auftreten und dort ist die Verkehrssicherungspflicht des Architekten gegenüber dem Bauunternehmer eindeutig eingeschränkt. Sie begrenzt sich auf solche Gefahren, die dem durchschnittlichen Architekten auffallen müssen. Man wird daher in Schadensfällen eher Versicherungsfälle für den Bauunternehmer anzunehmen haben. Sonstige Schäden sind sowohl Sachschäden als auch reine Vermögensschäden. Ein Sachschaden entsteht durch eine Sachbeschädigung; darunter versteht man jede Änderung der das Wesen der Sache bedingenden Eigenschaften durch Einwirkung auf ihre Substanz. Begrifflich würde dieser Sachschaden eine schon vorhandene Substanz voraussetzen, die erst danach in ihrer Substanz beeinträchtigt wird.

Nun besteht nach Auffassung des BGH[273] bei Neubauten die Besonderheit, dass sie nie vollständig fehlerfrei erstellt werden könnten. Wenn aber wenn die Herstellung einer mangelhaften Sache nicht unter den Haftpflichtversicherungsschutz wegen Sachbeschädigung falle, sei das lediglich die Folge einer der Risikoausschlussklauseln des § 4 Abs. 1 Satz 1b AHB (Versicherungsbedingungen für die Haftpflichtversicherung) und § 4 Abs. 2 Satz 5 AHB. Diese Klauseln fänden jedoch keine Anwendung auf den Architekten, der das Bauwerk ja nicht herstelle, sondern nur die Pläne liefere und deren Umsetzung in die reale Gestalt überwache. Eine ungenügende Wärmedämmung beispielsweise sei daher ein Sachschaden, auch wenn sie niemals fehlerfrei existiert habe.

---

[273] BGH, VersR 1967, 769 und 1969, 723.

Entscheidend für eine Regulierung durch den Haftpflichtversicherer ist der Zeitpunkt des Verstoßes, nicht dagegen etwa der Zeitpunkt, zu welchem der Schaden auftritt. Das Auftreten des Schadens ist ohnehin nur ein Berechnungsfaktor; die Einstandspflichten des Architekten werden bereits durch die Mangelhaftigkeit seines Tuns, nicht erst durch den auftretenden Schaden begründet. Ein Schaden ist überhaupt nicht erforderlich für die Eintrittsverpflichtung des Architekten. Es genügt die Verursachung eines Mangels, der zu keinem Schaden führt, um Gewährleistungsansprüche auszulösen.

Der Architekt hat seiner Anzeigepflicht gegenüber der Haftpflichtverletzung nachzukommen. Auch der Bauherr sollte nach dem Eintritt eines Schadensfall auf Einschaltung der Haftpflichtversicherung des Architekten drängen. Die Versicherung ist ein solventer Schuldner, außerdem kann sie die Angelegenheit häufig wesentlich sachlicher behandeln als der emotional betroffene Architekt. Zu beachten ist allerdings, dass der Bauherr keinen Rechtsanspruch auf Einschaltung der Haftpflichtversicherung des Architekten hat. Sollte sich der Architekt weigern, seine Haftpflichtversicherung einzuschalten, ist dies ein Zeichen dafür, dass die Angelegenheit nicht sachlich geführt werden kann. Die Verletzung der Anzeigepflicht kann im übrigen den Verlust des gesamten Versicherungsanspruches nach sich ziehen[274], was sich wiederum nachteilig auch auf den Bauherrn auswirken kann. Dies gilt insbesondere für den Fall, dass der Architekt einen möglichen Schadensersatzanspruch des Bauherrn nicht mit eigenen finanziellen Mitteln begleichen kann (Stichwort: Insolvenz/Konkurs).

Von ganz besonderer Bedeutung sind die bereits wiedergegebenen Bestimmungen über den Serienschaden, bei dessen Vorliegen die Versicherungssumme nur einmal pro Jahr zur Verfügung steht. Dazu muss man wissen, dass im Normalfall die Versicherungsverträge die Versicherungssumme auf das Zweifache maximieren. Bei den Serienschäden wurde bisher dieses Prinzip durch die Begrenzung auf das Einfache der Versicherungssumme durchbrochen. Ein Serienschaden liegt z. B. dann vor, wenn ein Konstruktionsprinzip sich an zahlreichen Bauteilen oder Gebäuden wiederholt. Die darin liegende Vervielfältigung des Schadens ist kostenmäßig natürlich äußerst problematisch. Die in der bisherigen Praxis häufig verwendete Deckungssumme von 150.000,- DM erwies sich angesichts der Gefahrenlage als zu niedrig. Natürlich ist die Festlegung einzelfallabhängig; je größer das Projekt, desto höher sollte also die Deckungssumme vereinbart sein.

Was ist ein Personenschaden?

Ein Personenschaden liegt vor bei allen Eingriffen in die körperliche Integrität von Menschen im Zusammenhang mit dem Bauvorhaben an einer bestimmten Baustelle. Nicht erfasst sind Eingriffe in das Persönlichkeitsrecht wie Ehrverletzung (z.B. durch Beleidigungen) oder Freiheitsberaubung (z.B. vorübergehende baulich motivierte Hinderung einer Person am Verlassen der Baustelle).

Der Personenschaden spielt in der Praxis keine große Rolle.

Die Verkehrssicherungspflicht des Architekten - die sich auch auf die Vermeidung von Personenschäden bezieht - ist gegenüber der Verkehrssicherungspflicht

[274] OLG Saarbrücken, BauR 1991, 494.

des Bauunternehmers deutlich eingeschränkt. Sie erstreckt - und beschränkt sich - auf solche Gefahren, die dem überdurchschnittlichen Architekten einfach als solche auffallen müssen.[275]

Was sind sonstige Schäden?

Darunter sind sowohl Sachschäden als auch reine Vermögensschäden zu verstehen.

Ein Sachschaden entsteht durch eine Sachbeschädigung; dass heißt, eine Änderung der das Wesen der Sache bedingende Eigenschaft durch Einwirkung auf ihre Substanz. Begrifflich würde dieser Sachschaden eine schon vorhandene Sache voraussetzen, die erst danach in ihrer Substanz beeinträchtigt werden kann. Da Architekten aber - zumindest bei Neubauten - erst eine neue Sache schaffen, die niemals fehlerfrei gewesen sein könnte, sondern schon mangelhaft entsteht, hat der BGH schon seit langer Zeit die Auffassung vertreten, wenn die Herstellung einer mangelhaften Sache nicht unter den Haftpflichtversicherungsschutz wegen Sachbeschädigung falle, so sei das lediglich Folge einer Risikoausschlussklausel. Derartige Klauseln fänden jedoch keine Anwendung auf den Architekten, der das Bauwerk ja nicht herstelle, sondern nur die Pläne liefere und deren Umsetzung in die reale Gestalt überwache. Eine ungenügende Wärmedämmung beispielsweise sei daher ein Sachschaden, auch wenn sie niemals fehlerfrei existiert hätte.[276]

Was ist versichert?

Versichert sind nur geldwerte Ansprüche, ferner solche aus positiver Vertragsverletzung, aus unerlaubter Handlung, aus der Verkehrssicherungspflicht oder einer schuldhaften Schädigung des Nachbargrundstücks.[277]

Was ist nicht versichert?

Nicht versichert sind:

- der Anspruch auf Erfüllung des Architektenvertrages,
- die Ansprüche auf Rücktritt vom Vertrag oder Minderung des Architektenhonorars,
- Ansprüche auf Nacherfüllung,
- Ansprüche aus schuldhaft verspäteten Leistungen, es sei denn, die Verspätung ergibt sich aus der Korrektur von Planungsmängeln,
- Ansprüche aus schuldhaft falschen Kostenermittlungen,
- Ansprüche aus schuldhaft falschen Massenermittlungen,
- Ansprüche aus bewussten Verstößen gegen gesetzliche Bestimmungen (z.B. Schwarzarbeit oder Bauen ohne Baugenehmigung) oder Regeln der Technik.

---

[275] Neuenfeld, Architekt und Bauherr, 133.

[276] BGH, VersR 1969, 723.

[277] Neuenfeld, Architekt und Bauherr, 136.

Es handelt sich hierbei um ein bewusst gesetzes-, vorschrifts- oder sonstiges pflichtwidriges Verhalten. Bewusst bedeutet wissentlich. Dazu gehört nicht, dass sich der Architekt die Entstehung des Schadens selbst vorgestellt hat.[278] Das Merkmal „bewusst“ bezieht sich nur auf das Wissen von der Kenntnis einer seinem Handeln entgegenstehenden Norm, ohne dass sich der Architekt über die Folgen seiner Pflichtwidrigkeit im klaren gewesen ist.[279]

– Ansprüche aus vorsätzlichen Schadenszufügungen.

Für Ansprüche wegen Bauwerksschäden und wegen Vermögensschäden genießt der Architekt regelmäßig Versicherungsschutz.

[278] BGH, VersR 1959, 691; OLG Saarbrücken, NJW-RR 1998, 93.
[279] Neuenfeld, Architekt und Bauherr, 137.

2.17 Kündigung

> **§ 17 Kündigung**
>
> Der Vertrag ist für den Auftragnehmer jederzeit, für den Auftragnehmer nur aus wichtigem Grund kündbar. Die Kündigung bedarf in jedem Fall der Schriftform. Hat der Architekt die Kündigung zu vertreten, so hat er nur Anspruch auf Vergütung der bis dahin erbrachten Leistungen, wenn die Leistungen brauchbar sind und einen selbständigen Wert besitzen. In allen anderen Fällen steht dem Architekten das vertraglich vereinbarte Honorar zu; er muss sich jedoch dasjenige anrechnen lassen, was er infolge der Aufhebung des Vertrages an Aufwendungen erspart oder durch anderweitige Verwendung seiner Arbeitskraft erwirbt oder erwerben böswillig unterlässt.

Die freie Kündigungsmöglichkeit des Bauherrn

Der Gesetzgeber konstituierte in § 649 BGB die einseitige Möglichkeit des Bestellers einer Werkleistung, den Vertrag jederzeit auch ohne wichtigen Grund kündigen zu können. Das hat zur Folge, dass der Bauherr als Besteller im Sinne des § 649 BGB den Architektenvertrag jederzeit kündigen kann, während dem Architekten diese Möglichkeit verwehrt ist:

> **BGB § 649 [Kündigung des Bestellers]**
>
> Der Besteller kann bis zur Vollendung des Werkes jederzeit den Vertrag kündigen. Kündigt der Besteller, so ist der Unternehmer berechtigt, die vereinbarte Vergütung zu verlangen; er muss sich jedoch dasjenige anrechnen lassen, was er infolge der Aufhebung des Vertrags an Aufwendungen erspart oder durch anderweitige Verwendung seiner Arbeitskraft erwirbt oder zu erwerben böswillig unterlässt.

Wichtiger Kündigungsgrund

Die in allgemeinen Geschäftsbedingungen vorzufindende Bauvertragsklausel, nach der das in § 649 Abs. 1 BGB geregelte freie Kündigungsrecht des Auftraggebers ausgeschlossen ist, ist unwirksam. Die formularmäßige Beschränkung der Kündigung auf eine solche aus wichtigem Grund und somit der Ausschluss des freien Kündigungsrechts ist mit wesentlichen Grundgedanken der gesetzlichen Bestimmungen nicht zu vereinbaren (§ 307 Abs. 2 Nr. 1 BGB).[280] Das Vergü-

---

[280] früherer § 9 Abs. 2 Nr. 1 AGBG.

tungsinteresse ist ausreichend gemäß § 649 S. 2 BGB geschützt.[281] In dieser Auffassung legt eine Abkehr früherer Positionen der Rechtsprechung.[282]

Der Umstand, dass der Bauherr also in jedem Fall und jederzeit kündigen kann, bedeutet jedoch nicht, dass ihm nicht auch wichtige Gründe zur Verfügung stehen können. Das Vorhandensein eines wichtigen Kündigungsgrundes hat Auswirkungen auf die Frage, welches Honorar dem Architekten für seine Leistungen zusteht. Kündigt der Bauherr aus wichtigem Grund zu Recht, so hat der Architekt nur dann einen Anspruch auf Vergütung für die von ihm erbrachten Leistungen, wenn diese mangelfrei erbracht sind. Der Architekt hat dies im Prozess vorzutragen und im Bestreitensfalle zu beweisen. Ist die Werkleistung mangelfrei erbracht, so kann der Auftraggeber demgegenüber einwenden, dass die Leistung unabhängig von ihrer Mangelfreiheit für ihn nicht brauchbar oder ihre Verwertung nicht zumutbar ist. Er hat diesen Nachweis zu führen.[283]

Ein wichtiger Grund liegt vor, wenn einem Vertragspartner unter Abwägung aller Umstände nach Treu und Glauben nicht länger ein Festhalten am Vertrag zugemutet werden kann. Wichtige Gründe für den Bauherrn sind vor allem Leistungsmängel des Architekten. Auf der Grundlage des bis zum 31.12.2001 geltenden Werkvertragsrechts betrachtete es die Rechtsprechung als notwendig, dass in einem solchen Fall der Kündigungserklärung des Bauherrn eine Aufforderung an den Architekten zur Mängelbeseitigung unter Fristsetzung und Ablehnungsandrohung gemäß § 634 Abs. 1 BGB a.F. vorausgehen musste.[284]

Der Vorrang und die damit verbundene Notwendigkeit des Nacherfüllungsverlangens gegenüber den anderen Gewährleistungsrechten nach dem neuen Schuldrecht wird an dieser Auffassung nichts ändern – mit Ausnahme der nunmehr nicht mehr erforderlichen Ablehnungsandrohung.

Fehlt es an einer derartigen Nacherfüllungsaufforderung ist die Kündigung eines solchen Werkvertrages wie dem Architektenvertrag unwirksam. Für den Fall, dass sich der Bauherr nicht an die werkvertragliche Grundregel der Nacherfüllung hält, gilt die ausgesprochene Beendigung des Vertragsverhältnisses als freie Kündigung. Damit verbunden ist die für den Bauherrn kostenträchtige Wirkung, dass er den vollen Honoraranspruch für alle Leistungen entsprechend des Architektenvertrages abzüglich der ersparten Aufwendungen zu leisten hat.

Entbehrlich ist eine Nacherfüllungsaufforderung nur dann, wenn sie infolge gravierender Mängel eine bloße Förmelei wäre.

Fraglich ist auch, ob eine solche Nacherfüllungsaufforderung mit Fristsetzung auch für den Fall notwendig ist, wenn der Architekt eine Kündigung aussprechen will. Auch der neue § 634 BGB sieht dieses rechtliche Instrumentarium nur für die Bauherrenkündigung vor. Dennoch erscheint es sachgerecht, dass in Anbetracht

---

281 BGH, BauR 1999, 1294 = BB 1999, 1997 = IBR 1999, 413.

282 BGH, NJW-RR 1994, 15; Korbion/Locher, AGB-Gesetz und Bauerrichtungsverträge, Düsseldorf [3]1997, 188. – Die vertretene Auffassung bezieht sich auf das damals geltende AGB-Gesetz. Inhaltlich lässt es sich auf die heute geltenden Normen der §§ 305-310 BGB übertragen.

283 BGH, BauR 1997, 1060=ZfBR 1997, 293.

284 KG Berlin, BauR 1988, 624 und BauR 1994, 133; OLG Hamm, BauR 1995, 413.

der Bedeutung eines Architektenvertrages, seiner Aufrechterhaltung zugunsten des Bauherrn und der besonderen Sachwalterstellung des Architekten auch diesem diese Möglichkeit zubilligt.

Hauptsächlich wird man solche Fälle vor allem dann erleben, wenn der Bauherr vereinbarte Abschläge nicht zahlt oder sonstige Honoraransprüche des Architekten (z.B. nach Abrechnung einer Leistungsphase etwa) ignoriert.[285]

Ist der Kündigungsgrund vom Architekten zu vertreten (z.B. bei erheblichen Leistungsmängeln), besitzt dieser einen Honoraranspruch für die bis zur Kündigung erbrachten Leistungen und auch nur insoweit, als sie verwertet werden können.[286] Diese Formulierung lässt nicht den Honoraranspruch entfallen, wenn sie verwertet werden könnten, aber nicht verwertet werden. Sie müssen aber objektiv zur weiteren Verwendung des Bauwerkes geeignet sein.[287] Die daraus resultierenden Bewertungsprobleme beim Abbruch der Vertragsbeziehungen mitten in einer Leistungsphase seien hier nur erwähnt, sie können nicht detailliert behandelt werden. Entgangener Gewinn ist ausgeschlossen, sonst würde der Architekt aus seiner Vertragswidrigkeit, die zur Kündigung des Architektenvertrages führte, auch noch einen ungerechtfertigten Vorteil ziehen. Im übrigen tritt die Fälligkeit des Honorars im Falle einer vorzeitigen Beendigung des Architekten- oder Ingenieurvertrages durch Kündigung grundsätzlich mit sofortiger Wirkung ein. Zu weiteren Leistungen ist der Architekt nicht mehr verpflichtet.[288]

Endet der Vertrag aus Gründen, die der Architekt nicht zu vertreten hat, so gilt Satz 3. Dies übrigens auch dann, wenn keine der beiden Seiten den Abbruch der Vertragsbeziehungen zu vertreten hat. Das Tatbestandsmerkmal des „zu vertreten haben" ist in einem objektiven Sinne als Zuordnung zur Sphäre des einen oder anderen Vertragspartners zu verstehen, nicht jedoch sind hier Verschuldenskriterien maßgeblich.

Der Bauherr, dem die Finanzierung seines Bauvorhabens nicht gelingt, die Gemeinde, die nicht die erwarteten Landesmittel erhält, sind nicht „schuld" am Scheitern der Vertragsbeziehung, sie haben aber dies „zu vertreten". In diesen Fällen erhält der Architekt das volle Honorar für die erbrachten und verwertbaren Leistungen und für die ihm übertragenen, aber noch nicht abgerufenen Leistungen, den sogenannten „entgangenen Gewinn", das heißt das Resthonorar unter Abzug ersparter Aufwendungen. Einer sehr breiten Praxis entsprechend wurden jahrzehntelang die ersparten Aufwendungen für den Normalfall mit 40% bewertet. Dies entsprach einer streitigen Rechtsauffassung, aber auch der ständigen Rechtsprechung.[289]

„Entgangener Gewinn"

Wie bereits erwähnt war die pauschale Bemessung des entgangenen Gewinn in Höhe von 60% schon immer äußerst umstritten, da feststand, dass bei Durchfüh-

---

[285] Vgl. BGH, BauR 1989, 626.

[286] OLG Oldenburg, OLGR 1995, 169.

[287] BGH, BauR 1997, 1060 = NJW 1997, 3017.

[288] OLG Düsseldorf, BauR 1986, 245; OLG Hamm, BauR 1986, 231.

[289] BGH, NJW 1969, 419; OLG Köln, DB 1973, 68; OLG Hamm, NJW-RR 1994, 982.

rung eines Vertrages ein solcher steuerlicher Gewinn normalerweise nicht erzielt worden wäre. Mit Rücksicht auf diese Rechtsprechung des BGH hatte aber die Fachliteratur zum damals geltenden AGB-Gesetz ihre Bedenken überwiegend zurückgestellt. Mit mehreren Entscheidungen in jüngerer Zeit hat der BGH eine Abwendung von dieser Berechnungsweise vorgenommen. Er stellte nunmehr eine Regelung auf, die zwar vom Bauunternehmer spricht, aber auch entsprechend auf den Architekten anwendbar ist.

Als nach § 649 Satz 2 BGB erspart anzurechnen sind danach die Aufwendungen, die der Unternehmer bei Ausführung des Vertrages hätte machen müssen und die er wegen der Kündigung nicht mehr machen muss. Dabei ist auf die Nichtausführung des konkreten Vertrages abzustellen. Maßgebend sind dabei die Aufwendungen, die sich nach den Vertragsunterlagen unter Berücksichtigung der Kalkulation ergeben. Was er sich in diesem Sinne als Aufwendungen anrechnen lässt, hat der Unternehmer vorzutragen und zu beziffern, denn in der Regel ist nur er dazu in der Lage. Dabei sind Einheitspreisverträge nach den Positionen des Leistungsverzeichnisses abzurechnen.[290]

Unter diesem Aspekt hat der BGH festgestellt, dass die genannte AGB-Klausel unwirksam sei. Er weist dazu auf zwei wichtige Gesichtspunkte hin: Zum einen müsse der Vertragspartner wegen des in der Klausel enthaltenen Wortes „vereinbart" annehmen, dass damit der Nachweis höherer ersparter Aufwendungen ausgeschlossen sei. Zum anderen müsse der Klausel die Wirksamkeit auch versagt werden, weil die in ihr festgelegte Pauschale unangemessen sei. Der Architekt (wie Bauunternehmer) könne nämlich nach der Kündigung durch den Bauherrn in der Lage sein, Einkünfte durch die anderweitige Verwendung seiner Arbeitskraft erzielen. Erhalte er in einem solchen Fall entsprechend der Klausel ohne Anrechnung der anderweitigen Auslastung seiner Arbeitskapazität 60% des Honorars für nicht ausgeführte Arbeiten, könne er im Ergebnis wesentlich höhere Vergütungen verlangen, als er bei Durchführung des Vertrages und gleichem Arbeitseinsatz erzielt hätte.[291]

Schließlich hatte der BGH auch noch eine Klausel aufgehoben, die dem Bauherrn das Recht zum Nachweis eines höheren Aufwendungsanteils auferlegte.[292]

Damit sind alle Kündigungsklauseln, die den 60:40-Faktor oder einen anderen pauschalen Faktor enthalten, unwirksam.[293] Somit ist der Architekt zur Bezifferung seiner ersparten Aufwendungen in allen Fällen gezwungen. Das gilt im übrigen auch bei der Kündigung eines Pauschalvertrages[294], weil nunmehr übergegangen werden muss auf eine konkrete HOAI-Abrechnung. Hat der Architekt einen solchen Vertrag mit einer unwirksamen Klausel gestellt, kann er sich allerdings von den 60% nicht mehr lösen, auch wenn eine konkrete Nachweisrechnung einen höheren Honoraranspruch ergeben sollte.[295]

---

[290] BGH, ZfBR 1996, 143.
[291] Neuenfeld, Architekt und Bauherr, 143.
[292] BGH, BauR 1998, 866.
[293] BGH, BauR 1997, 156.
[294] OLG Düsseldorf, BauR 1996, 574.
[295] BGH, BauR 1998, 357.

Keinen Bedenken begegnet eine Kündigungsvorschrift in einem von dem Bauherrn gestellten Vertragsmuster, da es einem Auftraggeber nicht verwehrt sein darf, dem Vertragspartner solche Vorteile einzuräumen.[296] Der BGH hat des weiteren ausgeführt, die Unangemessenheit der Pauschale lasse sich nicht damit begründen, dass der Reingewinn des selbständigen Architekten in der Regel unter 60% des Honorars liege. Denn der Anspruch aus § 649 Satz 2 BGB knüpft nicht an den entgangenen Gewinn an, sondern soll vielmehr dem Architekten auf der Grundlage der vereinbarten Vergütung einen Ausgleich für die negativen Folgen der Kündigung bieten.[297] Dieser Satz führt dazu, dass der gekündigte Architekt oder Ingenieur sich möglicherweise noch besser stellt als nach dem alten 60:40-Verhältnis. Das kuriose Ergebnis ist, dass der Architekt - jedenfalls bei kleineren Büros - durch eine ungerechtfertigte Kündigung besser gestellt wird, als wenn er den Auftrag erfüllt hätte.[298]

Definition Aufwendungen

Problematisch ist die Feststellung der Aufwendungen. Der BGH hat in den genannten Entscheidungen hervorgehoben, dass der Architekt - und nicht etwa der Bauherr - als einziger imstande ist, seine Aufwendungen vorzutragen und zu beziffern. Dabei ist auf den konkreten Fall abzustellen, was in der Praxis zu nicht unerheblichen Beweisschwierigkeiten führt. So muss unterschieden werden zwischen Aufwendungen generell und ersparten Aufwendungen. Bereits früher hat der BGH entschieden, dass ein Unternehmen (was sich auch auf die Firma des Architekten übertragen lässt) nicht ohne weiteres Ersparnisse im Personalbereich erzielt, wenn Aufträge entfallen; dies gelte vor allem dann, wenn die Firma lediglich einen Angestellten beschäftige. Für die große Masse der kleinen Architekturbüros, insbesondere der Ein-Mann-Büros, ist dies ein verwertbarer Hinweis. Entscheidend ist nicht etwa der steuerrechtliche, sondern der betriebswirtschaftliche Begriff der Aufwendungen.

Der Architekt muss bei der Bezifferung der ersparten Aufwendungen folgendermaßen vorgehen:

Zunächst hat er zu ermitteln, in welchem Zeitraum er den gekündigten Auftrag und nun nicht mehr zu erbringenden Vertragsteil hätte abwickeln können, einen glatten Verlauf unterstellt. Anschließend muss sich der Architekt ein Bild machen, mit welchen Mitarbeitern und welchem Zeitaufwand er dieser Tätigkeit nachgekommen wäre. Sich selbst muss er ebenfalls hinsichtlich des voraussichtlichen Beteiligungsaufwandes hinterfragen und sich bei der Berechnung seines eigenen Aufwandes ein fiktives Angestelltengehalt anrechnen, das dem eines Mitarbeiters entsprechen muss, der die Aufgabe des Inhabers erfüllen sollte.

Für diesen Zeitaufwand ist das jeweilige Bruttogehalt zuzüglich eines Gemeinkostenfaktors von durchschnittlich 120% zu ermitteln. Sachkosten werden nur im

[296] Neuenfeld, Architekt und Bauherr, 144. – Die Auffassung des Autor bezieht sich auf das damals geltende AGB-Gesetz, lässt sich aber auch auf die heute geltende Inhaltskontrolle der §§ 305-310 BGB übertragen.

[297] BGH, BauR 1997, 156.

[298] OLG Celle, BauR 1999, 191.

geringfügigen Umfang erspart werden können, denn das Büro mit allen üblichen Kosten läuft weiter. Erspart sein können nur einige auf das Objekt bezogene Sachkosten, die normalerweise in den Bürokosten untergehen. Die eigentlichen Nebenkosten des Objekts entfallen deshalb, weil sie in einer Nebenkostenpauschale enthalten wären und hier nicht zum Tragen kommen.

Mit den voran beschriebenen Schritten wären die Aufwendungen beziffert. Jetzt muss geprüft werden, was der Architekt dabei erspart haben kann. Ein Einmann-Büro erspart überhaupt nichts, wenn ein Auftrag verloren geht. Der Inhaber hat nicht nur weiterlaufende Sachkosten, er selbst muss auch „weiterlaufen", um diese Lücke zu schließen. Es werden auch nicht automatisch mit dem Wechsel eines noch so wichtigen Auftrages Entlassungen verbunden werden können.

Zum Teil stehen dem arbeitsrechtliche Überlegungen gegenüber, zum anderen auch die durchaus legitimen Erwägungen, dass man auch bei einer Auftragslücke von einem halben oder einem Jahr sehr gute Mitarbeiter nicht entlässt, sondern „durchfüttert". Auch solche Aufwendungen wären dann nicht „erspart".[299]

Die Darlegungslast für ersparte Aufwendungen trifft den Architekten. Wenn der Bauherr Abweichendes behaupten will, muss er das allerdings beweisen. Den Architekt trifft wiederum die Beweislast, dass das bis zur Kündigung erbrachte Teilwerk frei von Mängeln ist. Dass es für den Bauherrn von Wert bleibt, muss der Architekt nicht beweisen.[300] Dagegen behält der Architekt die Beweislast für die von ihm bis zur Beendigung als erbracht abgezeichneten Leistungen.[301]

Problem der Ersatzaufträge

Anrechnen lassen muss sich ein Architekt aber auch, was er durch seine Arbeitskraft – nachdem es zu einer Kündigung gekommen ist – durch anderweitige Tätigkeit erwirtschaftet hat bzw. hätte erwirtschaften können.

Das OLG Celle[302] wies eine entsprechende Klage ab, in der ein Auftragsverhältnis vorzeitig gekündigt wurde und der Architekt vortrug, im fraglichen Zeitraum keine angestellten Mitarbeiter und keine Ersatzaufträge hereinbekommen zu haben. Der Architekt müsse sowohl für die ersparten Aufwendungen eine Nachkalkulation vorlegen, als auch im einzelnen vortragen, welche sonstigen Aufträge er im fraglichen Zeitraum wahrgenommen und welche Versuche er unternommen habe, Ersatzaufträge zu akquirieren. Hieraus lässt sich ableiten, dass im Falle einer vorzeitigen Kündigung des Architektenvertrages die Darlegungspflicht des Architekten deshalb hinsichtlich des Bemühens um Ersatzaufträge recht weitgehend und ernst zu nehmen ist. Insbesondere sollten also Nachweise gesammelt werden, welche Akquisitionsversuche unternommen wurden, um den Schaden für alle Beteiligten möglichst gering zu halten.

Abschlagszahlungen und Kündigung

---

[299] Neuenfeld, Architekt und Bauherr, 145f.

[300] BGH, BauR 1993, 469.

[301] BGH, BauR 1994, 655.

[302] OLG Celle, Urteil vom 22.04.1999 - 14 U 114/ 98.

Der BGH[303] vertritt die Auffassung, dass ein Anspruch auf Abschlagszahlungen gemäß § 8 Abs. 2 HOAI dem Architekten nur dann zusteht, wenn das Vertragsverhältnis im Zeitpunkt der Klageerhebung noch besteht. Wenn dieser Vertrag zu diesem Zeitpunkt bereits wirksam gekündigt worden ist, kann der Architekt im laufenden Rechtsstreit die Schlussrechnung erstellen und seinen Zahlungsanspruch als Anspruch auf Schlusszahlung weiter verfolgen. Der Übergang vom Anspruch auf Abschlagszahlungen zum Anspruch auf Schlusszahlung ist noch keine Klageänderung im Sinne des § 264 ZPO.

ZPO § 264 [Keine Klageänderung]

Als eine Änderung der Klage ist es nicht anzusehen, wenn ohne Änderung des Klagegrundes
1. die tatsächlichen oder rechtlichen Anführungen ergänzt oder berichtigt werden;
2. der Klageantrag in der Hauptsache oder in bezug auf Nebenforderungen erweitert oder beschränkt wird;
3. statt des ursprünglich geforderten Gegenstandes wegen einer später eingetretenen Veränderung ein anderer Gegenstand oder das Interesse erfordert.

Weiter ist zu berücksichtigen, dass im Falle einer vorzeitigen Beendigung des Architektenvertrages durch Kündigung, die Fälligkeit des Honoraranspruches aufgrund der fehlenden Verpflichtung des Architekten zu weiteren Leistungen grundsätzlich mit sofortiger Wirkung eintritt.[304] Voraussetzung ist aber auch in diesem Fall die Vorlage einer prüffähigen Schlussrechnung.[305]

Ist das Vertragsverhältnis zwischen Bauherr und Architekt beendet, haben beide die Möglichkeit, sich mündlich wirksam auf einen bestimmten Betrag als restlichen Honoraranspruch zu einigen.[306] Ein nach Beendigung der Architektentätigkeit über die Honorarforderung abgeschlossener Vergleich fällt nicht unter die Regelungen des § 4 Abs. 4 HOAI.[307] Es ist zu beachten, dass ein solcher Vergleich dagegen dann unter § 4 Abs. 4 HOAI fällt, wenn die Parteien ihn vor der Beendigung der Architektentätigkeit schließen[308] (Vgl. 2. Teil).

Eine enumerative Auflistung wichtiger Kündigungsgründe kann nicht vorgenommen werden, da sie weder der Gesetzgeber vorsieht, noch in der Rechtsprechung praktiziert wird. Es kommt immer auf den Einzelfall an. Vorliegend seien einige Beispiele aus der Rechtsprechung wiedergegeben, in denen wichtige Kündigungsgründe gesehen wurden:

Wichtige Kündigungsgründe des Bauherrn

Dem Bauherrn steht ein wichtiger Kündigungsgrund für den Fall zu, wenn:

---

303 BGH, NJW 1985, 1840.
304 OLG Düsseldorf, BauR 1986, 244.
305 BGH, BauR 1986, 596.
306 OLG Düsseldorf, BauR 1987, 587.
307 BGH, BauR 1987, 112.
308 BGH, ZfBR 1987, 284.

- fehlende Architekteneigenschaft des Auftragnehmers[309]
- nicht genehmigungsfähige Planungsentwürfe angefertigt werden, die Gegenstand eines Bauantrages werden, obwohl die Baubehörde zuvor einen gegenteiligen Bauvorbescheid erlassen hatte[310],
- bei unvorhersehbaren, gravierenden Veränderungen in den persönlichen Verhältnissen des Bauherrn, dem die Fortführung des Bauvorhabens und damit die Vertragserfüllung nicht zugemutet werden kann; insbesondere, wenn durch schwere Erkrankung[311] des Bauherrn oder dessen Tod ihm bzw. seinen Erben die wirtschaftlichen Mittel nicht mehr zur Verfügung stehen,
- der Architekt entgegen der vertraglichen Übereinkunft den Abschluss einer Haftpflichtversicherung unterlässt[312],
- eine erhebliche Abweichung der vorgegebenen Baukosten entsteht[313],
- der Kostenrahmen nicht eingehalten wird und der Architekt mit gerichtlichen Schritten gegen den Bauherrn droht[314],
- eine treuwidrig Honorarmehrforderung des Architekten erfolgt, die der Vereinbarung widerspricht[315],
- sich wegen einer nachträglichen Änderung der Sachlage das Grundstück für die beabsichtigte Bebauung als nicht geeignet erweist, z.B. weil nach Beauftragung des Architekten ein Autobahnzubringer in unmittelbarer Nachbarschaft vorgesehen wurde[316],
- infolge der Änderung des Bebauungsplans im nachhinein das Bauvorhaben undurchführbar wird[317],
- der Architekt Provisionen für die Vermittlung von Aufträgen bei Bauobjekten, an denen er selber mitgewirkt hat, annimmt[318],
- Konkurs / Insolvenz des Architekten vorliegt[319],

---

309 OLG Köln, BauR 1986, 467. – Ein Kündigungsgrund liegt dagegen nicht vor, wenn zwar dem Geschäftsführer einer Architekten-GmbH die Architekteneigenschaft fehlt, aber ein Architekt der Firma zur Verfügung steht (OLG Düsseldorf, BauR 1996, 574).

310 OLG Düsseldorf, BauR 1986, 472.

311 Vgl. Locher, Baurecht, Rn. 355.

312 BGH, NJW-RR 1994, 15.

313 OLG Hamm. NJW-RR 1986, 1150.

314 OLG Naumburg, NJW-RR 1996, 1302.

315 OLG Nürnberg, BauR 1998, 1275.

316 Löffelmann/Fleischmann, Rn. 1465.

317 Ebd.

318 BGH, NJW 1977, 1915; OLG Düsseldorf, BauR 1996, 574.

319 Löffelmann/Fleischmann, Rn. 1465.

- trotz vorausgegangener Besprechung auch die zweite Version des Leistungsverzeichnisses schwerwiegende Mängel aufweist und unbrauchbar ist[320]

Wichtige Kündigungsgründe des Architekten

Auch dem Architekten steht die Möglichkeit zu, den Vertrag mit dem Bauherrn aus einem wichtigen Grund zu kündigen. Solche Gründe können sein, dass:

- berechtigte Abschlagsrechnungen nicht bezahlt werden[321]
- fällige und angemessene Abschlagszahlungen nicht gezahlt werden[322]
- der Bauherr seinen Mitwirkungspflichten nicht nachkommt[323]
- der Bauherr ein Hinwegsetzen über die Baugenehmigung oder sonstige öffentlich-rechtliche Bestimmungen verlangt[324]
- der Bauherr ein ehrverletzendes Verhalten zeigt[325]
- der Bauherr im Zuge der Leistungsphase 9 eine Vielzahl von Objektbegehungen mit haltlosen Beanstandungen veranlasst[326]
- der Bauherr das Grundstück verkauft[327]
- der Bauherr trotz fehlender Sachkunde auf der Ausführung von erheblichen Eigenleistungen besteht und daher mit einer sich im Rahmen des Zumutbaren haltenden Überwachungstätigkeit des Architekten eine mangelfreie Bauwerkserrichtung nicht zu erwarten ist[328]
- der Bauherr durch sein Verhalten die Durchführung des Vertrages so erhebliche gefährdet, dass das Vertrauensverhältnis zwischen ihm und dem Architekten gestört ist[329]
- sich der Bauherr arrogant verhält und der Architekt ihn vor der Kündigung darauf hingewiesen hat, dass er sein Auftreten als für die weitere Zusammenarbeit unerträglich empfindet[330],

---

[320] Ebd.

[321] BGH, BauR 1989, 626.

[322] BGH, BauR 1989, 626; ausführlich hierzu: Neuenfeld/Baden/Dohna/Groscurth, Handbuch, Band 1, II Rn. 367 bis 435; BGH, BauR 1998, 866 = ZfBR 1998, 236; BGH, BauR 2000, 592 = NJW 2000, 1114.

[323] OLG Düsseldorf, BauR 1998, 880.

[324] Löffelmann/Fleischmann, Rn. 1476.

[325] BGH, NJW-RR 1989, 1248ff = BauR 1989, 628 = ZfBR 1989, 248.

[326] Löffelmann/Fleischmann, Rn. 1476.

[327] Locher/Koeble/Frik, Einl., Rn 128.

[328] Löffelmann/Fleischmann, Rn. 1476.

[329] BGH, BauR 1989, 626.

[330] OLG Düsseldorf, BauR 1995, 267.

- dem Architekten infolge schwerer Erkrankung die Auftragserfüllung nicht zugemutet werden kann[331],
- Konkurs/Insolvenz des Bauherrn vorliegt.[332]

Beispiel:
Kündigung des Architektenvertrages vom ....
Bauvorhaben ....

Sehr geehrte Frau ..../Sehr geehrter Herr ....,

ich/wir kündige(n) den vorbezeichneten Architektenvertrag mit Wirkung zum ..../ mit sofortiger Wirkung.
Sie haben meine/unsere Abschlagsrechnungen nicht bezahlt. Obgleich ich/wir Sie bereits am ..../mit Schreiben vom .... erfolglos zur Zahlung aufgefordert hatte(n), konnte(n) ich/wir bis heute keinen Zahlungseingang auf meinem/unserem Geschäftskonto feststellen.

Ich/Wir fordere(n) Sie auf, meine/unsere bisher erbrachten Leistungen mit mir/uns gemeinsam auf der Baustelle/in meinem/unserem Büro am
.... (Datum), ...(Uhrzeit)
abzunehmen.

Sollten Sie die Abnahme verweigern, so würde(n) ich/wir diese ohne Sie durchführen.
Wegen der Abrechnung meiner/unserer Leistungen werde(n) ich/wir uns gesondert an Sie wenden.

....(Ort), ...(Datum)

....
(Architekt)

---

[331] Löffelmann/Fleischmann, Rn. 1476.
[332] Ebd.

2.18 Zurückbehaltungsrecht

§ 18 Zurückbehaltungsrecht

Dem Architekten steht ein Zurückbehaltungsrecht für den Fall zu, dass:

□ ....

□ ....

Ein Zurückbehaltungsrecht darf der Architekt nur geltend machen, wenn er zuvor dem Bauherrn Gelegenheit gegeben hat, das Zurückbehaltungsrecht durch Sicherheitsleistung auszuräumen. Die Sicherheitsleistung erfolgt durch Bürgschaft einer deutschen Bank oder Sparkasse.

Der Architekt muss das Recht haben, seine Leistungen einzustellen bzw. zurückzubehalten, wenn der Bauherr seinen Verpflichtungen aus dem Vertrag, insbesondere seinen Zahlungsverpflichtungen, nicht nachkommt. Die bisherige Rechtsprechung[333] lehnt ein Zurückhaltungsrecht des Architekten in diesen Fällen ab. Dringend zu empfehlen ist deshalb eine genau definierte Benennung jener Gründe, die zum Zurückbehalt berechtigen.
Im Kündigungsfalle stellt sich oft die Problematik, dass der Bauherr die Unterlagen herausverlangt, der Architekt dies jedoch von der Zahlung seines Honorars abhängig macht. Da in aller Regel streitig ist, ob zu Recht aus wichtigem Grund gekündigt wurde, verhindert diese Klausel einen Baustopp. Gleichzeitig sind die Rechte des Architekten gewahrt, ohne dass der Betrag gemäß § 273 Abs. 3 BGB hinterlegt werden müsste.

[333] OLG Köln, BauR 1999, 189=ZfBR 1999, 38; OLG Hamm, BauR 2000, 295.

2.19 Vertragsänderungen

> **§ 19 Vertragsänderungen**
>
> Änderungen, Ergänzungen und Nebenabreden dieses Vertrages bedürfen der Schriftform. Für den Fall, dass eine Klausel dieses Vertrages unwirksam sein solle, berührt dies nicht die Wirksamkeit der übrigen Vereinbarung. Anstelle der unwirksamen Klausel tritt das von den Parteien Gewollte, das der ausdrücklichen Vereinbarung sinngemäß am nächsten kommt und wirksam ist.
>
> ...., den ...., den ....
> (Ort, Datum)   (Ort, Datum)
>
> ....
> (Auftraggeber)   (Auftragnehmer)

Es ist anerkannt, dass die salvatorische Klausel auch unter Nichtkaufleuten wirksam ist.[334]

Sie soll verhindern, dass mündliche Nebenabreden nicht rechtswirksam vereinbart werden können. Im Vordergrund steht hierbei Beweissicherheit des Vereinbarten.

Da es sich bei dieser Klausel um keine gesetzlich vorgeschriebene Form handelt, bleibt es den Vertragsparteien unbenommen, einvernehmlich die Schriftform für Ergänzungen, Änderungen und Nebenabreden aufzuheben.[335]

Von dieser Abweichungsmöglichkeit sind bestimmte, zwingende Formvorschriften der HOAI ausgenommen. Wie auch bei anderen Verträgen ist die salvatorische Klausel sinnvoll, damit ein insgesamt für beide Seiten gewollter Vertrag nicht dadurch hinfällig ist, dass u.U. eine Klausel nichtig ist. Bei etwa nichtigen Einzelregelungen muss man sich vergegenwärtigen, dass sich die Vertragspartner dabei ursprünglich etwas gedacht haben, so dass durch Auslegung zu ermitteln ist, was sie geregelt haben würden, wäre ihnen die Nichtigkeit des Geregelten klar gewesen. Nach den Regeln der Auslegung des Vertrages (§ 133 BGB) ist daher zu ermitteln, was dem Gewollten am nächsten kommt, aber wirksam ist:[336]

> **BGB § 133 [Auslegung einer Willenserklärung]**
>
> Bei der Auslegung einer Willenserklärung ist der wirkliche Wille zu erforschen und nicht an dem buchstäblichen Sinne des Ausdrucks zu haften.

334 BGH, NJW 1985, 2329.
335 BGH, DB 1968, 559.
336 Neuenfeld, Architekt und Bauherr, 123f.

2. Teil: Architektenhonorar

1 Der Regelungsumfang der HOAI

Rechtliche Grundlage zur Berechnung des Architektenhonorars ist die Honorarordnung für Architekten und Ingenieure (HOAI). Sie regelt die Höhe und nach welchen Gesichtspunkten Architekten und Ingenieure Honorare berechnen können bzw. berechnen müssen.

Die HOAI gilt derzeit in der Fassung 1996 (5. HOAI-Novelle), die seit dem 1.1.1996 in Kraft ist. Ihre „Handhabung“ erscheint auf den ersten Blick nicht einfach. Den Schwerpunkt der nachfolgenden Erörterungen bilden Teil I (Allgemeiner Teil, §§ 1-9), Teil II (Architektenleistungen bei Gebäuden. Freianlagen und Innenräumen, §§ 10-27) und Teil III (Zusätzliche Leistungen, §§ 28-32).

1.1 Objektiver Regelungsumfang

- Geltung für alle im Zusammenhang mit Baumaßnahmen erbrachten Architekten- und Ingenieurleistungen
- Geltung für alle Objekte (Ausnahme: Beratungen, bestimmte Gutachten, isolierte Besondere Leistungen, Gebäudeabbruch, Vergütung des Prüfstatikers, hoheitliche Vermessungen, künstlerische Leistungen)
- Unwirksamkeit einer Honorarregelungen gemäß § 31 Abs. 2 S. 2 HOAI für Projektsteuerung nach Auffassung des BGH[337]; trotz allem gelte weiterhin die HOAI (§§ 1 – 9, § 31 I sowie freie Honorarvereinbarung)

1.2 Subjektiver Regelungsumfang

Die HOAI ist grundsätzlich maßgebend für jeden Vertrag über die Erbringung von Architektenleistungen[338]. Entscheidend ist demnach nicht, wer diese Leistung erbringt, bzw. welche berufliche Qualifikation jemand hierfür vorweist, sondern, dass ein Vertrag über eine Architektenleistung abgeschlossen wird. Deshalb findet

---

337 BGH, BauR 1997, 497.

338 OLG Düsseldorf, BauR 1993, 630.

die HOAI auch dann Anwendung, wenn ein Nichtarchitekt einen Vertrag über die Erbringung von Architektenleistungen abschließt.[339]

Die fehlende Architekteneigenschaft führt folgerichtig auch nicht automatisch zur Unwirksamkeit des Architektenvertrages, doch besteht für den Bauherrn bei fehlender Aufklärung über diesen Umstand die Möglichkeit einer Anfechtung wegen:

- arglistiger Täuschung[340],
- arglistigen Verschweigens[341] und
- Irrtum.

Es sei jedoch darauf hingewiesen, dass eine Anfechtung entfällt, wenn das Bauvorhaben mangelfrei errichtet worden ist, denn in einem solchen Fall fehlt es an einem notwendigen schutzwürdigen Interesse des Bauherrn.[342] Daneben besteht im Fall einer mangelhaften Leistung durch den Nichtarchitekten auch ein Schadensersatzanspruch für den Bauherrn aus C.I.C. gemäß §§ 241 Abs. 2, 311 Abs. 2, 3 BGB mit der Folge, dass der Bauherr so zu stellen ist, als wenn der Vertrag nicht abgeschlossen worden wäre.

---

339 OLG Köln, Schäfer/Finnern/Hochstein, Nr. 2 zu § 1 HOAI.

340 OLG Stuttgart, BauR 1979, 259.

341 Vgl. §§ 119,123 BGB unter Beachtung der Entscheidung des OLG Düsseldorf, BauR 1993, 630.

342 OLG Düsseldorf, BauR 1982, 86.

2 Überblick über das Abrechnungssystem der HOAI

Das Abrechnungssystem der HOAI ist in Teil II, den §§ 10 bis 27, normiert. Die Vorschriften sind nur dann anwendbar, wenn es sich um ein Objekt handelt, das in eine der Objektlisten (für Gebäude: § 12; für Freianlagen: § 13; für raumbildende Ausbauten: § 14 b) passt. Darüber hinaus muss es sich um Grundleistungen eines Architekten im Sinne des § 15 handeln. Andernfalls liegen Besondere Leistungen vor oder solche Leistungen, die außerhalb der HOAI stehen. Schließlich ist der gesamte Teil II und damit auch § 10 HOAI nur anwendbar, wenn sich die anrechenbaren Kosten im Rahmen der Höchstgrenzen der Honorartafeln halten. Anwendbar sind neben Teil II auch die Vorschriften des Teil I mit den §§ 1-9.

Für den unbefangenen Betrachter wirkt das Abrechnungssystem der HOAI verwirrend, was sich vor allem aus dem Umstand ergibt, dass mehrere Komponenten ermittelt bzw. herangezogen und miteinander verknüpft werden müssen. Die Komponenten sind gemäß § 10 Abs. 1 HOAI im einzelnen:

HOAI § 10 Abs. 1 [Grundlagen des Honorars]
Das Honorar für Grundleistungen bei Gebäuden, Freianlagen und raumbildenden Ausbauten richtet sich nach den anrechenbaren Kosten des Objekts, nach der Honorarzone, der das Objekt angehört, sowie bei Gebäuden und raumbildenden Ausbauten nach der Honorartafel in § 16 und bei Freianlagen nach der Honorartafel in § 17.

Jede Honorarrechnung eines Architekten hat grundsätzlich diese 4 Komponenten zu berücksichtigen, andernfalls fehlt es an einer prüfbaren Schlussrechnung (und erst diese verpflichtet den Bauherrn zur Zahlung). Dieses Abrechnungssystem ist aber auch bei Teilleistungen stets einzuhalten. Wie immer bei juristischen Grundsatzregelungen, gibt es auch hier Ausnahmen. Diese liegen im einzelnen vor, wenn die Abrechnung nach einem Zeithonorar erfolgt und von der HOAI speziell zugelassen wird.[343] Wichtigste Fälle dieser Art sind:

- Bauvorhaben mit anrechenbaren Kosten unter 25.565,- €,
- Abrechnung von Besonderen Leistungen ,

[343] BGH, BauR 1990, 236.

- freie Honorarvereinbarungen[344] und
- wirksame abweichende Honorarvereinbarungen.

Auf diese Ausnahmen wird an späterer Stelle noch einzugehen sein. Die nachfolgenden Erörterungen beziehen sich vorrangig auf die Gebäudeplanung nach § 16 HOAI.

344 Vgl. §§ 26 und 31 HOAI.

3 Die Honorarberechnung nach der HOAI

3.1 Die Feststellung der anrechenbaren Kosten

3.1.1 Anrechenbare Kosten

Zuerst ist festzustellen, welche Kosten für das Bauobjekt überhaupt angefallen sind, denn die Höhe dieser Baukosten ist ein entscheidender Faktor bei der Honorarberechnung. Es stellt sich dabei die einschränkende Frage, welche Baukosten bei der Honorarberechnung anrechenbar sind, denn hierzu zählen nicht die gesamten Baukosten! Die normative Grundlage zur Feststellung der anrechenbaren Kosten stellt § 10 Abs. 2 bis 4 HOAI dar.

HOAI § 10 Abs. 2 bis 4 [Grundlagen des Honorars]

(1) ...

(2) Anrechenbare Kosten sind unter Zugrundelegung der Kostenermittlungsarten nach DIN 276 in der Fassung vom April 1981 (DIN 276) zu ermitteln.
   1. für die Leistungsphasen 1 bis 4 nach der Kostenberechnung, solange diese nicht vorliegt, nach der Kostenschätzung;
   2. für die Leistungsphase 5 bis 7 nach dem Kostenanschlag, solange dieser nicht vorliegt, nach der Kostenberechnung;
   3. für die Leistungsphasen 8 bis 9 nach der Kostenfeststellung, solange diese nicht vorliegt, nach dem Kostenanschlag.

(3) Als anrechenbare Kosten nach Absatz 2 gelten die ortsüblichen Preise, wenn der Auftraggeber
   1. selbst Lieferungen oder Leistungen übernimmt,
   2. von bauausführenden Unternehmen oder von Lieferern sonst nicht übliche Vergünstigungen erhält,
   3. Lieferungen oder Leistungen in Gegenrechnung ausführt oder
   4. vorhandene oder vorbeschaffte Baustoffe oder Bauteile einbauen lässt.

(3a) Vorhandene Bausubstanz, die technisch oder gestalterisch mitverarbeitet wird, ist bei den anrechenbaren Kosten angemessen zu berücksichtigen; der Umfang der Anrechnung bedarf der schriftlichen Vereinbarung.

(4) Anrechenbar sind für Grundleistungen bei Gebäuden und raumbildenden Ausbauten die Kosten für Installationen, zentrale Betriebstechnik und betriebliche Einbauten (DIN 276, Kostengruppen 3.2 bis 3.4 und 3.5.2 bis

3.5.4), die der Auftragnehmer fachlich nicht plant und deren Ausführung er fachlich auch nicht überwacht,
1. vollständig bis zu 25 v.H. der sonstigen anrechenbaren Kosten,
2. zur Hälfte mit dem 25 v.H. der sonstigen anrechenbaren Kosten übersteigenden Betrag. Plant der Architekt die in Satz 1 genannten Gegenstände fachlich und / oder überwacht er fachlich deren Ausführung, so kann für diese Leistungen ein Honorar neben dem Honorar nach Satz 1 vereinbart werden.

Die HOAI normiert im einzelnen anhand eines Katalogs auch die Leistungen, die nicht anrechenbar sind:

HOAI § 10 Abs. 5 [Grundlagen des Honorars]

Nicht anrechenbar sind für Grundleistungen bei Gebäuden und raumbildenden Ausbauten die Kosten für
1. das Baugrundstück einschließlich der Kosten des Erwerbs und des Freimachens (DIN 276, Kostengruppe 1.1 bis 1.3),
2. das Herrichten des Grundstücks (DIN 276, Kostengruppe 1.4.), soweit der Auftragnehmer es weder plant noch seine Ausführung überwacht,
3. die öffentliche Erschließung und andere einmalige Abgaben (DIN 276, Kostengruppen 2.1 und 2.3),
4. die nicht öffentliche Erschließung (DIN 276, Kostengruppe 2.2) sowie die Abwasser- und Versorgungsanlagen und die Verkehrsanlagen (DIN 276, Kostengruppen 5.3 und 5.7), soweit der Auftragnehmer sie weder plant noch ihre Ausführung überwacht,
5. die Außenanlagen (DIN 276, Kostengruppe 5), soweit nicht unter Nummer 4 erfasst,
6. Anlagen und Einrichtungen aller Art, die in DIN 276, Kostengruppen 4 und 5.4 aufgeführt sind, sowie die nicht in DIN 276 aufgeführt werden, soweit der Auftragnehmer sie weder plant noch bei ihrer Beschaffung mitwirkt, noch ihre Ausführung oder ihren Einbau überwacht,
7. Geräte und Wirtschaftsgegenstände, die nicht in DIN 276, Kostengruppen 4 und 5.4 aufgeführt sind, oder die der Auftraggeber ohne Mitwirkung des Auftragnehmers beschafft,
8. Kunstwerte, soweit sie nicht wesentliche Bestandteile des Objekts sind,
9. künstlerisch gestaltete Bauteile, soweit der Auftragnehmer sie weder plant noch ihre Ausführung überwacht,
10. die Kosten der Winterbauschutzvorkehrungen und sonstige zusätzliche Maßnahmen nach DIN 276, Kostengruppe 6; § 32 Abs. 4 bleibt unberührt,
11. Entschädigungen und Schadensersatzleistungen,
12. die Baunebenkosten (DIN 276, Kostengruppe 7),
13. fernmeldetechnische Einrichtungen und andere zentrale Einrichtungen der Fernmeldetechnik für Ortvermittlungsstellen sowie Anlagen der Maschinentechnik, die nicht überwiegend der Ver- und Entsorgung des Gebäudes zu die-

nen bestimmt sind, soweit der Auftragnehmer diese fachlich nicht plant oder ihre Ausführung fachlich nicht überwacht; Absatz 4 bleibt unberührt.

Zu beachten ist, dass der erste Satz des Absatzes 5 missverständlich ist. Grundsätzlich nicht anrechenbar sind die Positionen 1, 3, 10, 11 und 12. Die übrigen Positionen des Absatzes 5 sind bei den anrechenbaren Kosten nur dann nicht zu berücksichtigen, wenn sie nicht vom Architekten geplant oder bei ihrer Durchführung überwacht worden sind.

Für die Feststellung der anrechenbaren Kosten gelten bestimmte Arten der Kostenermittlung: Für Architektenverträge, die seit dem 1. Januar 1996 abgeschlossen werden (5. HOAI-Novelle), ist konkret eine Dreiteilung der Abrechnung[345] notwendig. Das Deutsche Institut für Normung e.V. (Berlin) hat die Kriterien, nach denen sich die Kostenermittlung zu richten hat, in der DIN 276 der Fassung vom April 1981 festgesetzt. Unverständlich bleibt das Festhalten an der Fassung von 1981, obwohl inzwischen eine neue DIN 276-Fassung (Ausgabe Juni 1993) verabschiedet worden ist. § 10 Abs. 2 HOAI enthält zwar eine statische Verwendung auf die DIN 276 in der Fassung von 1981 mit der Folge, dass eine nach der DIN 276 in der Fassung von 1993 erfolgte Abrechnung zur fehlenden Prüffähigkeit führen kann[346] Dies gilt aber nur in aller Regel,[347] und lässt die Möglichkeit offen, auch eine andere Kostenermittlung vorzunehmen, die im konkreten Einzelfall in gleicher oder besserer Weise dem Prüfungs- und Kontrollinteresse des Auftraggebers entspricht.[348] Dies gilt auch dann, wenn der Architekt seiner Aufstellung – ganz oder teilweise – eine späte Fassung der DIN 276 zugrundegelegt hat.[349]

Vereinzelt werden daher in Literatur und Rechtsprechung[350] für die Kostenermittlung andere gleichwertige Methoden als zulässig erachtet; dabei sind allerdings auch bei diesen alternativen Möglichkeiten die sieben Kostengruppen der DIN 276 mit aufzuführen. Nicht notwendigerweise aufzuführen sind dabei die maßgeblichen Vorschriften der HOAI.[351] Ob die Kostenermittlung auch der Rechnung beigefügt werden muss, ist fraglich[352], sollte jedoch im Zweifelsfall geschehen. Die zur Zeit geltenden Kostenermittlungsarten sind also nach DIN 276, Teil 3 in der Fassung vom April 1981 zu beachten, ohne, dass die Verwendung des Mustervordrucks gemäß Anhang B zur DIN 276 (1981) Teil 3[353] vorgeschrieben ist. Es ist vorzunehmen:

---

345 Für Verträge, die vor diesem Datum abgeschlossen wurden, gilt eine Zweiteilung.

346 BGH, NJW 1998, 1064, 1065 = BauR 1998, 354, 356.

347 BGH, NJW 1998, 1064, 1065 = BauR 1998, 354, 356 (Leitsatz 2).

348 BGH, BauR 1999, 1318, 1319; NJW 1999, 3493, 3494 = BauR 1999, 1467,1468; OLG Stuttgart, BauR 1991, 491, 494.

349 BGH, BauR 2001, 1141.

350 Vgl. OLG Hamm, ZfBR 1996, 158; OLG Stuttgart, BauR 1991, 491, 498.

351 Vgl. OLG Düsseldorf, BauR 2001, 1137.

352 Vgl. OLG Rostock, BauR 1993, 762f.

353 OLG Koblenz, BauR 2001, 828.

- für die Leistungsphasen 1- 4 eine Kostenberechnung[354]:

Zu beachten ist, dass bereits in der Leistungsphase 2 eine Kostenschätzung (die nicht Teil der prüffähigen Schlussrechnung wird) von dem Architekten vorgenommen wird. Diese Kostenschätzung ist eine erste grobe Ermittlung anhand von Baukostentabellen.

DIN 276 Teil 3 [Kostenschätzung]

Die Kostenschätzung dient zur überschlägigen Ermittlung der Gesamtkosten und ist vorläufige Grundlage für Finanzierungsüberlegungen.
Grundlagen für die Kostenschätzung sind:
a) möglichst genaue Bedarfsangaben, z.B. Flächen (Bruttogrundrissflächen, Nutzflächen, Wohnflächen), Nutzungseinheiten (z.B. Arbeitsplätze, Bettplätze, Tierplätze), Rauminhalte;
b) Planunterlagen, z.B. versuchsweise zeichnerische Darstellungen, Strichskizzen;
c) gegebenenfalls erläuternde Angaben.

Die erste auch für die Schlussrechnung wesentliche Kostenermittlung ist die Kostenberechnung. Sie erfolgt innerhalb der Leistungsphase 3:

DIN 276 Teil 3 [Kostenberechnung]

Die Kostenberechnung dient zur Ermittlung der angenäherten Gesamtkosten und ist Voraussetzung für die Entscheidung, ob die Baumaßnahme wie geplant durchgeführt werden soll, sowie Grundlage für die erforderliche Finanzierung.
Grundlagen für die Kostenberechnung sind:
a) genaue Bedarfsangaben, z.B. detaillierte Raumprogramme (Flächen in m^2, Rasterflächen-Einheiten), Nutzungsbedingungen (Raumnutzung, Betriebstechnik, Außenanlagen)
b) Planunterlagen, z.B. durchgearbeitete, vollständige Vorentwurfs- und / oder Entwurfszeichnungen (Maßstab nach Art und Größe des Bauvorhabens), gegebenenfalls auch Detailpläne mehrfach wiederkehrender Raumgruppen
c) ausführliche Erläuterungen, z.B. eingehende Beschreibungen aller Einzelheiten, die aus den Zeichnungen und den Berechnungsgrundlagen nicht zu ersehen, aber für die Berechnung und Beurteilung der Kosten von Bedeutung sind.

Hier erfolgt somit auf der Grundlage der erstellten Entwürfe eine Einschätzung der tatsächlich entstehenden Kosten:

---

[354] Zu beachten ist, dass bereits in der Leistungsphase 2 eine Kostenschätzung (die nicht Teil der prüffähigen Schlussrechnung wird) von dem Architekten vorgenommen wird. Diese Kostenschätzung ist eine erste grobe Ermittlung anhand von Baukostentabellen.

- für die Leistungsphasen 5-7 ein Kostenanschlag

Der Kostenvoranschlag wird innerhalb der Leistungsphase 7 vorgenommen:

DIN 276 Teil 3 [Kostenanschlag]

Der Kostenanschlag dient zur genauen Ermittlung der tatsächlich zu erwartenden Kosten durch die Zusammenstellung von Auftragnehmerangeboten, Eigenberechnungen, Honorar- und Gebührenberechnungen und anderen für das Baugrundstück, die Erschließung und die vorausgehende Planung bereits entstandenen Kosten. Der Kostenanschlag kann auch ein Hilfsmittel zur Kostenkontrolle werden, um nach Abschluss der Ausführungsplanung die Übereinstimmung der veranschlagten Kosten mit den in der vorausgegangenen Kostenberechnung ermittelten Kosten zu prüfen.
Grundlagen für den Kostenanschlag sind:
a) genaue Bedarfsberechnungen, z. B. für Standsicherheit, Wärmeschutz, Installationen und Betriebstechnik u.a.m., einschließlich aller Massenberechnungen;
b) Planunterlagen, z.B. die endgültigen, vollständigen Ausführungs-, Detail- und Konstruktionszeichnungen im Maßstab 1: 50 bis 1:1;
c) Erläuterungen zur Bauausführung, z. B. Hinweise, die zum Verständnis der in den Planungs- und Berechnungsgrundlagen enthaltenen Einzelheiten und Absichten nötig sind, gegebenenfalls auch Abweichungen von früheren Plänen und Beschreibungen, Angaben über vorgesehene Herstellungs- und Konstruktionsmethoden, Terminplanung und Überwachung, Finanzierungsraten, sonstige finanzwirtschaftliche Angaben, gegebenenfalls auch Kosten der Folgearbeiten und der Baunutzungskosten.

Auf der Grundlage der eingeholten Angebote der einzelnen Bauhandwerker wird eine letzte Überprüfung vor Baubeginn zwischen den ursprünglich geplanten und den tatsächlich zu erwartenden Kosten erstellt:

- für die Leistungsphasen 8-9 eine Kostenfeststellung

Die Kostenfeststellung erfolgt in der Leistungsphase 8:

DIN 276 Teil 3 [Kostenfeststellung]

Die Kostenfeststellung dient zum Nachweis der tatsächlich entstandenen Kosten und ist Voraussetzung für Vergleiche und Dokumentationen.
Grundlage der Kostenfeststellung sind:
a) Nachweise, z.B. geprüfte Schlussrechnungen, Kostenbelege, Eigenleistungen;
b) Planunterlagen, z.B. Ausführungszeichnungen;

c) Fertigstellungsbericht, z.B. die Bestätigung, dass Planung und Ausführung übereinstimmen, die Begründung und Beschreibung von Änderungen oder nachträglichen bzw. zusätzlichen Leistungen gegenüber dem Kostenanschlag.

Anhand von Baubuch, Bauausgabenbuch, Haushaltsüberwachungsliste oder dergleichen hat der Architekt eine letzte und endgültige Kostenermittlung über die tatsächlich entstandenen Kosten zu erstellen. Bei der Erstellung der einzelnen Kostenermittlungen ist zu beachten, dass diese die Mehrwertsteuer enthalten müssen. Für die Honorarberechnung des Architekten muss die Umsatzsteuer aber wieder abgezogen werden.

Der Architekt erstellt für die Leistungsphasen 1 - 9, also für den Fall, dass er sämtliche Leistungen für den Bauherrn erbringt, die er als Architekt erbringen könnte, keine einheitliche, zusammengefasste Kostenfeststellung, sondern mehrere Kostenermittlungen, die allerdings (natürlich) in eine Schlussrechnung münden!

Tatsächlich muss der Architekt bei seiner Schlussrechnung drei unterschiedliche Kostenermittlungen vornehmen und hiernach jeweils sein Honorar errechnen. Verstößt der Architekt gegen diese dreiteilige Berechnung und präsentiert er dem Bauherrn dann eine Schlussrechnung, die diese Dreiteilung nicht erkennen lässt, so verstößt dies gegen § 10 Abs. 2 HOAI. Folge: Es mangelt an einer prüffähigen Schlussrechnung und damit an einem durchsetzbaren Honoraranspruch für den Architekten.

3.1.2 Die Form der Kostenermittlung

Die Anwendung der Kostenermittlung nach DIN 276

Die Kostenermittlungen nach DIN 276 hinsichtlich der Gesamtkosten des Bauobjekts bleiben auch dann maßgeblich, wenn der Architekt nur mit Teilen des Objekts befasst ist bzw. Teilleistungen erbringt oder im Kündigungsfalle. In diesen Fällen ist die Korrektur über die Vomhundertsätze der erbrachten Leistungen aus § 15 HOAI vorzunehmen. Der Auftragnehmer hat dann eben nicht alle Einzelleistungen bzw. nicht alle Einzelleistungen vollständig erbracht, so dass das Honorar vom Prozentsatz her zu mindern ist.[355]

Eine prüfbare Schlussrechnung ohne die richtigen Kostenermittlungsarten kann ausnahmsweise vorgelegt werden, wenn:

- eine wirksame Honorarvereinbarung mit anderem Inhalt getroffen wurde,
- der Architekt eine Kostengarantie abgegeben hat (was allerdings in manchen Bundesländern als standeswidrig erachtet wird),
- der Auftrag auf eine Bauvoranfrage beschränkt war,
- es infolge einer Kündigung zu keinen weiteren Kostenermittlungen kommt und

355 Locher/Koeble/Frik, § 10, Rn 75.

- eine Kostenermittlung tatsächlich nicht möglich ist.

Auskunft und Herausgabe der Unterlagen

Häufig stehen dem Architekten die geprüften Unterlagen aus den unterschiedlichsten Gründen nicht zur Verfügung, so dass eine Kostenfeststellung nicht möglich ist. Es bieten sich folgende juristische Möglichkeiten:

- Die Geltendmachung eines Auskunftsanspruches.[356] Ein solcher Anspruch ist allerdings nicht empfehlenswert, da er nicht die Verjährung unterbricht.
- Die Geltendmachung eines Anspruches auf Einsichtnahme in die Unterlagen. Ein solcher Anspruch genügt möglicherweise nicht.
- Die Geltendmachung eines Anspruches auf Herausgabe der Originalunterlagen.[357] Ein solcher Anspruch ist in jedem Fall am zweckmäßigsten, wählt man den juristischen Weg.

Zu beachten ist, dass der Architekt die aufgezeigten Wege nicht gehen muss. Er kann auch eine Kostenschätzung vornehmen.[358] Eine solche Vorgehensweise ist empfehlenswerter für den Architekten, wenngleich die Gefahr einer anschließenden juristischen Auseinandersetzung mit dem Bauherrn sicherlich groß ist. Dieser trägt aber in einem Prozess die Darlegungs- und Beweislast, dass die Schlussrechnung des Architekten nicht prüfbar ist. Er hat dies substantiiert und mit konkreten Zahlen zu tun.

Vorzeitige Vertragsbeendigung

Das OLG Düsseldorf entschied, dass nach Kündigung des Vertragsverhältnisses während der Leistungsphase 8 der Architekt zur Honorarberechnung nicht die noch fehlende Kostenfertigstellung fertigen muss, sondern er die anrechenbaren Kosten vielmehr dem Kostenanschlag entnehmen könne. Der Kostenanschlag und damit die Honorarschlussrechnung sind prüffähig, wenn der Architekt in dem Kostenanschlag die auf das Bauwerk entfallenden Kosten (Kostengruppe 3), entsprechend den Angebotspreisen der tatsächlich ausgeschriebenen Gewerke oder Gewerkegruppen aufführt.[359]

Preisvergünstigungen

Nach § 10 Abs. 3 HOAI dürfen Preisvergünstigungen nicht zu einer Reduzierung des Honoraranspruches führen. Die am häufigsten vorkommenden Fälle von Eigenleistungen und Freundschaftshilfe führen daher nicht zu einer Honorarminderung! Nicht berücksichtigt werden auch Zahlungseinbehalte für Mängel und mög-

---

[356] Vgl. BGH, BauR 1994, 404.

[357] OLG Stuttgart, BauR 1992, 539. Dies gilt nicht, wenn ein wichtiger Verweigerungsgrund in der Person des Architekten begründet liegt.

[358] BGH, BauR 1995, 126.

[359] OLG Düsseldorf, Urteil vom 23.6.1995, in: Zuch, Vertrags- und Honorarrecht für Architekten und Ingenieure, München / Berlin 1997, 66.

liche Vertragsstrafen. Bei Skontoabzügen (Barzahlungsnachlässen) sind nur die „nicht übliche Vergünstigung“ (mehr als 3 %) nicht zu berücksichtigen.

Berücksichtigung vorhandener Altbausubstanz

Problematisch ist auch, inwieweit eine Altbausubstanz bei Erneuerungsmaßnahmen an Bauten aller Art anzurechnen ist. Diese Frage ist schon deshalb wichtig, da zwei Drittel aller Baumaßnahmen Umbauten oder Modernisierungen betreffen bzw. berühren.

Ein Umbau liegt vor, wenn entweder in die Konstruktion oder in den bisherigen Baubestand eingegriffen wird. Der Eingriff muss allerdings derart sein, dass er zu einer nachvollziehbaren Änderung des bisherigen Zustandes führt. Die Zielrichtung der Modernisierung fasst die Erhöhung des Gebrauchswertes ins Auge.

HOAI § 3 Nr. 5 und 6 [Begriffsbestimmungen]

Nr. 5
Umbauten sind Umgestaltungen eines vorhandenen Objekts mit wesentlichen Eingriffen in Konstruktion oder Bestand.

Nr. 6
Modernisierungen sind bauliche Maßnahmen zur nachhaltigen Erhöhung des Gebrauchswertes eines Objekts, soweit sie nicht unter die Nummern 4, 5 oder 10 fallen, jedoch einschließlich der durch diese Maßnahmen verursachten Instandsetzungen

Die HOAI normiert seit der 3. HOAI-Novelle von 1988 innerhalb der eigens geschaffenen Vorschrift des § 10 Abs. 3a eine schriftliche Vereinbarung über den Umfang der Anrechnung vorhandener Bausubstanz.

HOAI § 10 Abs. 3 a [Grundlagen des Honorars]

Vorhandene Bausubstanz, die technisch oder gestalterisch mitverarbeitet wird, ist bei den anrechenbaren Kosten angemessen zu berücksichtigen; der Umfang der Anrechnung bedarf der schriftlichen Vereinbarung.

Maßgebliches Kriterium ist die Mitverarbeitung, d.h. die vorhandene Bausubstanz muss, gemessen an den ortsüblichen Preisen, unmittelbar in die Planung mit einbezogen worden sein.[360] Eine vorherige schriftliche Fixierung der Anrechnung ist nach Meinung in der Literatur[361] nicht notwendig. Danach dient das Schriftformerfordernis des § 10 Abs. 3 a HOAI lediglich der Klarstellungsfunktion. Es ist

[360] BGH, BauR 1986, 593.

[361] Locher/Koeble/Frik, § 10, Rn 90; OLG Düsseldorf, BauR 1996, 289; Hesse/Korbion/Mantscheff/Vygen, § 10 Rn. 34.

keine Anspruchsvoraussetzung für den Ansatz der Berücksichtigung der Altbausubstanz, sondern erforderlich für den Umfang.

Wie dieser Umfang der Anrechnung jedoch konkret zu berechnen ist, lässt die Norm letztlich offen. Der Umfang der Anrechnung bleibt der weiteren Vereinbarung im Einzelfall vorbehalten. Der Begriff „angemessen" bietet hier lediglich eine Verhandlungsbasis zwischen Bauherr und Architekt. Die Berücksichtigung der vorhandenen Bausubstanz bei den anrechenbaren Kosten nach § 10 Abs. 3a HOAI schließt nicht die Berechnung des Umbauzuschlags nach § 24 HOAI aus. Dieser kann vielmehr geltend gemacht werden.

Bei einem Architektenvertrag über das volle Leistungsbild mit den entsprechenden Kosten der Objektüberwachung sind 10% in keiner Weise überhöht. Im Streitfall würde noch immer die Möglichkeit bestehen, durch das Gericht festlegen zu lassen[362] oder die Pauschale auf das richtige Maß zurückzuführen.[363]

Kosten für die technische Ausrüstung, Installationen

Obwohl die Installationen, die zentrale Betriebstechnik und die betrieblichen Einbauten vom Architekten fachlich nicht geplant und demzufolge überwacht sind, gehören diese Kosten gemäß § 10 Abs. 4 HOAI zu den teilweise anrechenbaren Kosten. Sie sind vollständig bis zu 25 vom Hundert der sonstigen anrechenbaren Kosten und zur Hälfte mit 25 vom Hundert der sonstigen anrechenbaren überschreitenden Kosten zu berücksichtigen. Liegen die Kosten für die Installationen zentraler Betriebstechnik und betrieblicher Einrichtungen unter 25 % der sonstigen anrechenbaren Kosten, erfolgt keine Reduzierung der anrechenbaren Kosten. Die Kosten für die Installationen bleiben in diesem Falle in vollem Umfang Bestandteil der anrechenbaren Kosten.

Beispiel:
Bau eines Mehrparteienmiethauses

Nettobauskosten	*3.000.000,00 €*
- davon Installationskosten	*- 1.000.000,00 €*
sonstige anrechenbare Kosten	*2.000.000,00 €*
Hiervon sind zunächst 25% vollständig für die Installation anrechenbar:	*500.000,00 €*
Es verbleibt für die Installation ein Rest von 1.000.000,00 € ./. 500.000,00 €, wovon wieder 50% anrechenbar sind:	*250.000,00 €*
Für die anrechenbaren Kosten sind somit zu berücksichtigen:	*2.000.000,00 €*
	+ 500.000,00 €
	+ 250.000,00 €
	2.750.000,00 €

[362] Vgl. § 287 BGB.

[363] Neuenfeld, Architekt und Bauherr, 34.

Die anrechenbaren Kosten inklusive Installationen etc. belaufen sich damit auf die Gesamtsumme von 2.750.000 €. Lediglich 250.000 € von 1.000.000 € Installationskosten werden in diesem Beispiel nicht bei den anrechenbaren Kosten des Architektenhonorars eingerechnet.

Hinweis: Keine anrechenbaren Kosten sind gemäß § 10 Abs. 5 Nr. 1, 3, 10, 11 und 12 HOAI:

- die Kosten für den Erwerb des Baugrundstücks (§ 10 Abs. 5 Nr.1 HOAI),
- die Kosten für die öffentliche Erschließung und andere einmalige Abgaben (§ 10 Abs. 5 Nr. 3 HOAI),
- die Kosten der Winterbauschutzvorkehrungen und sonstige zusätzliche Maßnahmen nach DIN 276, Kostengruppe 6; § 32 Abs. 4 bleibt unberührt (§ 10 Abs. 5 Nr. 10),
- Entschädigungen und Schadensersatzleistungen (§ 10 Abs. 5 Nr. 11) und
- die Baunebenkosten (§ 10 Abs. 5 Nr. 12).

Die übrigen Positionen dieses § 10 Abs. 5 HOAI bleiben für den Fall unberücksichtigt, wenn sie nicht von dem Architekten geplant bzw. bei der Durchführung überwacht worden sind.

3.2 Die Ermittlung der Honorarzone (§§ 12, 11 HOAI)

Die zweite Komponente bei Erstellung einer prüffähigen Schlussrechnung ist die Ermittlung der Honorarzone. Zunächst ist das konkrete Bauobjekt in der Liste des § 12 HOAI aufzusuchen:

HOAI § 12 [Objektliste für Gebäude]

Nachstehende Gebäude werden nach Maßgabe der in § 11 genannten Merkmale in der Regel folgenden Honorarzonen zugerechnet:

1. Honorarzone I:

Schlaf- und Unterkunftsbaracken und andere Behelfsbauten für vorübergehende Nutzung; Pausenhallen, Spielhallen, Liege- und Wandelhallen, Einstellhallen, Verbindungsgänge, Feldscheunen und andere einfache landwirtschaftliche Gebäude; Tribünenbauten, Wetterschutzhäuser.

2. Honorarzone II:

Einfache Wohnbauten mit gemeinschaftlichen Sanitär- und Kücheneinrichtungen; Garagenbauten, Parkhäuser, Gewächshäuser; geschlossene, eingeschossige Hallen und Gebäude als selbständige Bauaufgabe; Kassengebäude, Bootshäuser, einfache

Werkstätten ohne Kranbahnen; Verkaufslager, Unfall- und Sanitätswachen; Musikpavillons.

3. Honorarzone III:

Wohnhäuser, Wohnheime und Heime mit durchschnittlicher Ausstattung; Kinderhorte, Kindergärten, Gemeinschaftsunterkünfte, Jugendherbergen, Grundschulen; Jugendfreizeitstätten, Jugendzentren, Bürgerhäuser, Studentenhäuser, Altentagesstätten und andere Betreuungseinrichtungen; Fertigungsgebäude der metallverarbeitenden Industrie, Druckereien, Kühlhäuser; Werkstätten, geschlossene Hallen und landwirtschaftliche Gebäude, soweit nicht in Honorarzone I, II oder IV erwähnt, Parkhäuser mit integrierten weiteren Nutzungsarten; Bürobauten mit durchschnittlicher Ausstattung, Ladenbauten, Einkaufszentren, Märkte und Großmärkte, Messehallen, Gaststätten, Kantinen, Mensen, Wirtschaftsgebäude, Feuerwachen, Rettungsstationen, Ambulatorien, Pflegeheime ohne medizinisch-technische Ausrüstung, Hilfskrankenhäuser; Ausstellungsgebäude, Lichtspielhäuser; Turn- und Sportgebäude sowie -anlagen, soweit nicht in Honorarzone II oder IV erwähnt.

4. Honorarzone IV:

Wohnungshäuser mit überdurchschnittlicher Ausstattung, Terrassen- und Hügelhäuser, planungsaufwendige Einfamilienhäuser mit entsprechendem Ausbau und Hausgruppen in planungsaufwendiger verdichteter Bauweise auf kleineren Grundstücken, Heime mit zusätzlichen medizinisch-technischen Einrichtungen; Zentralwerkstätten, Brauereien, Produktionsgebäude der Automobilindustrie, Kraftwerksgebäude; Schulen, ausgenommen Grundschulen; Bildungszentren, Volkshochschulen, Fachhochschulen, Hochschulen, Universitäten, Akademien, Hörsaalgebäude, Laborgebäude, Bibliotheken und Archive, Institutsgebäude für Lehre und Forschung, soweit nicht in Honorarzone V erwähnt; landwirtschaftliche Gebäude mit überdurchschnittlicher Ausstattung, Großküchen, Hotels, Banken, Kaufhäuser, Rathäuser, Parlaments- und Gerichtsgebäude sowie sonstige Gebäude für die Verwaltung mit überdurchschnittlicher Ausstattung; Krankenhäuser der Versorgungsstufe I und II, Fachkrankenhäuser, Krankenhäuser besonderer Zweckbestimmung, Therapie- und Rehabilitätseinrichtungen, Gebäude für Erholung, Kur und Genesung; Kirchen, Konzerthallen, Museen, Studiobühnen, Mehrzweckhallen für religiöse, kulturelle oder sportliche Zwecke; Hallenschwimmbäder, Sportleistungszentren, Großsportstätten.

5. Honorarzone V:

Krankenhäuser der Versorgungsstufe III, Universitätskliniken; Stahlwerksgebäude, Sintergebäude, Kokereien; Studios für Rundfunk, Fernsehen und Theater, Konzertgebäude, Theaterbauten, Kulissengebäude, Gebäude für die wissenschaftliche Forschung (experimentelle Fachrichtungen).

Findet man das Bauobjekt in der jeweiligen Honorarzone, so ist danach § 11 HOAI heranzuziehen. § 11 HOAI beschreibt für jede Honorarzone die konkreten Voraussetzungen, die ein Bauobjekt aufweisen muss, um in hier jeweils eingeordnet werden zu können. Es findet quasi eine „doppelte" Überprüfung hinsichtlich der Honorarzonenermittlung statt:

Die Heranziehung von § 11 HOAI ist auch dann notwendig, wenn sich das Bauobjekt überhaupt nicht in § 12 HOAI auffinden lässt oder Elemente mehrerer Honorarzonen aufweist.

HOAI § 11 [Honorarzonen für Leistungen bei Gebäuden]

(1) Die Honorarzone wird bei Gebäuden auf Grund folgender Bewertungsmerkmale ermittelt:

1. Honorarzone I:

Gebäude mit sehr geringen Planungsanforderungen, das heißt mit
- sehr geringen Anforderungen an die Einbindung in die Umgebung,
- einem Funktionsbereich,
- sehr geringen gestalterischen Anforderungen,
- einfachsten Konstruktionen,
- keiner oder einfacher Technischer Ausrüstung,
- keinem oder einfachem Ausbau.

2. Honorarzone II:

Gebäude mit geringen Planungsanforderungen, das heißt mit
- geringen Anforderungen an die Einbindung in die Umgebung,
- wenigen Funktionsbereichen,
- geringen gestalterischen Anforderungen,
- einfachen Konstruktionen,
- geringer Technischer Ausrüstung,
- geringem Ausbau.

3. Honorarzone III:

Gebäude mit durchschnittlichen Planungsanforderungen, das heißt mit
- durchschnittlichen Anforderungen an die Einbindung in die Umgebung,
- mehreren einfachen Funktionsbereichen,
- durchschnittlichen gestalterischen Anforderungen,
- normalen oder gebräuchlichen Konstruktionen,
- durchschnittlicher Technischer Ausrüstung,
- durchschnittlicher normalen Ausbau.

4. Honorarzone IV:

Gebäude mit überdurchschnittlichen Planungsanforderungen, das heißt mit
- überdurchschnittlichen Anforderungen an die Einbindung in die Umgebung,
- mehreren Funktionsbereichen mit vielfältigen Beziehungen,
- überdurchschnittlichen gestalterischen Anforderungen,
- überdurchschnittlichen konstruktiven Anforderungen,
- überdurchschnittlicher Technischer Ausrüstung,
- überdurchschnittlichem Ausbau.

5. Honorarzone V:

Gebäude mit sehr hohen Planungsanforderungen, das heißt mit
- sehr hohen Anforderungen an die Einbindung in die Umgebung,
- einer Vielzahl von Funktionsbereichen mit umfassenden Beziehungen,
- sehr hohen gestalterischen Anforderungen,
- sehr hohen konstruktiven Ansprüchen,
- einer vielfältigen Technischen Ausrüstung mit hohen technischen Ansprüchen,
- umfangreichen qualitativ hervorragendem Ausbau.

(2) Sind für ein Gebäude Bewertungsmerkmale aus mehreren Honorarzonen anwendbar und bestehen deswegen Zweifel, welcher Honorarzone das Gebäude zugerechnet werden kann, so ist die Anzahl der Bewertungspunkte nach Absatz 3 zu ermitteln; das Gebäude ist nach der Summe der Bewertungspunkte folgenden Honorarzonen zuzurechnen:

1. Honorarzone I: Gebäude mit bis zu 10 Punkten,
2. Honorarzone II: Gebäude mit 11 bis 18 Punkten,
3. Honorarzone III: Gebäude mit 19 bis 26 Punkten,
4. Honorarzone IV: Gebäude mit 27 bis 34 Punkten,
5. Honorarzone V: Gebäude mit 35 bis 42 Punkten.

(3) Bei der Zurechnung eines Gebäudes in die Honorarzonen sind entsprechend dem Schwierigkeitsgrad der Planungsanforderungen die Bewertungsmerkmale Anforderungen an die Einbindung in die Umgebung, konstruktive Anforderungen, Technische Ausrüstung und Ausbau mit je bis zu sechs Punkten zu bewerten, die Bewertungsmerkmale Anzahl der Funktionsbereiche und gestalterische Anforderungen mit je bis zu neun Punkten.

In § 11 Abs. 3 HOAI ist das Punktesystem noch einmal dezidiert aufgeschlüsselt:

Tabelle 2. Punktesystem des § 11 Abs. 3 HOAI

Nr.	Kriterium	Punkte
1	Einbindung in die Umgebung	1 bis 6
2	Anzahl der Funktionsbereiche	1 bis 9
3	Gestalterische Anforderungen	1 bis 9
4	Konstruktive Anforderungen	1 bis 6
5	Technische Grundausrüstung	1 bis 6
6	Ausbau	1 bis 6

Zur übersichtlichen „Handhabung" des § 11 HOAI wurde in der baurechtlichen Literatur[364] folgendes Bewertungssystem entwickelt, das die Zuordnung des Bau-

[364] u.a. wiedergegeben bei Zuch, Vertrags- und Honorarrecht für Architekten und Ingenieure, München/Berlin 1997, 72.

objekts in die richtige Honorarzone vereinfacht. Das ist vor allem dann wichtig, wenn ein Bauobjekt Elemente mehrerer Honorarzonen aufweist:

Tabelle 3. Zuordnung des Bauobjekts im Sinne des § 11 HOAI

Honorarzone:	I	II	III	IV	V
Planungsanforderungen:	Sehr gering	gering	durch-schnittlich	über-durch-schnittlich	sehr hoch
Bewertungsmerkmale:					
1 Einbindung in die Umgebung	1	2	3-4	5	6
2 Anzahl der Funktionsbereiche	1-2	3-4	5-6	7-8	9
3 Gestalterische Anforderungen	1-2	3-4	5-6	7-8	9
4 Konstruktive Anforderungen	1	2	3-4	5	6
5 Technische Gebäudeausrüstung	1	2	3-4	5	6
6 Ausbau	1	2	3-4	5	6
Summe der Punkte:	bis 10	11-18	19-26	27-34	35-42

Dieses Bewertungsschema – es existieren noch andere – hat sich in der Praxis durchgesetzt und bewährt. Die Tatsache, dass die Summe der Bewertungsmerkmale einer Honorarzone höher liegen kann als die für diese Honorarzone zulässige Punktzahl ändert an der Brauchbarkeit nicht.[365]

Vielfach wird bei Vertragsschluss zwischen Bauherr und Architekt eine Honorarzone vereinbart; meistens, um die Mindesthonorarsätze der HOAI zu unterlaufen. Eine solche Vereinbarung ist unzulässig bzw. es entfällt ihre Bindungswirkung, wenn sich aus der objektiven Bewertung nach dem obigen Schema eine andere Honorarzone errechnet. Ebenso ist natürlich auch eine Überschreitung des Honorarsatzes auf diese Weise unzulässig.

Beispiel:
Ein Mehrparteienmiethaus wie im vorangegangenen Beispiel entspricht als Wohnhaus der Honorarzone III.

[365] Locher/Koeble/Frik, § 11, Rn. 5.

3.3 Die Feststellung der abzurechnenden Leistungsphasen

3.3.1 Die Leistungsfeststellung

Nachdem in den ersten beiden Schritten die Komponenten 1 und 2, d.h. die anrechenbaren Kosten und die Honorarzone, ermittelt worden sind, muss nunmehr festgestellt werden, welche Leistungsphasen der Architekt erbracht hat. Mitnichten ist nämlich davon auszugehen, dass der Architektenvertrag mit dem Bauherrn immer die Erbringung aller 9 Leistungsphasen vorsieht.

Aus Gründen der Kostenersparnis werden oftmals nur einzelne Leistungsphasen vereinbart. Demzufolge kann der Architekt nur ein Honorar entsprechend der von ihm erbrachten Leistungsphasen verlangen. Es ist darauf hinzuweisen, dass bei Vertragsschluss zwischen Architekt und Bauherr exakt festgelegt werden sollte, welche Leistungsphasen tatsächlich erbracht werden sollen, um unnötige Streitigkeiten zu vermeiden.

Jede Leistungsphase beinhaltet gemäß § 15 HOAI eine festgelegte Prozentzahl am Gesamthonorar, die - wenn sie erbracht wurde - in Anrechnung kommt. Leistungsphasen, die der Architekt nicht erbracht hat, werden - selbstverständlich - entsprechend ihrer Prozentzahl in Abzug gebracht. Nur wenn der Architekt sämtliche 9 Leistungsphasen erbracht hat, erhält er auch 100 % der dafür von der HOAI vorgesehenen Honorarsumme. Zur Verdeutlichung sei an dieser Stelle § 15 Abs. 1 HOAI wiedergegeben:

HOAI § 15 [Leistungsbild Objektplanung für Gebäude, Freianlagen und raumbildende Ausbauten]

(1) Das Leistungsbild Objektplanung umfasst Leistungen des Architekten für Neubauten, Neuanlagen, Wiederaufbauten, Erweiterungsbauten, Umbauten, Modernisierungen, raumbildende Ausbauten, Instandhaltungen und Instandsetzungen. Die Grundleistungen sind in den in Absatz 2 aufgeführten Leistungsphasen 1 bis 9 zusammengefasst. Sie sind in der folgenden Tabelle für Gebäude und raumbildende Ausbauten in Vomhundertsätzen der Honorare des § 16 und für Freianlagen in Vomhundertsätzen der Honorare des § 17 bewertet.

	Bewertung der Grundleistungen in v. H. der Honorare		
	Gebäude	Freianlagen	raumbildende Ausbauten
1. Grundlagenermittlung Ermitteln der Voraussetzungen der Lösung der Bauaufgabe durch die Planung ...	3	3	3
2. Vorplanung (Projekts- und Planungsvorbereitung)			

Erarbeiten der wesentlichen Teile einer Lösung der Planungsaufgabe ...	7	10	7
3. Entwurfsplanung (System- und Integrationsplanung) Erarbeiten der endgültigen Lösung der Planungsaufgabe ...	11	15	14
4. Genehmigungsplanung Erarbeiten und Einreichen der Vorlagen für die erforderlichen Genehmigungen oder Zustimmungen	6	6	2
5. Ausführungsplanung Erarbeiten und Darstellen der ausführungsreifen Planungslösung	25	24	30
6. Vorbereitung der Vergabe Ermitteln der Mengen und Aufstellen von Leistungsverzeichnissen	10	7	7
7. Mitwirkung bei der Vergabe Ermitteln der Kosten und Mitwirkung bei der Auftragsvergabe ...	4	3	3
8. Objektüberwachung (Bauüberwachung) Überwachen der Ausführung des Objekts	31	29	31
9. Objektbetreuung und Dokumentation Überwachen der Beseitigung von Mängeln und Dokumentation des Gesamtergebnisses	3	3	3

So kann es sich ergeben, dass lediglich eine Schlussrechnung des Architekten für einzelne Leistungsphase(n) erstellt werden muss.

Beispiel:
Für den Fall, dass dem Architekt bei der Planung des Mehrparteienmiethauses lediglich die Leistungsphasen 1 - 5 übertragen wurden, könnte er demzufolge „nur" 52 % des Honorars abrechnen. Dies setzt sich im einzelnen zusammen aus:

3 % für die Leistungsphase 1
7 % für die Leistungsphase 2
11 % für die Leistungsphase 3
6 % für die Leistungsphase 4
25 % für die Leistungsphase 5

Gesamtsumme: 52 %

3.3.2 Sonderfragen zur Leistungsfeststellung

Verpflichtung zur mangelfreien Leistungserstellung

Grundsätzlich schuldet der Architekt „nur die zur Verwirklichung des einzelnen Objektes notwendigen (Grundleistungen). Die Beschreibung des § 15 Abs. 2

HOAI enthält alle denkbaren Aufgaben, die der Architekt als Grundleistungen erbringen könnte. Hiervon hat er nur die zur mangelfreien Erstellung seiner Leistung notwendigen zu erbringen.“[366]

Vergabe einzelner Grundleistungen und Teile von Grundleistungen an Dritte

Grundsätzlich ist es dem Bauherrn möglich, einzelne Grundleistungen oder auch Teile von Grundleistungen an Dritte, d. h. nicht den Architekten, zu vergeben bzw. selber auszuführen. In diesen Fällen des „Splittings“ kommt für den Architekten gemäß § 5 Abs. 2 HOAI nur eine Vergütung der von ihm erbrachten Grundleistungen in Betracht. Bei der Vergabe von Teilen von Grundleistungen ist dringend darauf zu achten, dass vorab exakt zwischen Bauherr und Architekt vereinbart wird, welche Teile nicht von letzterem erbracht werden sollen und wie hoch der Prozentsatz hierfür angesetzt wird.

Beispiel:
Zwischen dem Bauherrn und dem Architekten des Mehrparteienmiethauses wird vereinbart, dass innerhalb der Leistungsphase 2 für die Errichtung eines Einfamilienhauses, die mit 7 % am Gesamthonorar bewertet wird, die Kostenschätzung nach DIN 276 von einem Dritten erbracht werden soll. Es ist eine schriftliche Vereinbarung zu treffen, die folgenden Wortlaut haben kann:

Vereinbarung über die Leistung eines Dritten

... Die Kostenschätzung nach DIN 276 innerhalb der Leistungsphase 2 wird nicht durch den Architekt (Architekt) erbracht. Alle übrigen Grundleistungen der Leistungsphase 2 werden vom Architekt erbracht. Die Kostenschätzung wird mit 2 % bewertet.

Der Bauherr vermeidet bei einer solch genauen Vertragsformulierung, dass ihm bei seiner Schlussrechnung die jeweilige Leistungsphase - im Beispiel nur 5 % anstatt 7 % der Leistungsphase 2 - in Rechnung gestellt wird. Das Argument, dass wegen einer Honorarkürzung eine unzulässige Honorarmindestsatzunterschreitung stattfände, greift nicht, da nur abgerechnet werden darf, was tatsächlich an Leistungen erbracht wurde. Eine wirkliche Unterschreitung findet ohnehin nicht statt.

3.4 Der Honorarsatz

3.4.1 Die Umstellung der Honorartabellen auf den Euro

Die Währungsumstellung von DM auf Euro hat natürlich auch Auswirkungen auf die HOAI. So ergeben sich nicht nur neue Honorartabellen, die nunmehr auf die neue Währung abgestimmt sind, sondern auch verschiedene Abrechnungsfallgruppen. Architekten haben demnach zu beachten, dass alle Forderungen, die vor dem 1. Januar 2002 entstanden sind, zum Umrechnungskurs auf die neue Wäh-

[366] LG Düsseldorf, BauR 1982, 597.

rung umgestellt werden müssen. Honorarrechnungen seit dem 1. Januar 2002 dürfen grundsätzlich nur noch auf der Basis der neuen Honorartafeln in € und der damit verbundenen textlichen Änderungen erstellt werden.

Für Altverträge (d.h. Verträge, die vor dem 1. Januar 1996 geschlossen wurden), die keine honorarmäßige Anpassung im Sinne des § 103 HOAI erfahren haben und erst nach dem 1. Januar 2002 schlussabgerechnet werden sollen, müssen die Abrechnungen zunächst in DM ermittelt und dann in € umgerechnet werden.

3.4.2 Die Honorartafel zu § 16 Abs. 1 HOAI

Hat man also in den ersten 3 Schritten festgestellt, welche anrechenbaren Baukosten entstanden sind, in welche Honorarzone dieses Bauvorhaben einzuordnen ist und welche Leistungsphasen erbracht wurden, lässt sich im 4. und letzten Schritt der Honorarermittlung anhand der Tabelle zu § 16 Abs. 1 HOAI leicht der Mindest- und Höchstsatz für dieses beispielhafte Bauvorhaben ablesen.

Beispiel:
Die anrechenbaren Baukosten betragen 500.000,00 €. Geplant ist ein Zweifamilienhaus, weshalb eine Einordnung in Honorarzone III vorgenommen wird. Der Honorarsatz in Honorarzone III bewegt sich in diesem Fall zwischen dem Mindestsatz von 44.243 € und dem Höchstsatz von 55.876 €.

Welcher Honorarsatz konkret fällig wird, ist dem Vertrag zu entnehmen. Die Parteien können den Mindest- oder den Höchstsatz festlegen, oder auch Viertel-, Halb- und Dreiviertelsätze innerhalb der Spanne zwischen Mindest- und Höchstsatz. Denkbar sind auch die Vereinbarung anderer Prozentsätze, z.B. von 20 % über dem Mindestsatz. Der Architekt hat dann eine Honorarberechnung auf der Basis der zutreffenden Honorarzone und nach den erbrachten Leistungen vorzunehmen.[367] Hinzu kommen noch die Nebenkosten (für Kopienanfertigung, Portogebühren, Reisekosten etc.) und 16 % Mehrwertsteuer.

3.4.3 Die Interpolation nach § 5a HOAI

In den wenigsten Fällen wird sich die Höhe der anrechenbaren Kosten und damit auch das genaue Honorar exakt aus den Werten der Tabelle zu § 16 HOAI ablesen lassen. Nach § 5a HOAI ist in all diesen Fällen eine Interpolation vorzunehmen.

HOAI § 5a [Interpolation]

Die zulässigen Mindest- und Höchstsätzen für Zwischenstufen der in den Honorartafeln angegebenen anrechenbaren Kosten, Werte und Verrechnungseinheiten (VE) sind durch lineare Interpolation zu ermitteln.

---

[367] Locher/Koeble/Frik, § 4 Rn. 17.

Beispiel:

Es wird ein Einfamilienhaus geplant (daher Honorarzone III). Vereinbart ist zwischen Bauherr und Architekt der Mindestsatz. Die anrechenbaren Kosten belaufen sich nach Erbringung der Leistungsphasen 1-4 laut Kostenberechnung auf 280.000,- €.

Der Architekt muss die erste Kostenermittlung (Kostenberechnung) durchführen.

Aus der Tabelle zu § 16 HOAI ergibt sich, dass der Wert der anrechenbaren Kosten bei Honorarzone III in Höhe von 280.000,- € zwischen den dort angeführten Werten von 250.000,- € und 300.000,- € liegt. Deshalb muss die Differenz zwischen dem Honorar für einen anrechenbaren Kostenwert zwischen 250.000,- € und 300.000,- € errechnet werden. Der Mindestsatz für anrechenbaren Kosten bei Honorarzone III i. V. m. 250.000,- € beträgt 26.380,- €. Der Mindestsatz für anrechenbare Kosten bei Honorarsatz III i. V. m. 300.000,- € beträgt 30.650,- €.

Die Berechnung im einzelnen:

1. Schritt:

300.000,00 €	*30.650,00 €*
250.000,00 €	*26.380,00 €*
Differenz (100%)	*4.270,00 €*
Differenz (60%)	*2.562,00 €*

2. Schritt:

Dies ergibt bei anrechenbaren Kosten in Höhe von:

280.000,00 €	=	*26.380,00 €*
		+ 2.562,00 €
Honorar (bei 100%)		*28.942,00 €*
Mehrwertsteuer (16%)		*+ 4.630,72 €*
		33.572,72 €

3. Schritt:

Der Gebührensatz nach §§ 16, 5a HOAI ergibt für die Leistungsphasen 1-4 demnach:

27 % (entsprechend den Leistungsphasen 1-4)	
von 33.572,72 €	*= 9.064,63 €*

4 Honorarvereinbarungen

4.1 Vorbemerkung

Der Architekt ist nicht gezwungen, sein Honorar nach den Abrechnungssystem der HOAI abzurechnen. Zulässig sind vielmehr auch Honorarvereinbarungen, die von den Abrechnungsgrundsätzen der HOAI abweichen.[368] Alle Honorarvereinbarungen unterliegen allerdings bestimmten Voraussetzungen bzw. Grenzen. Demnach hat der Architekt zu beachten, dass:

- jede Honorarabweichung, die von den Mindestsätzen der HOAI nach oben oder nach unter abweicht oder die Berechnungsgrundsätze der HOAI abändert, bedarf der Schriftform.[369] Das Schriftformerfordernis betrifft – dies sei nochmals betont – lediglich die Honorarvereinbarung, nicht den Architektenvertrag selbst[370],
- jede Honorarvereinbarung die Höchstsatzgrenze des HOAI zu beachten hat[371],
- sich jede Honorarvereinbarung am richtig berechneten Mindestsatz messen lassen muss. Die Ermittlung des Mindestsatz erfolgt ebenso wie die Ermittlung des Höchstsatzes durch eine fiktive, nach den Grundsätzen der HOAI aufgestellten Vergleichsberechnung[372],
- der Bestimmtheitsgrundsatz des allgemeinen Schuldrechts bei der Vereinbarung gewahrt wird[373] und
- sich die Honorarvereinbarung auf den Vertragsgegenstand selbst beschränkt.[374]

Einschlägige Vorschrift der Honorarvereinbarungen ist § 4 HOAI:

---

[368] Hesse/Korbion/Mantscheff/Vygen, § 4 Rn. 48; Pott/Dahlhoff/Kniffka, § 4 Rn. 42; Werner/Pastor Rn 701ff.; Locher/Koeble/Frik, § 4 Rn. 11.

[369] Locher/Koeble/Frik, § 4 Rn. 13. - In Abweichung des Schriftformerfordernisses bei Honorarvereinbarungen kann bei schlechthin untragbaren Verhältnissen im Ausnahmefall auch eine mündliche Honorarvereinbarung wirksam sein [OLG Koblenz, BauR 2001, 828].

[370] Vgl. z.B. Groß, Ausgewählte Fragen zu § 4 HOAI, BauR 1980, 8.

[371] Locher/Koeble/Frik, § 4 Rn. 15.

[372] Ebd., § 4 Rn. 16.

[373] Ebd., § 4 Rn. 17.

[374] Ebd., § 4 Rn. 13; BGH, BauR 1999, 1045 = ZfBR 1999, 312.

HOAI § 4 [Vereinbarung des Honorars]

(1) Das Honorar richtet sich nach der schriftlichen Vereinbarung, die die Vertragsparteien bei Auftragserteilung im Rahmen der durch diese Verordnung festgesetzten Mindest- und Höchstsätze treffen.
(2) Die in dieser Verordnung festgesetzten Mindestsätze können durch schriftliche Vereinbarung in Ausnahmefällen unterschrieben werden.
(3) Die in dieser Verordnung festgesetzten Höchstsätze dürfen nur bei außergewöhnlichen oder ungewöhnlich lange dauernden Leistungen durch schriftliche Vereinbarung überschritten werden. Dabei haben Umstände, soweit sie bereits für die Einordnung in Honorarzonen oder Schwierigkeitsstufen, für die Vereinbarung von Besonderen Leistungen oder für die Einordnung in den Rahmen der Mindest- und Höchstsätze mitbestimmend gewesen sind, außer Betracht bleiben.
(4) Sofern nicht bei Auftragserteilung etwas anderes schriftlich vereinbart worden ist, gelten die jeweiligen Mindestsätze als vereinbart.

Somit gilt, dass nur bei einer schriftlichen Fixierung zwischen Mindest- und Höchstsatz frei gewählt werden. In der Praxis sind hierbei Viertel-, Mittel- oder Dreiviertelsätze gängige Alternativen.

4.2 Pauschalhonorar

Die Parteien können ein Pauschalhonorar vereinbaren, müssen aber dabei die Mindest- und Höchstsätze der HOAI beachten. Dies gilt auch für sogenannte „versteckte Unterschreitungen des Mindestsatzes" (wenn z.B. mehrere Bauobjekte zu einem Bauobjekt zusammengefasst bzw. mehrere Aufträge bebündelt[375] werden oder durch eine falsche Honorarzone vereinbart wird, etc.) Wird ein höherer Betrag als der Mindestsatz vereinbart, muss dies gemäß § 4 Abs. 4 HOAI bei Auftragsvergabe schriftlich erfolgen. Erfolgt eine solche Vereinbarung, erübrigen sich bei Erstellung der prüffähigen Schlussrechnung die detaillierten Angaben zu den „anrechenbaren Kosten, zur Honorarzone und den erbrachten Leistungsphasen.[376]

4.2.1 Konsequenz einer Mindestsatzunterschreitung

Grundsätzlich steht dem Architekten trotz entgegenstehender Vereinbarung ein Anspruch auf den Mindestsatz zu. Allerdings existieren auch hier Ausnahmen:

Der Grundsatz von Treu und Glauben

So sieht der BGH dann eine Ausnahme, wenn der Architekt den Bauherrn arglistig getäuscht hat und insgeheim von Beginn an den Mindestsatz geltend machen

[375] KG Berlin, KG-Report 2001, 210.
[376] Vgl. OLG Frankfurt, Schäfer/Finnern/Hochstein, Nr. 69 zu § 635 BGB.

wollte.[377] Ein solches widersprüchliches Verhalten steht nach Treu und Glauben einem Geltendmachen der Mindestsätze entgegen, sofern der Bauherr auf die Wirksamkeit der Vereinbarung vertraut hat und vertrauen durfte und er sich darauf in einer Weise eingerichtet hat, dass ihm die Zahlung des Differenzbetrages nicht zugemutet werden kann.[378]

Entscheidend ist dabei allerdings - was der BGH hier nicht ausführt - ,dass der Bauherr Vermögensdispositionen getroffen hat, weil er eben auf die Vereinbarung mit dem Architekten vertraut hat. Erfolgten dagegen keinerlei Vermögensdispositionen, so lässt sich auch der Grundsatz und Schutz von Treu und Glauben dem Architekten nicht entgegenhalten.

Kritische Stimmen sehen hierin die indirekte Beseitigung der Mindestsatzregelung der HOAI, wie sie in der Praxis (natürlich) häufig geschieht.

Die Ausnahme nach § 4 Abs. 2 HOAI

Von vornherein unwirksam sind mündliche Vereinbarungen über eine Mindestsatzunterschreitung. Das gilt auch dann, wenn sich die Parteien bei einer Besprechung einig sind – auch darüber, dass keine schriftliche Fixierung stattfinden soll - , und später dennoch einen schriftlichen Kontrakt über die Honorarvereinbarung treffen. Diese ist dann unwirksam.[379] Gleiches gilt auch, wenn während der Bauphase Meinungsverschiedenheiten zwischen Bauherr und Architekt auftreten, und letzterer mündlich einen Nachlass gewährt, durch den das Gesamthonorar die Mindestsätze der HOAI unterschreitet.[380]

Wann aber können wirksame Mindestsatzunterschreitungen schriftlich vereinbart werden?

In der baurechtlichen Literatur und Rechtsprechung sah man bislang den in § 4 Abs. 2 HOAI eingeräumten Ausnahmefall dann als gegeben an, wenn verwandtschaftliche oder soziale Gründe vorlagen.[381] Das OLG Köln ließ sogar die Mitgliedschaft in einem Verein als Ausnahmegrund zu, wenn der Architekt für diesen unterhalb des Mindestsatzes tätig wurde.[382]

Einem Urteil des VGH Kassel zufolge, soll auch die Teilnahme an einem Wettbewerb ein Ausnahmefall darstellen.[383]

Der BGH vertritt einen offenen Standpunkt. Er argumentiert, dass ein Ausnahmefall, in dem die Unterschreitung der Mindestsätze zulässig ist, dann vorliegt, wenn aufgrund der besonderen Umstände des Einzelfalles unter Berücksichtigung des Zwecks der Mindestsatzregelung ein unter den Mindestsätzen liegendes Honorar angemessen ist.[384] Dieser wenig aussagekräftige Satz erfährt in den dahinter-

[377] BGH, BauR 1993, 239; BGH, BauR 1997, 677.
[378] BGH, BauR 1997, 677.
[379] Locher/Koeble/Frik, § 4 Rn. 43.
[380] LG Magdeburg, BauR 2001, 986.
[381] OLG Hamm, BauR 1988, 366.
[382] OLG Köln, OLGZ 1990, 233.
[383] VGH Kassel, NJW-RR 1995, 1299.
[384] BGH, BauR 1997, 677.

liegenden Rechtsausführungen die Konkretisierung, dass es genügen kann, wenn ein besonders geringer Aufwand beim Architekten entsteht.

Nicht zu verwechseln mit diesem Sonderfall ist jenes Argument für die vermeintliche Zulässigkeit von Mindestsatzunterschreitungen, die bislang unter dem Begriff der „besonders günstige Bürostrukturen" zu finden waren. Der BGH[385] erteilte dem Preisdumping von Billigkonkurrenten eine eindeutige Abfuhr, indem es die HOAI für alle Anbieter, die Architekten- und Ingenieurleistungen erbringen, wie sie die HOAI beschreibt, als alleine maßgebend betrachtet. Die Situation des Auftragnehmers, ob nun vielköpfiges Büro oder „alleiniger Küchentisch-Planer" ist demnach unbeachtlich für die Grundsätze der HOAI und ihrer Anwendbarkeit.

Dagegen können enge rechtliche, wirtschaftliche, soziale oder persönliche Beziehungen oder sonstiger Umstände eine Ausnahme zulassen. Diese besonderen Umstände sollen bereits dann vorliegen, wenn Planungsunterlagen mehrfach verwendet werden. In einem weiteren Urteil präzisierte der BGH im Hinblick auf eine Ausnahme aufgrund enger persönlicher Beziehung, dass eine bloße Freundschaft zwischen Bauherr und Architekt zumindest dann nicht genügt, wenn diese erst während der Zusammenarbeit entstanden ist.[386]

4.2.2 Konsequenz einer Höchstsatzüberschreitung

Grundsätzlich erfolgt eine Umdeutung der Vertragsvereinbarung in eine Fixierung des Höchstsatzes.[387] Gemäß § 4 Abs. 3 HOAI ist eine Überschreitung des Höchstsatzes möglich, wenn es sich um ungewöhnlich lange dauernde und außergewöhnliche Leistungen handelt.[388]

4.3 Zeithonorar

Die Berechnung eines Zeithonorars ist nach der HOAI bei Vorliegen einer der folgenden drei Fallgruppen möglich[389]:

- Zunächst sind diejenigen Fälle zu nennen, in denen das Honorar frei vereinbart werden kann. Hier haben es die Parteien in der Hand, auch ein Zeithonorar zu vereinbaren. Hierher gehören z.B. die folgenden Fälle: §§ 16 Abs. 3; 31 Abs. 2; 33; 34 Abs. 4; 38 Abs. 8,9; 41 Abs. 3 Nr. 1-3; 42 Abs. 2; 45 b Abs. 4; 48b Abs. 3; 50 Abs. 2; 55 Abs. 4; 57 Abs. 3; 61 Abs. 4; 61a Abs. 3; 67 Abs. 4; 79; 84; 86 Abs. 6; 90; 92 Abs. 5; 95; 97 Abs. 5; 98 Abs. 4, 100 Abs. 4.

---

385 BGH, BauR 1999, 1044 = ZfBR 1999, 272.

386 BGH, BauR 1997, 1062.

387 BGH, BauR 1990, 239.

388 Vgl. OLG Hamm, BauR 1986, 718.

389 Vgl. Aufzählung bei Locher/Koeble/Frik, § 5, Rn 2.

- Ferner sind diejenigen Fälle zu nennen, in denen die Vorschriften der HOAI die Vereinbarung eines Zeithonorars ausdrücklich vorsehen: §§ 29 Abs. 2; 39; 42 Abs. 2; 45b Abs. 4; 49 Abs. 2; 61 Abs. 4; 67 Abs. 4
- Schließlich gehören hierher auch diejenigen Fälle, in denen die HOAI die Berechnung eines Zeithonorars zulässt: §§ 16 Abs. 2; 26; 28 Abs. 3; 32 Abs. 3; 33; 34 Abs. 4

Es handelt sich hierbei um Sonderfälle. Die in der Praxis wichtigsten Fälle des Zeithonorars betreffen Objekte mit niedrigeren anrechenbaren Kosten als dem untersten, in den jeweiligen Honorartafeln aufgeführten Wert, und Honorare für Besondere Leistungen. Dies ergibt sich aus § 5 Abs. 4 HOAI:

HOAI § 5 Abs. 4 [Berechnung des Honorars in besonderen Fällen]

Für Besondere Leistungen, de zu den Grundleistungen hinzutreten, darf ein Honorar nur berechnet werden, wenn die Leistungen m Verhältnis zu den Grundleistungen einen nicht unwesentlichen Arbeits- und Zeitaufwand verursachen und das Honorar schriftlich vereinbart worden ist. Das Honorar ist in angemessenem Verhältnis zu dem Honorar für die Grundleistungen zu berechnen, mit der die Besondere Leistung nach Art und Umfang vergleichbar ist. Ist die Besondere Leistung nicht mit einer Grundleistung vergleichbar, so ist das Honorar als Zeithonorar nach § 6 zu berechnen.

Die Höhe der Stundensätze ist ein uraltes Problem. In § 6 HOAI ist zum einen festgehalten, dass Zeithonorare durch Vorausschätzung als Fest- oder Höchstbeträge zu vereinbaren sind; zum anderen regelt die Norm die Rahmen für die Stundensätze des Architekten und seiner Mitarbeiter:

HOAI § 6 [Zeithonorar]

(1) Zeithonorare sind auf der Grundlage der Stundensätze nach Absatz 2 durch Vorausschätzung des Zeitbedarfs als Fest- oder Höchstbetrag zu berechnen. Ist eine Vorausschätzung des Zeitbedarfs nicht möglich, so ist das Honorar nach dem nachgewiesenen Zeitbedarf auf der Grundlage der Stundensätze nach Absatz 2 zu berechnen.

(2) Werden Leistungen des Auftragnehmers oder seiner Mitarbeiter nach Zeitaufwand berechnet, so kann für jede Stunde folgender Betrag berechnet werden:
1. für den Auftragnehmer 38 bis 82 €,
2. für Mitarbeiter, die technische oder wirtschaftliche Aufgaben erfüllen, soweit sie nicht unter Nummer 3 fallen, 36 bis 59 €,
3. für technische Zeichner und sonstige Mitarbeiter mit vergleichbarer Qualifikation, die technische oder wirtschaftliche Aufgaben erfüllen 31 bis 43 €.

In jedem Fall ist es notwendig, dass sich die Parteien vorher Gedanken über die tatsächliche Arbeitsintensität machen. Dabei sind die Anzahl der zu erbringenden Stunden mit den in § 6 Abs. 2 HOAI genannten Stundensätzen zu multiplizieren.

Beispiel:
1. Aufstellen eines Finanzierungsplanes
= 6 Stunden zu einem Stundensatz von € 75,- = € 450,- zuzüglich 16 % USt (€ 72,-)
2. Durchführen der Bauvoranfrage
= 10 Stunden zu einem Stundensatz von € 75,- = € 750,- zuzüglich 16 % Ust (€ 120,-)

Hier sollte von vornherein die Stundenzahl und damit auch der Betrag als Festbetrag vereinbart werden.

Nur im Falle der Nichtvoraussehbarkeit der zu erbringenden Stundenanzahl, muss auf der Grundlage der tatsächlich nachgewiesenen Arbeitsstunden abgerechnet werden. Es ist dabei zu beachten, dass jede Zeiteinheit inklusive der erbrachten Tätigkeit schriftlich protokolliert wird, um hinterher als Nachweis dienen zu können. In vielen Fällen vereinbaren Bauherr und Architekt auch dort Stundensätze, wo dies gesetzlich nicht vorgesehen ist. Derartige Vereinbarungen sind unzulässig. Auch Änderungsleistungen dürfen nicht nach Stundensätzen abgerechnet werden, weil es sich hierbei um die Wiederholung von Grundleistungen handelt, die mit einer Prozentzahl von Grundleistungen bewertet werden müssen.[390]

4.4 Honorarvereinbarung nach § 4a HOAI

Mit der 5.HOAI-Novelle führte der Gesetzgeber 1996 auch § 4a HOAI neu in das Regelungswerk ein. Damit sollte das Spektrum der Honorarvereinbarungen um neue Varianten erweitert werden.

4.4.1 § 4a Satz 1 HOAI

HOAI § 4a Satz 1[Abweichende Honorarermittlung]

Die Vertragsparteien können abweichend von der in der Verordnung vorgeschriebenen Honorarermittlungen schriftlich bei Auftragserteilung vereinbaren, dass das Honorar auf der Grundlage einer nachprüfbaren Ermittlung der voraussichtlichen Herstellungskosten nach Kostenberechnung oder nach Kostenanschlag berechnet wird.

Bauherr und Architekt können schriftlich bei Auftragserteilung vereinbaren, dass ausschließlich nach Kostenberechnung oder Kostenanschlag abgerechnet wird.

[390] Vgl. Neuenfeld/Baden/Dohna/Groscurth, Handbuch des Architektenrechts, Band 2, Honorarordnung für Architekten und Ingenieure, Stuttgart ³1999, § 4 Rn. 50 bis 54.

Hierdurch ist es möglich, eine Vereinbarung zu treffen, mit der das Honorar von den eigentlich durch die Kostenfeststellung zu ermittelnden tatsächlichen Kosten losgelöst wird. Die tatsächlichen Baukosten spielen demnach keine Rolle mehr für die Honorarermittlung. Auf diese Weise soll - so die gesetzgeberische Intention - der Architekt angehalten werden, eine kostengünstige Realisierung des Bauvorhabens herbeizuführen.[391]

Umgekehrt - was jedoch in der Praxis eher die Seltenheit darstellt - erfolgt eine Abrechnung auf der Grundlage der Kostenberechnung oder des Kostenanschlags auch dann, wenn die tatsächlichen Kosten tatsächlich geringer sind. Eine Ausnahme gilt in diesem Fall nur dann, wenn der Architekt die Baukosten schuldhaft zu hoch veranschlagt hat. Des weiteren sei noch darauf hingewiesen, dass der Architekt im Falle der § 4a HOAI-Vereinbarung bei Erstellung einer prüffähigen Schlussrechnung nicht mehr die übrigen Kostenermittlungen nach § 10 Abs. 2 HOAI anzufertigen braucht.

In der Literatur[392] wird die Verfassungsmäßigkeit Norm bezweifelt, da sie u.a. die Überschreitung der gesetzgeberischen Mindest- und Höchstsatzgrenzen ohne außergewöhnliche oder ungewöhnlich lange andauernde Leistungen zulässt.

Der Architekt sollte daher Zurückhaltung bei dieser Möglichkeit der Honorarvereinbarung walten lassen. Dies gilt in diesem Zusammenhang auch für Satz 2, der eine Anpassung der Honorarvereinbarung bei Mehrleistungen im Sinne des Satz 1 ermöglicht.

4.4.2 § 4a Satz 3 HOAI

HOAI § 4a Satz 3 [Abweichende Honorarermittlung]

Verlängert sich die Planungs- und Bauzeit wesentlich durch Umstände, die der Auftragnehmer nicht zu vertreten hat, kann für die dadurch verursachten Mehraufwendungen ein zusätzliches Honorar vereinbart werden.

Im Falle einer Verlängerung der Planungs- und Bauzeit, die der Bauherr zu vertreten hat, kann zusätzlich vereinbart werden, dass der Architekt seine Mehraufwendungen ersetzt bekommt. Damit besteht die Möglichkeit, auch bei Vereinbarung des Höchstsatzes ein zusätzliches Honorar zu verlangen. Es gilt das unter Satz 1 Gesagte zur Verfassungsmäßigkeit der Norm.

[391] Vgl. Locher/Koeble/Frik, § 4a, Rn 2.

[392] Locher/Koeble/Frik, § 4a, Rn. 3, 6; Hesse/Korbion/Mantscheff/Vygen, § 4a Rn. 7; Pott/Dahlhoff/Kniffka, § 4a Rn. 13.

4.5 Erfolgshonorar nach § 5 Abs. 4a HOAI

HOAI § 5 Abs. 4a [Berechnung des Honorars in Besonderen Fällen]

Für Besondere Leistungen, die unter Ausschöpfung der technisch-wirtschaftlichen Lösungsmöglichkeiten zu einer wesentlichen Kostensenkung ohne Verminderung des Standards führen, kann ein Erfolgshonorar zuvor schriftlich vereinbart werden, das bis zu 20 vom Hundert der vom Auftragnehmer durch seine Leistungen eingesparten Kosten betragen kann.

Der Architekt kann für Besondere Leistungen, die unter Ausschöpfung der technisch-wirtschaftlichen Lösungsmöglichkeiten zu einer wesentlichen Kostensenkung ohne Standardminderung führen, vor Erbringung der Leistungen schriftlich mit dem Bauherrn vereinbaren. Dabei kann der Architekt einen bestimmten Prozentsatz oder bezifferten Betrag der eingesparten Kosten als Erfolgshonorar erlangen. Es handelt sich hierbei um die sog. Baukostensenkungsprämie.

So positiv diese Möglichkeit auf den ersten Blick erscheinen mag, so zweifelhaft bleibt sie in ihrer rechtlichen und wirtschaftlichen Konsequenz: Der Architekt ist ohnehin aufgrund seiner werkvertraglichen Obliegenheiten mit dem Bauherrn verpflichtet, für diesen die „beste" und damit auch kostengünstigste Lösung des Bauvorhabens zu erbringen. Diese Verpflichtung ist kein Bonus, der zusätzlich vereinbart zu werden braucht, sondern Kern des Werkvertragsrechts und damit eine Hauptleistungspflicht! Demgegenüber wirft die Ausgangssituation zur Vereinbarung eines solchen Erfolgshonorars die Frage auf, ob sich der Architekt nicht ohnehin aufgrund vorangegangener Fehlberechnungen eines Nachbesserungsanspruches seitens des Bauherrn ausgesetzt sehen sollte.

In der Literatur[393] wurde ein Katalog von Besonderen Leistungen im Sinne des § 5 Abs. 4a HOAI aufgestellt, der allerdings keinen Anspruch auf Vollständigkeit erhebt:

- Untersuchen von Lösungsmöglichkeiten nach gleichen Anforderungen als Alternativen mit Vergleichskriterien.
- Untersuchen von verschiedenen konstruktiven Lösungen im Zusammenwirken mit dem Tragwerkplaner mit Kostenvergleich.
- Untersuchen von wirtschaftlichen Ausführungsmethoden mit Kosten- und Zeitvergleich.
- Untersuchen von Markteinflüssen auf Vergabemethoden.
- Untersuchen von herstellungsorientierten Zusammenfassungen (Leistungspaketen bei einzelnen oder mehreren Unternehmern oder auch bei Generalunternehmern).

[393] Locher/Koeble/Frik, § 5, Rn. 49.

- Untersuchen von verschiedenen Detaillösungen bei gleichem Standard mit Kostenvergleich.
- Aufstellen und Bewerten von Kosten-Nutzen-Analysen der Betriebskosten nach II. BV und DIN 18960 Baunutzungskosten von Hochbauten.

4.6 Sonderfragen zur Honorarvereinbarung

4.6.1 Kompensationsabrede

Umstritten ist die Zulässigkeit der sogenannten Kompensationsabrede. Es handelt sich hierbei um eine zwischen Architekten und/oder Ingenieuren getroffene Vereinbarung, sich gegenseitig Leistungen zu erbringen und dafür kein oder ein unter den Mindestsätzen der HOAI liegendes Honorar zu zahlen. Nach einer Auffassung[394] in der Literatur ist hierfür die Einhaltung der Schriftform erforderlich, richtigerweise scheint dies gemäß einer anderen Meinung[395] auch mündlich möglich zu sein, denn die HOAI füllt mit den ihr innewohnenden Schriftformerfordernissen lediglich den rechtlichen Rahmen aus, wenn nach dem BGB eine Vergütungspflicht besteht. Fehlt es hieran infolge der Parteienvereinbarung, können auch die Formerfordernisse der HOAI nicht eingreifen.

4.6.2 Spätere Änderung von Honorarvereinbarungen

Grundsätzlich hat der BGH eine Änderung für zulässig erachtet, wenn sich „das Leistungsziel ändert“[396]. Für alle anderen Fälle hat er die Änderung erst „nach Beendigung der Architektentätigkeit“[397] für möglich erachtet.

4.6.3 Honorarvereinbarung nach Beendigung der Architektentätigkeit

Auf eine Vergütungsvereinbarung, die zwischen Bauherr und Architekt nach dessen Beendigung der Architektentätigkeit, durch Vergleich über die Honorarforderung geschlossen wird, findet § 4 HOAI keine Anwendung. Ein nach Beendigung der Architektentätigkeit über die Honorarforderung abgeschlossener Vergleich fällt nicht unter den Regelungsinhalt des § 4 HOAI.[398]

---

394 Hesse/Korbion/Mantscheff/Vygen § 1 Rn. 14f, ebenso OLG Hamm, BauR 1987, 467 = ZfBR 1987, 154.

395 Locher/Koeble/Frik, Einl., Rn. 31.

396 BGH, BauR 1988, 364.

397 BGH, BauR 1988, 364; BGH, BauR 1987, 706.

398 BGH, BauR 2001, 1612, 1613, BauR 1987, 112, 113.

5 Sicherungsmittel

Bauvorhaben lastet in besonderem Maße wegen der wirtschaftlichen Situation auf der Seite des Bauherrn ein wirtschaftliches Risiko an. Die mögliche Insolvenz eines Bauherrn kann sich dabei für einen am Bau Beteiligten besonders gravierend auswirken, wenn seine Ansprüche nicht gesichert sind. Die primär ungesicherte Situation des Architekten, wie auch der anderen am Bau Beteiligten, wird begünstigt durch die grundsätzlichen Regelungen des Werkvertragsrechts. Danach steht ihm als Auftragnehmer innerhalb eines werkvertraglichen Verhältnisses mit dem Bauherrn erst dann seine Vergütung zu, wenn er die vertragliche vereinbarten Leistungen erbracht hat.

5.1 Sicherungsansprüche des Architekten

Es stellt sich die Frage, inwieweit der Architekt seinen Vergütungsanspruch sichern kann und ob der Bauherr dies auf Verlangen berücksichtigen muss? In Betracht kommen die Eintragung einer Sicherungshypothek und die Bereitstellung einer Sicherheitsleistung

5.1.1 Anspruch auf Eintragung einer Sicherungshypothek

Der Anspruch des Architekten

Grundsätzlich anspruchsberechtigt sind alle Unternehmer, die aufgrund eines Werkvertrages zur Herstellung eines Bauwerkes oder eines Teiles hiervon verpflichtet sind und diesen Werkvertrag unmittelbar mit dem Eigentümer des Baugrundstücks abgeschlossen haben. Bei Ansprüchen aus einem Dienstvertrag bestehen derartige Sicherungsmöglichkeiten dagegen nicht.[399]

Ein Bauunternehmer kann seine Forderungen aus dem Vertrag mit dem Bauherrn in jedem Fall die Einräumung einer Sicherungshypothek an dem Baugrundstück des Bauherrn verlangen. Ein derartiger Eintragungsanspruch steht jedoch auch dem Architekten zu, der sämtliche Architektenleistungen von der Planung bis zur örtlichen Bauaufsicht erbracht hat. Für das ihm zustehende Honorar, kann

---

[399] BGH, NJW 1967, 2259.

er die Eintragung einer Sicherungshypothek vom Bauherrn verlangen.[400] Auch im übrigen wird dem Architekten weitgehend dieser Anspruch eingeräumt, sofern seine Leistung zu einer Wertsteigerung des Grundstücks geführt hat.[401]

Umfang der Sicherung

Es kann nur ein Anspruch aus einem Werkvertrag durch Eintragung einer Sicherungshypothek gesichert werden. Dieser Werkvertrag muss wirksam geschlossen worden sein. Ein Vertrag, der wegen Verstoßes gegen das Gesetz zur Bekämpfung der Schwarzarbeit oder wegen Verstoßes gegen das Kopplungsverbot von Grundstückskaufverträgen mit Architektenverträgen unwirksam ist, kann keine Ansprüche begründen, die durch eine Sicherungshypothek geschützt werden können. Die Fälligkeit des Anspruchs ist nicht Voraussetzung.[402] Sicherungsfähige Forderungen sind:

- entstandene Vergütungsansprüche,
- Entschädigungsansprüche des Architekten wegen fehlender oder verzögerter Mitwirkung des Bauherrn,
- Auslagenersatz,
- Schadensersatz wegen Verzugs,
- Schadensersatz aus positiver Forderungsverletzung,
- Beschleunigungsvergütungen und
- Zinsen.

Nicht erfasst werden Vertragsstrafen. Ist die Architektenleistung mangelhaft, so besteht der Anspruch nur in Höhe des Wertes, den das Grundstück als „Mehr" erfahren hat. Die Darlegungslast für die Mangelfreiheit trägt bis zur Abnahme der Architekt. Beruft er sich auf Abnahme, muss er diese glaubhaft machen. In der Regel wird deshalb der einfache Betrag der Mängelbeseitigungskosten vom Honorar abgezogen.[403] Des weiteren gilt die Einschränkung, dass, solange das Werk mangelhaft ist, steht dem Architekten/Ingenieur bzw. Unternehmer der Anspruch auf Sicherung durch Sicherungshypothek nicht zu. Auch die Eintragung einer Vormerkung im Grundbuch ist ihm insoweit versagt.[404]

Wie aber liegt der Fall, wenn der Auftraggeber (Bauherr) und der Grundstückseigentümer identisch sind?

---

[400] BGH, NJW 1969, 419.

[401] Vgl. OLG Frankfurt, OLGR 1995, 97. - Gleiches dürfte auch für die anderen Sonderfachleute gelten.

[402] OLG Koblenz, NJW-RR 1994, 786.

[403] BGH, BauR 1977, 208.

[404] Großhauser, 205 unter Hinweis auf BGH, BB 1977, 620.

Voraussetzung für die Eintragung einer Sicherungshypothek ist grundsätzlich, dass Grundstückseigentümer und Bauherr rechtlich ein und dieselben Person sind.[405] Die Übereinstimmung nach rein wirtschaftlicher Betrachtungsweise genügt dagegen nicht. Das schließt jedoch nicht aus, dass sich der Grundstückseigentümer je nach Lage des Einzelfalles gem. § 242 BGB wie ein Besteller behandeln lassen muss, soweit der Architekt wegen des ihm zustehenden Honorars Befriedigung aus dem Grundstück sucht.[406]

Das Kammergericht Berlin hat in einem solchen Fall entsprechend entschieden, als es die materiellrechtliche Durchgriffshaftung hinsichtlich eines Vergütungsanspruchs bei einem Geschäftsführer einer Komplementär-GmbH als gegeben ansah, wenn und weil bei ihm ein Verschulden bei Vertragsschluss vorlag.[407]

Zur Problematik der Identitätsfrage von Grundstückseigentümer und Besteller hat Großhauser eine kurze Rechtsprechungsübersicht wiedergegeben[408], die nachfolgend zitiert wird:

- Der Bauherr ist eine KG, Grundstückseigentümerin eine andere KG. Für beide Gesellschaften existiert jedoch eine GmbH als persönlich haftende Gesellschafterin. Hier besteht keine Identität, also ist eine Sicherheitshypothek nach § 648 BGB nicht möglich.[409]
- Wird die Bauleistung teils auf dem Grundstück des Bauherrn, teils auf Grundstücken Dritter erbracht, so haftet das Grundstück des Bauherrn für die gesamte Vergütung.[410]
- Bei Bruchteilseigentum des Bauherrn kommt nur Belastung des Bruchteils des Bauherrn in Betracht.
- Bei Erbbaurecht ist für die Sicherungshypothek die Zustimmung des Grundstückseigentümers, d. h. des Erbbaugebers, erforderlich.[411]
- Bauherr ist eine OHG, deren persönlich haftendem Gesellschafter das Baugrundstück gehört. Hier ist eine Sicherungshypothek zulässig.[412]
- Die Identität zwischen Auftraggeber und Grundstückseigentümer ist auch dann gewahrt, wenn die Bauherrin eine GmbH ist und das Baugrundstück einer BGB-Gesellschaft gehört, an der die Bauherrin als Gesellschafterin beteiligt ist.[413]

---

405 Vgl. OLG Koblenz, BauR 1993, 750.
406 OLG Düsseldorf, NJW-RR 1993, 851.
407 KG Berlin, ZfBR 1987, 247.
408 Großhauser, 206f.
409 OLG Braunschweig, BB 1974, 624.
410 OLG Nürnberg, NJW 1951, 155.
411 LG Tübingen, NJW 1956, 874.
412 Vgl. KG Berlin, ZfBR 1987, 247.
413 OLG München, NJW 1975, 220; KG Berlin, NJW 1978, 325.

- Die Identität von Auftraggeber und Grundstückseigentümer wird angenommen, wenn der Geschäftsführer maßgeblich an der KG und an der Komplementär-GmbH beteiligt ist, die den Auftrag erteilt hat.[414]

Beginn der Sicherungsmöglichkeit für den Architekten

Der planende Architekt, der seine Ansprüche - in erster Linie natürlich sein Honorar - mit einer Sicherungshypothek sichern will, kann dies erst dann vom Bauherrn verlangen, wenn seine Planung zumindest teilweise zur Errichtung eines Bauwerkes geführt hat und somit eine feststellbare Wertsteigerung des Grundstücks eingetreten ist. Selbst dann, wenn der Architekt bereits für eine Baugenehmigung gesorgt hat, stellt dies für sich alleine betrachtet keine Wertsteigerung des Grundstücks dar.[415] Im Einzelfall kann unter Umständen jedoch schon der Beginn von Ausschachtungsarbeiten eine Wertsteigerung des Grundstücks und damit eine Sicherungsmöglichkeit für das Honorar des planenden Architekten bedeuten.[416]

In jedem Fall aber muss das Honorar des Architekten, für das er die Sicherung beansprucht, Leistungen betreffen, die bereits in das Bauwerk umgesetzt worden sind. Wenn die zu sichernde Forderung Leistungen betrifft, die sich in dem Bauwerk nicht manifestieren, so scheidet die Möglichkeit einer Sicherungshypothek für den Architekten aus.[417]

Eintragung der Sicherungshypothek

1. Variante:
Die Eintragung einer Sicherungshypothek oder einer Vormerkung hierfür im Grundbuch erfolgt bei Einigung zwischen Architekt und Bauherr (Grundstückseigentümer) oder aufgrund einer Eintragungsbewilligung des Bauherrn (Grundstückseigentümer).

2. Variante:
Stimmt der Bauherr der Eintragung nicht zu, kann der Architekt im Wege der Klage den Anspruch durchsetzen. Er wird aber zuvor oder gleichzeitig zur Sicherung der nächstbereiten Rangstelle in aller Regel eine einstweilige Verfügung auf Eintragung einer Vormerkung zur Sicherung des Anspruchs auf Eintragung einer Sicherungshypothek erwirken.

Die Eintragung einer Vormerkung zur Sicherung einer Hypothek im Grundbuch aufgrund einer einstweiligen Verfügung erfordert, dass sowohl die Eintragungsvoraussetzungen nach dem Grundbuchrecht vorliegen, als auch die Voraus-

---

[414] BGH, BauR 1988, 91.
[415] BGHZ 51, 190.
[416] BGH, NJW 1984, 168.
[417] LG Fulda, BauR 1992, 110.

setzungen der einstweiligen Verfügung nach den Vorschriften der Zivilprozessordnung (ZPO).

Das Verfahren

Es existieren 4 Verfahrensabschnitte. Zunächst hat das Gericht die Entscheidung über den Antrag auf Erlass einer einstweiligen Verfügung zur Eintragung der Vormerkung zu treffen. Zuständiges Gericht ist das Gericht, in dessen Bezirk das belastete Grundstück gelegen ist. Die sachliche Zuständigkeit des Gerichts ist abhängig vom Wert der zu sichernden Forderung. Neben dem Gericht der Hauptsache steht dem Architekt jedoch auch streitwerttunabhängig das Amtsgericht sachlich zur Verfügung, in dessen Bezirk das Baugrundstück gelegen ist.

Für den Erlass einer einstweiligen Verfügung ist erforderlich, dass Verfügungsanspruch und Verfügungsgrund vorliegen und dargelegt werden. Der Architekt muss also für seinen Antrag auf Erlass einer einstweiligen Verfügung zur Eintragung einer Vormerkung darlegen, dass ihm ein Zahlungsanspruch aus dem Architektenvertrag mit dem Bauherrn entstanden ist, die der Forderung zugrundeliegende Leistung ausgeführt ist und das Grundstück, auf das die beantragte Vormerkung eingetragen werden soll, das Baugrundstück ist und dem Antragsgegner, dem Bauherrn, gehört. Der Architekt muss als Antragsteller diese Tatsachen glaubhaft machen - entweder durch Vorlage von Urkunden oder durch eine eidesstattliche Versicherung.

Des weiteren bedarf es eines Verfügungsgrunds. Dieser wird von Gesetzes wegen vermutet, daher muss der Architekt zur Gefährdung seines Anspruchs auf Eintragung seiner Sicherungshypothek im Sinne von § 935 ZPO nichts vortragen:

ZPO § 935 [Einstweilige Verfügungen bezüglich Streitgegenstand]

Einstweilige Verfügungen in bezug auf den Streitgegenstand sind zulässig, wenn zu besorgen ist, dass durch eine Veränderung des bestehenden Zustandes die Verwirklichung des Rechts einer Partei vereitelt oder wesentlich erschwert werden könnte.

Es bedarf insoweit auch keiner Glaubhaftmachung des Verfügungsgrundes.[418]

Wird dem Antrag entsprochen, wird die einstweilige Verfügung vollzogen. Die Vollziehung gestaltet sich durch Eintragung der Vormerkung für den Anspruch auf Einräumung einer Sicherungshypothek im Grundbuch. Die Vollziehung ist eine besondere Form der Vollstreckung der einstweiligen Verfügung. Erst die Vollziehung bewirkt, dass die einstweilige Verfügung wirksam wird. Ganz wichtig ist deshalb, die hierfür vorgesehenen gesetzlichen Fristen zu beachten: Ergeht die einstweilige Verfügung ohne mündliche Verhandlung durch Beschluss, muss sich der Architekt selbst um die Zustellung dieser einstweiligen Verfügung kümmern. Die Vollziehung des Sicherheitsbeschlusses, d. h. die Eintragung der bewilligten

[418] Vgl. § 294 Abs. 1 ZPO.

Vormerkung im Grundbuch, ist nur innerhalb eines Monats nach Zustellung statthaft.

Der Architekt als Antragsteller kann die Vormerkung jedoch schon vorher im Grundbuch eintragen lassen, muss dann aber § 929 Abs. 3 ZPO beachten:

ZPO § 929 Abs. 3 [Vollstreckungsklausel, Vollziehungsfrist]

Die Vollziehung ist vor der Zustellung des Arrestbefehls an den Schuldner zulässig. Sie ist jedoch ohne Wirkung, wenn die Zustellung nicht innerhalb einer Woche nach der Vollziehung und vor Ablauf der für diese im vorhergehenden Absatz bestimmten Frist erfolgt.

Das bedeutet, dass der Architekt innerhalb einer Woche nach Eintragung die einstweilige Verfügung dem Bauherrn als Antragsgegner zugestellt haben muss. Für die Vollziehung binnen Monatsfrist genügt es, wenn der Antrag beim Grundbuchamt binnen einer Frist von einem Monat eingereicht ist. Es kommt nicht auf die Eintragung der Vormerkung im Grundbuch binnen Monatsfrist an.

Ergeht die einstweilige Verfügung dagegen aufgrund einer mündlichen Verhandlung durch Urteil, beginnt die Vollziehungsfrist von einem Monat mit der Verkündigung des Urteils. Die Zustellung des Urteils erfolgt von Amts wegen an beide Parteien.

Daneben gibt es noch ein Rechtfertigungsverfahren, wenn der Bauherr und Grundstückseigentümer als Antragsgegner Widerspruch einlegen.

Zudem kommt es zum Hauptsacheverfahren. Dieses Verfahren beginnt aufgrund einer Klage zur Hauptsache.[419] Der Bauherr kann den Architekten, zu dessen Gunsten die Vormerkung eingetragen ist, durch das Gericht auffordern lassen, binnen einer bestimmten Frist Klage auf Einräumung der Sicherungshypothek zu erheben. Der Bauherr kann auch wegen veränderter Umstände oder gegen Anerbieten einer Sicherheitsleistung die Aufhebung einer einstweiligen Verfügung beantragen.[420]

Zu beachten ist, dass alle diese Verfahren nichts mit der Zahlungsklage selbst zu tun haben; es geht hierbei einzig und alleine um die Sicherung des Anspruchs. Der in der Praxis gravierende und häufig auftretende Nachteil für die Eintragung einer Sicherungshypothek für einen am Bau Beteiligten wie dem Architekten besteht zumeist darin, dass im Grundbuch des Bauherrn vorrangig Grundpfandrechte der finanzierenden Banken eingetragen sind. Im Falle einer Zwangsversteigerung gehen solche Sicherungshypotheken der Baubeteiligten daher häufig ins Leere.

[419] Vgl. § 926 ZPO.

[420] Vgl. § 927 ZPO.

5.1.2 Anspruch auf eine Sicherheitsleistung

Die Sicherheitsleistung nach § 648a BGB

Nach § 648a BGB kann primär der Architekt seine Forderungen anstelle der Eintragung einer Sicherungshypothek dadurch sichern, dass er vom Bauherr eine Sicherheitsleistung verlangt:

BGB § 648a Abs. 1 [Sicherheitsleistung des Bestellers]
Der Unternehmer eines Bauwerks, einer Außenanlage oder eines Teils davon kann vom Besteller Sicherheit für die von ihm zu erbringenden Vorleistungen einschließlich dazugehöriger Nebenforderungen in der Weise verlangen, dass er dem Besteller zur Leistung der Sicherheit eine angemessene Frist mit der Erklärung bestimmt, dass er nach dem Ablauf der Frist seine Leistung verweigere. Sicherheit kann bis zur Höhe des voraussichtlichen Vergütungsanspruchs, wie er sich aus dem Vertrag oder einem nachträglichen Zusatzauftrag ergibt, sowie wegen Nebenforderungen verlangt werden; die Nebenforderungen sind mit 10 vom Hundert des zu sichernden Vergütungsanspruchs anzusetzen. Sie ist auch dann als ausreichend anzusehen, wenn sich der Sicherheitsgeber das Recht vorbehält, sein Versprechen im Falle einer wesentlichen Verschlechterung der Vermögensverhältnisse des Bestellers mit Wirkung für Vergütungsansprüche aus Bauleistungen zu widerrufen, die der Unternehmer bei Zugang der Widerrufserklärung noch nicht erbracht hat.

Das Bauhandwerkersicherungsgesetz gemäß § 648a BGB gilt für alle seit dem 1.5.1993 geschlossene Verträge. Danach kann der Architekt/Ingenieur, der Unternehmer eines Bauwerks, einer Außenanlage oder eines Teils davon vom Bauherrn (Besteller) Sicherheit für die von ihm zu erbringenden Vorleistungen verlangen und zwar bis zur Höhe des voraussichtlichen Vergütungsanspruchs, wie er sich aus dem Vertrag oder einem nachvertraglichen Zusatzauftrag ergibt.[421] Es ist nicht zwingend vorgeschrieben, dass bereits mit der Tätigkeit begonnen wurde.

Anspruchsberechtigt ist jeder Unternehmer eines Bauwerks. Es stellt sich die Frage, ob dies auch für Architekten gilt. Unstrittig ist, dass auch der Architekt „Unternehmer eines Bauwerks“ im Sinne des § 648a BGB ist, so dass er mit Vertragsschluss theoretisch Sicherheit für die voraussichtliche Vergütung beanspruchen kann. Problematisch ist hier allerdings, dass zu § 648a BGB die Unternehmereigenschaft erst dann bejaht wurde, wenn sich die Architektenleistung „im Grundstück realisiert und die Leistung zu einer Wertsteigerung des Grundstücks führt“. Wahrscheinlich wird dem Architekten damit Sicherheit erst mit Beginn der Leistungsphase 8 zuzustehen sein.[422]

[421] OLG Karlsruhe, BauR 1996, 556.

[422] Wolfgang Koeble, Rechtshandbuch Immobilien, betreffend Bauen und Finanzieren sowie Vermitteln, Verkaufen und Verwalten, München, Loseblattsammlung, Stand 2001, Kap. 51 Rn. 38.

Geht man also davon aus, dass dem Architekten ein Anspruch auf Sicherheit zumindest ab Beginn der Leistungsphase 8 gemäß § 648a BGB zusteht, so kann er dem Bauherrn eine Frist zur Sicherheitsleistung setzen. Diese Frist muss mindestens zwischen 7 bis 10 Tagen liegen, um angemessen zu sein. Leistet der Bauherr nach Fristablauf noch immer nicht die Sicherheit, so kann der Architekt seine Arbeiten sofort einstellen. Ausgenommen von der gesamten Sicherungsregelung sind allerdings drei Gruppen von Bauherrn:

- juristische Personen des öffentlichen Rechts (z.B. Gemeinden),
- ein öffentlich-rechtliches Sondervermögen,
- natürliche Personen, die Bauarbeiten zur Herstellung oder Instandsetzung eines Einfamilienhauses mit oder ohne Einliegerwohnung ausführen lassen. Für diese Bauherrn kommt die Sicherungsregelung nach § 648a BGB jedoch dann in Betracht, wenn sie für die Betreuung des Bauvorhabens einen Baubetreuer eingeschaltet haben, der über ihre Finanzierungsmittel als Bauherr zur Verfügung berechtigt ist.

Dem Architekten stehen die Rechte aus §§ 643 und 645 Abs. 1 BGB zur Verfügung.

BGB § 643 [Fristsetzung zur Mitwirkung; Kündigungsandrohung]

Der Unternehmer ist im Falle des § 642 berechtigt, dem Besteller zur Nachholung der Handlung eine angemessene Frist mit der Erklärung zu bestimmen, dass er den Vertrag kündige, wenn die Handlung nicht bis zum Ablaufe der Frist vorgenommen werde. Der Vertrag gilt als aufgehoben, wenn nicht die Nachholung bis zum Ablaufe der Frist erfolgt.

BGB § 645 Abs. 1 [Haftung des Bestellers]

Ist das Werk vor der Abnahme infolge eines Mangels des vom Besteller gelieferten Stoffes oder infolge einer vom Besteller für die Ausführung erteilten Anweisung untergegangen, verschlechtert oder unausführbar geworden, ohne dass ein Umstand mitgewirkt hat, den der Unternehmer zu vertreten hat, so kann der Unternehmer einen der geleisteten Arbeit entsprechenden Teil der Vergütung und Ersatz der in der Vergütung nicht inbegriffenen Auslagen verlangen. Das gleiche gilt, wenn der Vertrag in Gemäßheit des § 643 aufgehoben wird.

Für den Fall, dass er sich vom Vertrag lösen will, kann er demgemäß eine angemessene Nachfrist mit der Erklärung bestimmen, dass er den Vertrag kündige, wenn die Sicherheit nicht bis zum Ablauf der Nachfrist (ebenfalls bis zu 10 Tagen) geleistet wird. Zu beachten ist, dass der Vertrag mit Fristablauf als aufgehoben gilt, eine Kündigung also nicht mehr nötig ist, die Folge aber auch dann eintritt, wenn der Architekt es sich inzwischen anders überlegt hat. Der Architekt hat dann einen Anspruch auf die Teilvergütung für die erbrachte Leistung, den Ersatz der Auslagen, die ihm entstanden sind und in der Vergütung nicht enthalten sind sowie Anspruch auf Ersatz des Vertrauensschadens.

Zu beachten ist auch der Ausschlusstatbestand des § 648a Abs. 6 und das Abdingungsverbot aus § 648a Abs. 7 BGB.

BGB § 648a Abs. 6 und 7 [Sicherheitsleistung des Bestellers]

(5) ...

(6) Die Vorschriften der Absätze 1 bis 5 finden keine Anwendung, wenn der Besteller

1. eine juristische Person des öffentlichen Rechts oder ein öffentlich-rechtliches Sondervermögen ist oder
2. eine natürliche Person ist und die Bauarbeiten zur Herstellung oder Instandsetzung eines Einfamilienhauses mit oder ohne Einliegerwohnung ausführen lässt; dies gilt nicht bei Betreuung des Bauvorhabens durch einen zur Verfügung über die Finanzierungsmittel des Bestellers ermächtigten Baubetreuer.

(7) Eine von den Vorschriften der Absätze 1 bis 5 abweichende Vereinbarung ist unwirksam.

Arten der Sicherheitsleistungen

- Hinterlegung eines bestimmten Geldbetrages oder Wertpapiers,
- Verpfändung von beweglichen Sachen,
- Eintragung einer Hypothek ins Grundbuch (kommt jedoch nur in Betracht, wenn und soweit sie mündelsicher ist),
- Eintragung einer Grundschuld ins Grundbuch,
- Auszahlungsprämie der baufinanzierenden Bank des Bauherrn,
- Zahlungsversprechen eines in Deutschland tätigen Kreditinstituts oder Kreditversicherung (gemeint sind alle Haftungskredite wie z.B. die Bürgschaft, eine Garantie oder sonstige Gewährleistungen).[423] Bedeutsam in diesem Zusammenhang ist, dass das betreffende Kreditinstitut zur Leistung aus dem Zahlungsversprechen gegenüber dem Architekten nur berechtigt und verpflichtet ist, soweit der Bauherr den Vergütungsanspruch des Architekten anerkennt oder soweit hierüber ein vorläufig vollstreckbares Urteil zur Zahlung der Vergütung vorliegt. Damit wird den Interessen sowohl des Bauherrn, als auch des Kreditinstituts Rechnung getragen. Der Bauherr wird insbesondere davor geschützt, dass das Kreditinstitut Zahlungen an den Architekten leistet, obwohl dessen

[423] Im Sinne des § 19 Abs. 4 KWG sind gemeint z.B. Bürgschaft, Garantie oder sonstige Gewährleistungen.

Vergütungsanspruch vom Bauherrn bestritten wird, weil der Architekt beispielsweise fehlerhafte Planungen erstellt hat.

Es gibt selbstverständlich nur ein „Entweder-Oder", d.h. der Architekt hat keinen Anspruch auf Eintragung einer Sicherungshypothek und Zahlung einer Sicherheitsleistung.[424]

Leistungsverweigerungsrecht des Architekten

Sofern der Bauherr mit Abschlagszahlungen z.B. für einzelne Leistungsphasen im Rückstand ist, steht dem Architekten ein Leistungsverweigerungsrecht bezüglich weiterer von ihm vertraglich zu erbringender Architektenleistungen zu.

5.2 Sicherungsansprüche des Bauherrn

Wenn dem Architekten Sicherungsansprüche zustehen, stellt sich zwangsläufig die Frage, ob auch dem Bauherrn ein solches Instrumentarium zur Verfügung steht. In der Regel ist der Bauherr durch die Vorleistungspflicht des Architekten ausreichend gesichert. Er kann sich aber unabhängig davon weitere Sicherungsmittel verschaffen, nämlich durch eine Ausführungsbürgschaft des Architekten.

Ein weiteres Sicherungsmittel ist, dass der Bauherr auf Abschlagsrechnungen jeweils nur 90% bezahlt. Wurden Abschlagszahlungen vereinbart, so ist zu beachten, dass der einbehaltene Betrag auf ein Sperrkonto bei einem mit dem Architekten vereinbarten Geldinstitut einzuzahlen ist. Gegenüber Bauunternehmern bestimmt § 17 Nr. 6 VOB/B, dass der Einhalt lediglich 10% betragen darf.

VOB/B § 17 Nr. 6 [Sicherheitsleistung]

(1) Soll der Auftraggeber vereinbarungsgemäß die Sicherheit in Teilbeträgen von seinen Zahlungen einbehalten, so darf er jeweils die Zahlung um höchstens 10 v.H. kürzen, bis die vereinbarte Sicherheitssumme erreicht ist. Den jeweils einbehaltenen Betrag hat er dem Auftragnehmer mitzuteilen und binnen 18 Werktagen nach dieser Mitteilung auf ein Sperrkonto bei dem vereinbarten Geldinstitut einzuzahlen. Gleichzeitig muss er veranlassen, dass dieses Geldinstitut den Auftragnehmer von der Einzahlung des Sicherheitsbetrags benachrichtigt. Nummer 5 gilt entsprechend.

(2) Bei kleineren oder kurzfristigen Aufträgen ist es zulässig, dass der Auftraggeber den einbehaltenen Sicherheitsbetrag erst bei der Schlusszahlung auf ein Sperrkonto einzahlt.

(3) Zahlt der Auftraggeber den einbehaltenen Betrag nicht rechtzeitig ein, so kann ihm der Auftragnehmer hierfür eine angemessene Nachfrist setzen. Lässt der Auftraggeber auch diese verstreichen, so kann der Auftragnehmer

[424] OLG Köln, OLGR 1996, 13.

die sofortige Auszahlung des einbehaltenen Betrags verlangen und braucht dann keine Sicherheit mehr zu leisten.

(4) Öffentliche Auftraggeber sind berechtigt, den als Sicherheit einbehaltenen Betrag auf eigenes Verwahrgeldkonto zu nehmen; der Betrag wird nicht verzinst.

Auch wenn die VOB nicht für Architektenleistungen einschlägig ist, sollte der hier vorgegebene Rahmen auch gegenüber dem Architekten als Richtschnur gelten. Bezüglich der Sicherheit für die Gewährleistung kann der Bauherr bis zu 10 % von der Schlussrechnungssumme für die Dauer der Gewährleistung einbehalten.

6 Weitere Sonderfragen zum Honorarrecht

6.1 Honorar für Planungsänderungen

Erfahrungsgemäß kommt kein Bauvorhaben ohne Planungsänderungen aus. Planungsänderungen sind solche Leistungen, die das ursprüngliche Projektziel abändern und zur Mehrleistung führen.[425] Ob die Planungsänderungen auch einen gesonderten Honoraranspruch des Architekten auslösen, hängt allerdings davon ab:

- ob überhaupt eine honorarfähige Planungsänderung vorliegt,
- wie die Planungsänderung honorarrechtlich zu qualifizieren ist (als Besondere Leistung oder als wiederholte Grundleistung) und
- ob die danach erforderlichen Voraussetzungen (vgl. § 5 Abs. 4 HOAI) erfüllt sind.[426]

Planungsänderungen sind dann gesondert honorarfähig, wenn der Bauherr Änderungen wünscht, obwohl die gefertigten Planungen bereits von ihm entschieden und genehmigt waren. Bei den Änderungen darf es sich nicht um bloße Planungsvarianten handeln.[427] Ebenfalls honorarfähig ist die Planungsänderung, wenn das Projektziel abgeändert wird. Ob es sich bei der Planungsänderung um eine Besondere Leistung oder um eine Grundleistung handelt, ist höchstrichterlich noch nicht entschieden; die Tendenz in der Rechtsprechung[428] geht allerdings in Richtung Besondere Leistung, weshalb es ratsam erscheint, eine schriftliche Honorarvereinbarung für die Planungsänderung zu treffen. Dabei kann diese schriftliche Honorarvereinbarung noch bei Erbringung der Besonderen Leistung – qualifiziert man die Planungsänderungen darunter – getroffen werden kann.[429]

Beispiel:
Honorarvereinbarung für Planungsänderungen[430]

Bauvorhaben ....
Architektenvertrag vom ....

---

[425] Schmidt, Musterbriefe, Rn 38.
[426] Schmidt, Wie sind Planungsänderungen zu honorieren?, BauR 2000, 51.
[427] Schmidt, Musterbriefe, Rn 40.
[428] Vgl. z.B. OLG Celle, BauR 1999, 508; OLG Köln, BauR 1995, 576.
[429] Hesse/Korbion/Mantscheff/Vygen, § 5 Rn. 65.
[430] Schmidt, Musterbriefe, Rn. 31.

Sehr geehrte Frau/Sehr geehrter Herr ....

Mit Schreiben vom ..../während unseres Gespräches am .... baten Sie mich/uns die bisherige Planung wie folgt zu ändern:

....

....

....

Diese Planungsänderung(en) ist/sind gesondert zu vergüten. Sie wünschen die Änderungen, obwohl die gefertigten Planungen zuvor bereits von Ihnen entschieden und genehmigt waren. Zudem handelt es sich bei Ihren Änderungswünschen nicht lediglich um bloße Planungsvarianten. Durch die Planungsänderung(en) wird das ursprüngliche Projektziel abgeändert, und es entstehen nicht unwesentliche Mehrleistungen zu meinen/unseren Lasten.

Ich/wir bitten Sie deshalb, mich/uns schriftlich mit diesen Leistungen zu beauftragen. Gleichzeitig ist eine gesonderte schriftliche Honorarvereinbarung für die vorbezeichneten Leistungen erforderlich. Sollten Sie nicht bereit sein, insoweit eine besondere schriftliche Vereinbarung mit mir/uns zu treffen, so würde(n) ich/wir die Leistungen nicht ausführen.

Ich/Wir schlagen folgendes Honorar vor:

....

Ihre geschätzte Rückantwort erwarte(n) ich/wir bis zum

....

Sollte(n) ich/wir bis zu dem genannten Termin keine Rückantwort von Ihnen erhalten haben, so ginge(n) ich/wir davon aus, dass Sie die oben bezeichneten Planungsänderungen nicht an uns beauftragen. In diesem Fall würde(n) ich/wir unsere Arbeitskraft anderweitig einsetzen.

Mit freundlichen Grüßen

.... (ort), den ....(Datum)

....
(Architekt)

6.2 Aufrechnungsmöglichkeit gem. § 387 BGB

Im Zivilrecht gilt die allgemeine Möglichkeit der Aufrechnung von gegenseitig bestehenden Forderungen von Vertragspartnern. Dies ergibt sich aus § 387 BGB:

BGB § 387 [Voraussetzungen]

Schulden zwei Personen einander Leistungen, die ihrem Gegenstande nach gleichartig sind, so kann jeder Teil seine Forderung gegen die Forderung des anderen

Teils aufrechnen, sobald er die ihm gebührende Leistung fordern und die ihm obliegende Leistung bewirken kann.

Vielfach wird jedoch von Architektenseite der Versuch unternommen, im Architektenvertrag ein Aufrechnungsverbot zu vereinbaren. Danach soll der Bauherr im Einklang mit § 309 Nr. 3 BGB[431] gegenüber dem Architektenhonorar nur in bestimmten Fällen aufrechnen dürfen:

BGB § 309 Nr. 3 [Klauselverbote ohne Wertungsmöglichkeit]

Auch soweit eine Abweichung von den gesetzlichen Vorschriften zulässig ist, ist in Allgemeinen Geschäftsbedingungen unwirksam

Nr. 3 (Aufrechnungsverbot)
eine Bestimmung, durch die dem Vertragspartner des Verwenders die Befugnis genommen wird, mit einer unbestrittenen oder rechtskräftig festgestellten Forderung aufzurechnen;

Falls ein solches Aufrechnungsverbot vereinbart wurde, besitzt der Bauherr noch immer die Möglichkeit bei Mängeln seinerseits Schadensersatz nach § 634 Nr. 4 BGB geltend zu machen. In diesem Fall würde es zu einer Verrechnung kommen, die den Honoraranspruch des Architekten mindert. Solche verrechneten Schadensersatzansprüche stellen nämlich keine Aufrechnung dar und wären letztlich deshalb nicht von dem Aufrechnungsverbot erfasst.[432]

6.3 Honorar und Umsatzsteuer

Der Architekt hat einen Anspruch auf Erstattung der von ihm an das Finanzamt weiterzuleitenden Umsatzsteuer. Diese ist auf der Honorarrechnung auszuweisen. Dies gilt auch für die Nebenkosten. Dies ergibt sich aus § 9 HOAI:

HOAI § 9 [Umsatzsteuer]

(1) Der Auftragnehmer hat Anspruch auf Ersatz der Umsatzsteuer, die auf sein nach dieser Verordnung berechnetes Honorar und auf die nach § 7 berechneten Nebenkosten entfällt, sofern sie nicht nach § 19 Abs. 1 des Umsatzsteuergesetzes unerhoben bleibt; dies gilt auch für Abschlagszahlungen gemäß § 8 Abs. 2. Die weiterberechneten Nebenkosten sind Teil des umsatzsteuerlichen Entgelts für eine einheitliche Leistung des Auftragnehmers.

---

[431] Die Norm entspricht wortlautidentisch dem früheren § 11 Nr. 3 AGB-Gesetz.

[432] Löffelmann, Der kommende Einheits-Architektenvertrag für Gebäude, BauR 1994, 563, 567.

(2) Die auf die Kosten von Objekten entfallende Umsatzsteuer ist nicht Bestandteil der anrechenbaren Kosten.

Im Falle einer Änderung der Umsatzsteuer ist grundsätzlich die höhere Umsatzsteuer für die Gesamtleistung zu berechnen.

Für den Fall, dass das Architektenvertragsverhältnis nach § 649 BGB gekündigt wurde und der Architekt gegenüber dem Bauherrn noch Honorarforderungen für nicht erbrachte, aber dennoch zustehende Leistungen (abzüglich der ersparten Aufwendungen) geltend macht, ist keine Umsatzsteuer abzuführen. Der Grund hierfür liegt im fehlenden umsatzsteuerlichen Austauschgeschäft, weshalb der Architekt kein Anspruch auf Erstattung vom Bauherrn als Vertragspartner zusteht.[433]

6.4 Honorar trotz abgelehntem Bauantrag

Unzweifelhaft hat der planende Architekt eine genehmigungsfähige Planung vorzulegen. Es kommt jedoch immer wieder vor, dass zu Planungsbeginn trotz sorgfältiger Vorgehensweise für den Architekten nicht absehbar ist, ob das gewollte Bauvorhaben tatsächlich an der ausgewählten Örtlichkeit überhaupt genehmigungsfähig ist. Diese Fälle häufen sich mit Zunahme der öffentlich-rechtlichen Vorschriften zu Naturschutz, Lärmemission, Gewerberecht, städtebauliche Gestaltungsvorschriften, Denkmalschutz etc. bei gleichzeitiger Ablehnung einer Bauvoranfrage durch den Bauherrn. Dem Architekten ist daher anzuraten, bereits im Vorentwurfsstadium eine präzise Risikoabwägung vorzunehmen und den Bauherrn hinsichtlich möglicher Risiken aufzuklären.

Der Architekt sitzt auf der sicheren honorarwürdigen Seite, wenn er den Bauherrn um eine schriftliche Mitteilung dazu bittet, ob die Planungsentwürfe trotz der Risiken erstellt werden sollen – bei gleichzeitigem Verzicht auf eine Bauvoranfrage. Geht der Bauherr auf dieses Ansinnen ein, handelt es sich bei dem Tätigwerden des Architekten lediglich um den honorarpflichtigen Versuch, eine Baugenehmigung zu erlangen. Wird diese letztlich verweigert, kann der planende Architekt dennoch sein Honorar geltend machen. In diese Richtung zielt jedenfalls eine Entscheidung des OLG Düsseldorf.[434] Lässt demnach der Architekt einen Bauherrn in dem Glauben, dass die Erlangung einer Baugenehmigung reine Formsache wäre, obwohl dies letztlich nicht der Fall ist und es zu einer Versagung kommt, entfällt auch der Honoraranspruch des Architekten.

[433] BGH, BauR 1981, 198f.; BGH, BauR 1992, 231 = ZfBR 1992, 69. – Die Frage steht allerdings noch beim europäischen Gerichtshof zur abschließenden Entscheidung an [BGH, BauR 1999, 1294 = NJW 1999, 3261].

[434] OLG Düsseldorf, Urteil vom 19.07.2001 - 21 U 162/99.

6.5 Mehrere Vor- oder Entwurfsplanungen

In der Praxis kommt es häufig vor, dass der Bauherr mehrere Entwurfsplanungen wünscht, um aus mehreren Alternativen seine ideale Lösung auswählen zu können. Einschlägig ist in einem solchen Fall der § 20 HOAI:

HOAI § 20 [Mehrere Vor- und Entwurfsplanungen]

Werden für dasselbe Gebäude auf Veranlassung des Auftraggebers mehrere Vor- und Entwurfsplanungen nach grundsätzlich verschiedenen Anforderungen gefertigt, so können für die umfassendste Vor- oder Entwurfplanung die vollen Vomhundertsätze dieser Leistungsphase nach § 15, außerdem für jede andere Vor- und Entwurfsplanung die Hälfte dieser Vomhundertsätze berechnet werden. Satz 1 gilt entsprechend für Freianlagen und raumbildende Ausbauten.

Demnach kann der Architekt für die umfassendste Planung den vollen Vorhundertsatz der Leistungsphase abrechnen, für jeden weiteren Entwurf erhält er die Hälfte des eigentlichen Satzes. Voraussetzung ist nur, dass zum einen grundsätzlich verschiedene Anforderungen (keine Varianten eines Grundkonzepts!) berücksichtigt werden müssen und, dass die mehrfache Planung vom Bauherrn veranlasst wurde: Kein Fall des § 20 HOAI ist dagegen der Auftrag eines Bauherrn an den Architekten mit der Maßgabe gleichzeitig verschiedene Gebäude zu planen, da es sich hierbei um selbständige Aufträge handelt.[435]

6.6 Auftrag für mehrere gleichartige Gebäude

Denkbar ist auch die Beauftragung des Architekten mit der Planung mehrerer gleichartiger Gebäude. Einschlägige Norm ist hier § 22 HOAI:

HOAI § 22 [Auftrag für mehrere Gebäude]

(1) Umfasst ein Auftrag mehrere Gebäude, so sind die Honorare vorbehaltlich der nachfolgenden Absätze für jedes Gebäude getrennt zu berechnen.

(2) Umfasst ein Auftrag mehrere gleiche, spiegelgleiche oder im wesentlichen gleichartige Gebäude, die im zeitlichen oder örtlichen Zusammenhang und unter gleichen baulichen Verhältnissen errichtet werden sollen, oder Gebäude nach Typenplanung oder Serienbauten, so sind für die 1. bis 4. Wiederholung die Vomhundertsätze der Leistungsphasen 1 bis 7 in § 15 um 50 vom Hundert, von der 5. Wiederholung an um 60 vom Hundert zu mindern. Als gleich gelten Gebäude, die nach dem gleichen Entwurf ausgeführt werden.

[435] Vgl. OLG Düsseldorf, BauR 1994, 534.

Als Serienbauten gelten Gebäude, die nach einem im wesentlichen gleichen Entwurf ausgeführt werden.

(3) Erteilen mehrere Auftraggeber einem Auftragnehmer Aufträge über Gebäude, die gleich, spiegelgleich oder im wesentlichen gleichartig sind und die im zeitlichen oder örtlichen Zusammenhang und unter gleichen baulichen Verhältnissen errichtet werden sollen, so findet Absatz 2 mit der Maßgabe entsprechende Anwendung, dass der Auftragnehmer die Honorarminderungen gleichmäßig auf alle Auftraggeber verteilt.

(4) Umfasst ein Auftrag Leistungen, die bereits Gegenstand eines anderen Auftrags für ein Gebäude nach gleichem oder spiegelgleichem Entwurf zwischen den Vertragsparteien waren, so findet Absatz 2 auch dann entsprechende Anwendung, wenn die Leistungen nicht im zeitlichen oder örtlichen Zusammenhang erbracht werden sollen.

Grundsätzlich gilt demnach einem Auftrag für mehrere Gebäude, dass die einzelnen Objekte getrennt abzurechnen sind. Der Architekt hat also auch bei mehreren Gebäuden für jedes einzelne Objekt den vollen Honoraranspruch. Etwas anderes gilt dann, wenn der Architekt mehrere gleiche, spiegelgleiche oder im wesentlichen gleiche Gebäude plant, die im zeitlichen oder örtlichen Zusammenhang und unter gleichen baulichen Verhältnissen erreichtet werden sollen (z.B.: Gebäude mit Typenplanung oder Serienbauten). Natürlich ergeben sich in der Praxis bei Auslegung des Begriffs „wesentlich gleichartige Gebäude“ erhebliche Meinungsverschiedenheiten zwischen Bauherrn und Architekt, die letztlich nie auszuschließen sein werden!

Kommt § 22 HOAI zur Anwendung ergibt sich für die Honorarberechnung ein bestimmter Modus in Anwendung:

Tabelle 4. Honorarberechnung im Sinne des § 22 HOAI

Anzahl der Bauobjekte	Leistungsphasen 1-7/ Honorar vom Hundert	Leistungsphasen 8-9/ Honorar vom Hundert
1	100 %	100 %
2 bis 5	50 %	100 %
6 ff.	40 %	100 %

Liegen die Voraussetzungen des § 22 Abs. 2 HOAI vor, so muss der Architekt sein Honorar für die erste bis vierte Wiederholung im Hinblick auf die Leistungsphasen 1 bis 7 und 9 des § 15 HOAI um 50% mindern. Von der fünften Wiederholung an tritt eine Honorarminderungspflicht von 60% ein. Zur Verdeutlichung sei nachfolgendes Beispiel wiedergegeben:

Beispiel:

Der Architekt erhält den Auftrag, für sechs identische Gebäude in zeitlichem Zusammenhang, aber an verschiedenen Orten, sämtliche Leistungsphasen 1 bis 9 des § 15 HOAI erbringen. Die anrechenbaren Kosten betragen gemäß § 10 Abs. 2 Ziffer 1 und 2 HOAI jeweils 200.000,- €; das Objekt fällt in die Honorarzone III. Es wurde der Mindesthonorarsatz vereinbart.

Das Honorar des Architekten berechnet sich wie folgt:

Anrechenbare Kosten:	*200.000,00 €*
Mindesthonorarsatz für Honorarzone III	*30.650,00 €*
Berechnung:	
1. Honorar für das erste Gebäude	*30.650,00 €*
2. Honorar für das zweite bis fünfte Gebäude	
a) volles Honorar für die Leistungsphasen 8 und 9 = 34% aus 30.650,- € = 10.421,- € x 4 Gebäude	*41.684,00 €*
b) 50% des Honorars für die Leistungsphasen 1 bis 7 = 50% aus 20.229,- € (66% aus 30.650,- €) = 10.114,50 € x 4 Gebäude	*40.458,00 €*
3. Honorar für das sechste Gebäude	
a) volles Honorar für die Leistungsphasen 8 und 9 = 34% aus 30.650,- €	*10.421,00 €*
b) 40% des Honorars für die Leistungsphasen 1 bis 7 = 40% aus 20.229,- € (66% aus 30.650,- €)	*8.091,60 €*
Gesamthonorar	*131.304,60 €*

Zu beachten gilt, dass der objektive Anwendungsbereich des § 22 nur für die Errichtung von Gebäuden gilt; nicht jedoch für raumbildende Ausbauten oder Freianlagen, die grundsätzlich stets mit 100 % in allen Leistungsphasen zu veranschlagen sind. § 22 Abs. 3 HOAI regelt den Fall, dass mehrere Bauherren in separaten Verträgen mit einem Architekten gleiche, spiegelgleiche oder im wesentlichen gleiche Gebäude in Auftrag geben, die im zeitlichen oder örtlichen Zusammenhang stehen. (z.B.: Errichtung von Reihenhäusern).

Es ergibt sich der gleiche Abrechnungsmodus für die Objekte wie im obigen Schema, mit der besonderen Erweiterung, dass in diesem Fall ein Gesamthonorar zu bilden ist, dass durch die Anzahl der Bauherrn geteilt wird, was natürlich zu einer enormen Kostenersparnis für den einzelnen Bauherrn führt. Eine prüffähige Schlussrechnung muss die Einzelheiten des hier angewandten § 22 Abs. 2 HOAI aufweisen.

6.7 Anrechenbare Kosten außerhalb der Honorartafel

Liegen die anrechenbaren Kosten unter € 25.565,- greift § 16 Abs. 2 HOAI ein:

HOAI § 16 Absatz 2 [Honorartafel für Grundleistungen bei Gebäuden und raumbildenden Ausbauten]

Das Honorar für Grundleistungen bei Gebäuden und raumbildenden Ausbauten, deren anrechenbare Kosten unter 25565 € liegen, kann als Pauschalhonorar oder als Zeithonorar nach § 6 berechnet werden, höchstens jedoch bis zu den in der Honorartafel nach Absatz 1 für anrechenbare Kosten von 25565 € festgesetzten

Höchstsätzen. Als Mindestsätze gelten die Stundensätze nach § 6 Abs. 2, höchstens jedoch die in der Honorartafel nach Absatz 1 für anrechenbare Kosten von 25565 € festgesetzten Mindestsätze.

Der Vorteil für den Architekten liegt natürlich darin begründet, dass er frei ist in der Vereinbarung eines Pauschalhonorars bzw. eines Zeithonorars. Diese Vereinbarungsfreiheit kann auch zugunsten des Bauherrn sein, der ebenfalls nicht jeden Preis akzeptieren muss.

Zu beachten ist hierbei, dass der Pauschalbetrag nicht höher sein darf, als der sich aus der Honorartafel zu § 16 ergebende Anspruch bei anrechenbaren Kosten von € 25.565,- und der Höchstsatzvereinbarung. Vereinbaren die Parteien ein Pauschalhonorar ist dies schriftlich bei Auftragsannahme zu tun. Ohne eine schriftliche Vereinbarung hat der Architekt einen Anspruch auf die Stundensätze nach § 6 Abs. 2 HOAI.[436]

Liegen die anrechenbaren Kosten über € 25.564.594,- besteht ebenfalls eine Vereinbarungsfreiheit:

HOAI § 16 Absatz 3 [Honorartafel für Grundleistungen bei Gebäuden und raumbildenden Ausbauten]

Das Honorar für Gebäude und raumbildende Ausbauten, deren anrechenbare Kosten über 25.564.594 € liegen, kann frei vereinbart werden.

Auch in diesem Fall besteht keine Bindung an Höchst- und Mindestsätze und § 4 HOAI findet keine Anwendung.[437]

Ebenfalls problematisch ist der Fall, dass sich erst während des fortgeschrittenen Planungsverlaufs herausstellt, dass es zu einem Über- oder Unterschreiten der Tabellenwerte der HOAI kommt. Stellt der Architekt also erst jetzt fest, dass er sich bei den anrechenbaren Kosten deutlich verschätzt hat, sollte er eine Honorarvereinbarung mit dem Bauherrn treffen, denn die Bestimmungen der HOAI gelten nicht mehr, wenn der Honorarrahmen der Honorartafeln überschritten wurde.[438]

6.8 Honorar und Kündigung

Nicht jedes Vertragsverhältnis endet mit seinem ordnungsgemäßen Ablauf. Was aber geschieht mit dem Architektenhonoraranspruch, wenn der Vertrag vorzeitig durch Kündigung des Bauherrn beendet wird?

[436] OLG Düsseldorf, BauR 1987, 708.
[437] OLG München, IBR 1994, 66.
[438] KG Berlin, KG-Report 2001, 197.

Die Rechtsprechung und Literatur[439] vertritt die Auffassung, dass der Architekt, dem gekündigt wird - gleichgültig ob berechtigt oder nicht - immer einen Anspruch auf Vergütung der von ihm erbrachten und vom Bauherrn verwerteten Leistungen besitzt. Dies gelte nicht nur für vollständig erbrachte Teilleistungen, sondern auch für selbstständige Teile davon, wenn diese verwertet wurden; dann nämlich wären diese Teile für den Bauherrn nicht wertlos, weil sie nach der Kündigung nicht neu erbracht werden mussten.

6.9 Projektsteuerung und Architektenleistungen

Gehören gleichzeitig Projektsteuerungsleistungen im Sinne des § 31 HOAI und nach den Mindestsätzen der HOAI zu vergütende Architektenleistungen zum Aufgabenfeld eines Architekten innerhalb eines Auftragverhältnisses, so muss bei der Abrechung zwischen ihnen getrennt werden. Diese Notwendigkeit ergibt sich aus der Beachtung des § 4 Abs. 4 HOAI, der maßgebend ist und nicht umgangen werden darf.[440]

[439] OLG Düsseldorf, BauR 2001, 437, Hesse/Korbion/Mantscheff/Vygen, § 5 Rn. 32b,c. - frühere a. A. OLG Düsseldorf, BauR 1998, 880f.

[440] OLG Nürnberg, BauR 2001, 438f.

7 Fälligkeit des Architektenhonorars gemäß § 8 HOAI

7.1 Geltung des § 8 HOAI

Auch ohne, dass die Parteien dies vereinbart hätten, richtet sich die Fälligkeit des Architektenhonorars nach § 8 HOAI.

HOAI § 8 [Zahlungen]
Das Honorar wird fällig, wenn die Leistung vertragsmäßig erbracht und eine prüffähige Honorarschlussrechnung überreicht worden ist.

7.2 Fälligkeit der Schlussrechnung

7.2.1 Vorlage einer prüfbaren Schlussrechnung

Der Architekt hat dem Bauherrn eine prüfbare Schlussrechnung vorzulegen, die alles enthalten muss, was für die Honorarrechnung von Bedeutung ist (d.h. die anrechenbaren Kosten, Angabe der Leistungsphasen und Prozentsätze, Honorarzone, Besondere Leistungen, Zuschläge, Angabe von Abschlagszahlungen). Mit der Anwendung der DIN 276 von 1981 auf die Inhalte der fälligkeitsbegründenden Kostenermittlungen war die Rechtsprechung immer sehr streng.[441]

Eine Schlussrechnung ist nur dann prüfbar, wenn sie den Auftraggeber in die Lage versetzt, zu überprüfen, ob sie sachlich und rechnerisch richtig ist. das bedeutet, dass der Architekt die Rechnung so aufstellen und gliedern muss, dass der Auftraggeber ihr entnehmen kann, welche Leistungen im einzelnen berechnet wurden und auf welchem Wege und unter Zugrundelegung welcher, ebenfalls überprüfbarer Parameter die Berechnung vorgenommen wurde.[442]

Die Verjährungsfrist für Ansprüche aus einer Architektenleistung (als Werklohnleistung) beläuft sich auf drei Jahre.[443] Diese Frist ergibt sich aus dem neuge-

---

[441] Neuenfeld/Baden/Dohna/Groscurth, Handbuch, Band 2, § 8 Rn. 13a.

[442] OLG Koblenz, BauR 1998, 1043.

[443] Nach altem Recht betrug die Verjährungsfrist für Werklohnleistungen 2 Jahre (§ 196 Abs. 1 Nr. 7 BGB a.F.).

fassten § 195 BGB. Die frühere Ausnahme[444], dass für Unternehmen (z.B. GmbH) als Bauherrn eine vierjährige Frist besteht, ist entfallen, so dass nur noch eine einheitliche Verjährungsfrist gilt. Der Fristenlauf beginnt mit Ende des Jahres, in dem die Durchsetzbarkeit gegeben ist, d.h. in dem die Rechnung fällig wurde. Die Fälligkeit setzt mit Übergabe einer prüffähigen Rechnung an den Bauherrn an.

BGB § 199 Abs. 1 [Beginn der regelmäßigen Verjährungsfrist und Höchstfristen]

Die regelmäßige Verjährungsfrist beginnt mit dem Schluss des Jahres, in dem
1. der Anspruch entstanden ist, und
2. der Gläubiger von den den Anspruch begründenden Umständen und der Person des Schuldners Kenntnis erlangt oder ohne grobe Fahrlässigkeit erlangen musste.

Die Rechnung muss, gleichviel auf welchem Weg, in den Empfangsbereich des Bauherrn gelangen und ihm die Möglichkeit der Kenntnisnahme eröffnen. Die Rechnung gilt als zugegangen, in dem der Architekt mit dem Zugang der Rechnung unter gewöhnlichen Umständen rechnen durfte. Es empfiehl sich, de Rechnung in Anwesenheit von Zeugen gegen Empfangsbekenntnis zu übergeben oder sie mittels Telefax oder eingeschriebenen Briefes mit Rückschein an den Bauherrn zu übermitteln. Den Architekten trifft die Beweislast für den Zugang der Schlussrechnung.[445]

Was aber geschieht, wenn es der Architekt versäumt hat, eine prüffähige Schlussrechnung zu übergeben? Der BGH[446] hat erst jüngst entschieden, dass der Architekt die Übergabe der Schlussrechnung nachholen kann. Der Architekt ist auch nicht daran gehindert, noch während eines gerichtlichen Verfahrens (sogar im Berufungsverfahren) eine überarbeitete und in der Höhe abweichende neue Schlussrechnung vorzulegen, wenn der Bauherr bereits die erste Schlussrechnung nicht beglichen hat.[447]

Denkbar sind auch die Fälle, in denen der Architekt eine Korrektur seiner bereits erteilten Schlussrechnung vornimmt. Nach der neueren Rechtsprechung des BGH[448] ist ein Architekt nur dann an seine einmal erteilte Schlussrechnung gebunden, wenn in deren Änderung eine unzulässige Rechtsausübung im Sinne des § 242 BGB liegt. Hierzu ist eine umfassende Abwägung der beiderseitigen Interessen geboten. Die Schutzwürdigkeit des Bauherrn und damit die Bindungswirkung der ersten Schlussrechnung kann sich insbesondere daraus ergeben, dass der Bauherr auf eine abschließende Beratung des Honorars vertrauen durfte und sich entsprechend darauf eingerichtet hat. Wichtig ist, dass erst mit der nachgeholten

---

[444] Vgl. § 196 Abs. 2 BGB a.F.
[445] Schmidt, Musterbriefe, Rn. 271.
[446] BGH, Urteil vom 21.06.2001 -VII ZR 423/99.
[447] OLG Koblenz, BauR 2001, 665.
[448] BGH, BauR 1993, 236, 238.

Übergabe die dreijährige Verjährungsfrist für die Honoraransprüche zu laufen beginnt!

Wie sieht es bei einer vorzeitigen Vertragsbeendigung aus? Auch in diesem Fall hat der Architekt eine prüffähige Schlussrechnung zu erstellen. Die Darlegungs- und Beweislast dafür, dass er die bis Beendigung seines Auftrags erbrachten Leistungen tatsächlich erbracht hat, trägt er allerdings.[449] Und auch in diesem Fall gilt: Erst mit Übergabe einer prüffähigen Schlussrechung beginnt die Verjährungsfrist zu laufen.[450]

7.2.2 Checkliste: Prüffähigkeit einer Schlussrechnung

Zur Prüffähigkeit gehört:

- die Erstellung die Rechnung im System der HOAI (§ 10 Abs. 1) mit den 4 Komponenten (anrechenbare Kosten, Honorarzone, Honorartafel, erbrachte Leistungen mit ihren jeweiligen Bewertungen),
- Aufteilung in 3 Leistungsstufen,
- richtige Kostenermittlung (Kostenberechnung, Kostenanschlag, Kostenfeststellung),
- richtige Form der Kostenermittlung, d. h. nach DIN 276 in der maßgeblichen Fassung (derzeit 1981),
- Angabe der Honorarzone mit Verweis auf die Honorartafel,
- Darstellung der erbrachten Leistungen (genaue Benennung der Leistungsphasen und der Angabe von den HOAI-Prozentsätzen; nicht die Teilleistungen)[451],
- Angabe sonstiger, erbrachter Leistungen, insbesondere Besonderer Leistungen,
- Angabe der HOAI-Paragraphen[452],
- Angabe der Umsatzsteuer[453],
- Auflistung bereits geleisteter Abschlagszahlungen,
- im Falle der Kündigung: Angabe der Urkalkulation und der ersparten Aufwendungen[454]

Beispiel:
Honorarschlussrechnung

---

[449] BGH, BauR 1986, 596.
[450] BGH, Urteil vom 21.06.2001 - VII ZR 423/99.
[451] OLG Frankfurt, BauR 1982, 600, 604.
[452] OLG Bamberg, NJW-RR 1988, 984; Schmidt, Musterbriefe Rn. 272.
[453] Schmidt, Musterbriefe Rn. 272.
[454] Ebd.

Bauvorhaben: Einfamilienhaus in Bonn, Bergstraße 1, 53100 Bonn

Honorarberechnung gemäß Architektenvertrag vom 10. Januar 2002 und der 7. Verordnung über die Honorare für Leistungen der Architekten und Ingenieure (HOAI), *zuletzt geändert durch Verordnung vom 21.09.1995, BGBl. 1996 I, S. 51.*

I. Anrechenbare Kosten gemäß § 10 HOAI

- laut Kostenberechnung vom 1.März 2002 übergeben am 5. März 2002	*220.000,00 €*
- laut Kostenanschlag vom 1. Juni 2002 übergeben am 3. Juni 2002	*230.000,00 €*
- laut Kostenfeststellung vom 1. Oktober 2002 übergeben am 5. Oktober 2002	*240.000,00 €*

II. Honorarzone gemäß §§ 11 und 12 HOAI: III

III. Vertraglich vereinbarter Honorarsatz: Mindestsatz

IV. Erbrachte Grundleistungen gemäß § 15 HOAI laut Vertrag vom 10. Januar 2002

1. *Grundlagenermittlung (3 %)*
2. *Vorplanung (7 %)*
3. *Entwurfsplanung (11 %)*
4. *Genehmigungsplanung (6 %)*
5. *Ausführungsplanung (25 %)*
6. *Vorbereitung der Vergabe (10 %)*
7. *Mitwirkung bei der Vergabe (4 %)*
8. *Objektüberwachung (31 %)*
9. *Objektbetreuung und Dokumentation (3 %)*

V. Grundleistungen laut Vertrag:

- 1. Phasen 1-4:

Honorar bei 200.000,00 €	*21.586,00 €*
Honorar bei 250.000,00 €	*26.380,00 €*
Interpolation gemäß § 5 a HOAI	*26.380,00 €*
	- 21.586,00 €
Differenz 100%	*4.794,00 €*
bei anrechenbaren Kosten in Höhe von 220.000,00 €	
= 40%	*= 1.917,60 €*
	+ 21.586,00 €
Grundhonorar bei 100%	*23.503,60 €*
hiervon für die Phasen 1-4 erbracht:	
= 27%	*= 6.345,97 €*
- 2. Phasen 5-7:	
bei anrechenbaren Kosten in Höhe von 230.000,00 €	
= 60%	*= 2.876,40 €*

	+ 21.586,00 €
Grundhonorar bei 100%	*24.462,40 €*
hiervon für die Phasen 5-7 erbracht:	
= 39%	*= 9.540,37 €*
- 3. Phasen 8-9:	
bei anrechenbaren Kosten in Höhe von	
240.000,00 €	
= 80%	*= 3.835,20 €*
	+ 21.586,00 €
Grundhonorar bei 100%	*25.421,20 €*
Hiervon für die Phasen 8-9 erbracht:	
= 34%	*= 8.643,21 €*

- Zwischenergebnis:
Das sich aus den in III. genannten Honorarsätzen und in IV. genannten Prozentsätzen errechnete Grundleistungshonorar ergibt sich wie folgt:

Phase 1-4 = 27% von 23.503,60 €	*= 6.345,97 €*
Phase 5-7 = 39% von 24.462,40 €	*= 9.540,37 €*
Phase 8-9 = 34% von 25.421,20 €	*= 8.643,21 €*
Honorar für Grundleistungen:	*= 24.529,55 €*
VI. Nebenkosten laut Vertrag:	
Pauschale von 5% von 24.529,55 €	*= 1.226,45 €*
VII. Nettohonorar:	
	24.529,55 €
	+ 1.226,45 €
	= 25.756,00 €
zuzüglich 16% Umsatzsteuer	*= 4.120,96 €*
VIII. Gesamthonorar:	*= 27.876,96 €*

Ich/wir bitte(n) um Zahlung bis zum ....2002.

Mit freundlichen Grüßen

.......................................(Ort), den ....(Datum)

7.2.3 Vertragsmäßige Erbringung der Leistungen

Hinsichtlich der Abnahme der Leistungen ergibt sich noch ein besonderes Problem an, wenn zwischen Architekt und Bauherrn alle 9 Leistungsphasen vereinbart worden sind: Der BGH[455] vertritt die Auffassung, dass für die Abnahme in diesem Fall (Beginn der Gewährleistungsfrist im Werkvertragsrecht) die Leistungsphase 9 erbracht sein müsse. Hier bietet sich als Lösungsmöglichkeit natürlich an, dass man die Leistungsphase 9 aus dem sonstigen Vertragswerk herauslöst und separat behandelt, denn ansonsten verbleibt es bei der Ausgangslage, dass die Fälligkeit der Schlussrechnung von der Erbringung der Leistungsphase 9 abhängig gemacht wird. Abschlagszahlungen sind natürlich möglich nach Beendigung der Leistungsphase 8. Vertragsklauseln, wonach das Honorar für die Leistungsphasen 1 bis 8 nach Erbringung der Leistungsphase 8 fällig wird, sind unbedenklich.[456] Abschlagszahlungen sind dann ausgeschlossen, wenn die Leistungen beendet sind und eine Schlussrechnung möglich wäre[457] oder wenn der Vertrag gekündigt wurde.[458]

7.2.4 Bindung an die Schlussrechnung

Grundsätzlich besteht eine Bindung an die Schlussrechnung[459] (anders bei einer Abschlagszahlung).[460] Dies hängt unmittelbar mit dem Grundsatz von Treu und Glauben zusammen. So hat der BGH u.a. argumentiert, dass eine Bindungswirkung vor allem dann besteht, wenn der Architekt insgesamt treuwidrig erscheine und noch nachträglich eine höhere Honorarforderung geltend machen würde. Liegt jedoch auch eine Bindungswirkung bei Treuwidrigkeit vor? Hier ist nach verschiedenen Fallsituationen zu differenzieren. Eine Bindungswirkung ist dann zu bejahen:

- wenn der Bauherr darauf vertrauen durfte, dass mit der vorgelegten Honorarforderung abschließend die Architektenvergütung berechnet worden ist, und er sich des weiteren darauf eingerichtet hat, dass keine Nachforderung mehr gestellt wird[461],
- bei Unwirksamkeit einer Honorarvereinbarung[462] in Form einer Mindestsatzunterschreitung etwa,
- wenn Positionen innerhalb der Rechnung vergessen wurden[463] und

---

455 BGH, BauR 1994, 392.

456 Hat der Architekt auf Schlusszahlung geklagt, kann er auf eine Abschlagszahlung übergehen. Die Umstellung kann durch schriftsätzliche Erklärung erfolgen und es handelt sich um keine Klageänderung nach § 263 ZPO, weil der Streitgegenstand nicht ausgewechselt wird. Der Vorlage einer zusätzlichen Abschlagszahlungsrechnung bedarf es nicht, weil die Schlussrechnung demgegenüber ein Plus darstellt (Vgl. OLG Köln, ZfBR 1994, 20).

457 OLG Köln, ZfBR 1994, 20.

458 BGH, BauR 1987, 453.

459 BGH, BauR 1990, 97.

460 BGH, BauR 1992, 265.

461 BGH, BauR, 2001, 278.

462 Vgl. BGH, BauR 1993, 239.

- bei einer Teilschlussrechnung, wenn dies vertraglich vereinbart wurde bzw. bei Teilabnahme vertraglich vereinbart wurde.[464]

Eine Bindungswirkung wird zu verneinen sein,

- wenn der Bauherr die Rechnung zurückweist, ist es nicht treuwidrig, neu abzurechnen[465],
- wenn der Bauherr auf die Rechnung nicht vertraut hat und diese als nicht prüfbar zurückgewiesen hat[466],
- wenn offensichtliche Fehler enthalten sind[467] und
- wenn zwischen den Parteien von Anfang an Streit über die Zahlungsverpflichtung aus einer ersten Schlussrechnung besteht und der Auftraggeber sie deshalb nicht bezahlt hatte.[468]

7.2.5 Sonderfragen zur Honorarschlussrechnung

Bei Streit über das Vorliegen einer prüffähigen Architektenrechnung kommt es häufig zu gerichtlichen Auseinandersetzungen. Nicht unerheblich ist dabei die Frage, was dabei konkret gerichtlich überprüft wird.

Zur Verdeutlichung der Problematik mag folgendes Beispiel aus der Rechtsprechung dienen:

Ein Ingenieurbüro hatte Leistungen erbracht und das von ihm geltend gemachte Honorar gegen den Auftraggeber eingeklagt. Der Auftraggeber wandte ein, die Schlussrechnung sei nicht prüfbar. Aufgrund dessen erhob das Gericht über die Frage der Prüfbarkeit Beweis durch Erholung eines Sachverständigen-Gutachtens. Die Sachverständigen-Kosten beliefen sich auf über 30.000,- DM. Der Sachverständige gelangte zu der Auffassung, die Honorar-Rechnung sei nicht prüfbar, so dass die Klage des Ingenieur-Büros abgewiesen wurde.

Das Ingenieur-Büro weigerte sich, die Sachverständigen-Kosten an das Gericht zu bezahlen mit der Begründung, bei der Frage der Prüfbarkeit der Schlussrechnung handle es sich nicht um eine Tatsachenfrage, über die Beweis erhoben werden kann, sondern um eine Rechtsfrage, die durch das Gericht selbst zu entscheiden sei. Das OLG Stuttgart[469] folgte in seiner Entscheidung dieser Auffassung. Eine Honorarschlussrechnung könne durch einen Sachverständigen nur auf seine Richtigkeit, nicht auf seine Prüfbarkeit hin überprüft werden. Der Beweisbe-

[463] BGH, NJW 1978, 319.
[464] BGH, BauR 1996, 138.
[465] BGH, BauR 1993, 236.
[466] Vgl. BGH, BauR 1993, 236.
[467] BGH, BauR 1986, 593.
[468] OLG Koblenz, BauR 2001, 825f.
[469] OLG Stuttgart, Beschluss vom 11.01.1999, 9 U 253/97.

schluss hätte daher nicht erlassen werden dürfen, so dass die Gutachterkosten nicht zu erheben, sondern von der Staatskasse zu tragen seien.

Eine nicht unwesentliche Entscheidung zu der Frage, bis wann der Architekt eine nicht prüffähige Rechnung nachbessern kann, hatte auch das OLG Koblenz[470] zu entscheiden.

Ein Architekt machte in der Berufungsinstanz für sein Honorar für Grundlagenermittlung und Vorplanung geltend. Gemäß § 10 Abs. 2 HOAI war in diesem Fall die Kostenschätzung als Bemessungsgrundlage des Honorars heranzuziehen. Diese legte der Architekt allerdings erst in der Berufungsinstanz vor. Im übrigen entsprach seine Rechnung den strengen Anforderungen an die Prüffähigkeit. Das OLG Koblenz sprach dem Architekten sein Honorar zu, belegte ihn aber mit den Kosten des Berufungsverfahrens. Es begründete dies damit, dass sein Anspruch dem Grunde nach bereits in 1. Instanz gegeben gewesen wäre, er ihn aber erst im Berufungsverfahren durch Nachreichung der Kostenschätzung fällig gemacht habe, was er auch in der 1. Instanz hätte erreichen können.

Hieraus lässt sich als Praxistipp herleiten, das auch der Architekt, der bislang keine prüfungsfähige Schlussrechnung vorgelegt hat, dies sogar noch während eines Rechtsstreites nachholen kann, indem er Tatsachen nachschiebt, die zur Prüffähigkeit seiner Rechnung führen.[471] Diese sicherlich nicht unkritisch zu bewertende Auffassung des Gerichts kann im vorliegenden Fall wohl nur deshalb als zutreffend betrachtet werden, weil ausschließlich die Vorlage der Kostenschätzung fehlte, im übrigen die Rechnung in sich aber schlüssig und den Prüffähigkeitsanforderungen genügend war. Der Architekt hatte im Zuge seiner Planungstätigkeit dem Bauherrn die Kostenschätzung nicht zukommen lassen, was er spätestens zusammen mit der Schlussrechnung hätte erledigen müssen. Da die Überreichung der Kostenschätzung erst in 2. Instanz erfolgte, wurden dem Architekten zu Recht die insoweit unnötig verursachten Rechtsverfolgungskosten auferlegt.

---

[470] OLG Koblenz, Urteil vom 04.03.98, OLGR 98, 317.

[471] In diesem Sinne lässt sich auch die Rechtsprechung des BGH verstehen, die das Nachreichen einer prüfbaren Schlussrechnung während eines Rechtsstreits für das Entstehen und damit die Fälligkeit der Forderung zulässt [vgl. BGH, BauR 2001, 1610f.].

8 Verjährung

Ein besonderes Problem wirft die Frage nach der Verjährung auf. Die gesetzliche Frist für Werklohnforderungen beträgt, wie bereits erwähnt, gemäß § 195 BGB drei Jahre.

Nach der Rechtsprechung des BGH[472] hängt der Verjährungsbeginn von der Überreichung der Schlussrechnung ab, da § 8 HOAI gültig ist und unmittelbare Anwendung findet.

Denn - so der BGH[473] - § 8 HOAI gilt automatisch und die Schlussrechnung ist Fälligkeitsvoraussetzung. Dies gilt auch für den Fall einer vorzeitigen Vertragsbeendigung, etwa bei Kündigung etc.[474] Dabei ist zu beachten, dass die Schlussrechnung prüfbar sein muss. So entschied der BGH, dass die Verjährung erst mit dem Schluss des Jahres nach ordnungsgemäßer Rechnungsstellung zu laufen beginnt. Dabei sind gemäß § 10 Abs. 2 HOAI die der Honorarrechnung zugrunde zu legenden anrechenbaren Kosten nach DIN 276 zu ermitteln.[475]

Theoretisch könnte der Architekt, der die Übergabe seiner Schlussrechnung hinauszögert, in Einzelfällen die Gewährleistungsfristen des Bauherrn ablaufen lassen und dadurch rechtliche Vorteile erzielen. Um dies zu verhindern, steht dem Bauherrn die Möglichkeit offen, dem Architekten eine angemessene Frist zur Rechnungsstellung zu setzen. Kommt der Architekt der Aufforderung binnen der gesetzten Frist nicht nach, muss er sich nach Treu und Glauben so behandeln lassen, als sei die Schlussrechnung innerhalb angemessener Frist erteilt worden.[476]

Ein weiteres Verjährungsproblem werfen Abschlagszahlungen auf. Dass diese selbständig verjähren, ist inzwischen geklärt.[477] Mit der Fälligkeit der Abschlagszahlung beginnt automatisch am Ende des Jahres, in dem die Abschlagszahlung angefordert wird, die Verjährungsfrist zu laufen.[478] Die Fristen laufen separat für

---

[472] BGH, BauR 2000, 589 = NJW-RR 2000, 386 = ZfBR 2000, 145.

[473] Vgl. BauR, 1994, 655.

[474] BGH, BauR 1994, 655. Damit vertritt der BGH eine andere Auffassung als die h. M. in der baurechtlichen Literatur und von Teilen der oberinstanzlichen Rechtsprechung, die den Verjährungsbeginn von der Beendigung abhängig machen (Vgl. OLG Düsseldorf, BauR 1986, 244; Meiski, Die Verjährung des Architektenhonorarrechts, BauR 1993, 23).

[475] BGH, BauR 1991, 489 = ZfBR 1991, 159; BGH, BauR 2000, 589 = NJW-RR 2000, 386 = ZfBR 2000, 145. - a. A. LG Leipzig, MittBl. ARGE BauR 1996, 55; Locher/Koeble/Frik, § 8, Rn 37 .

[476] BGH, BauR 1986, 596 = NJW-RR 1986, 1279 = ZfBR 1986, 232; BGH, BauR 2000, 589 = NJW-RR 2000, 386 = ZfBR 2000, 145; BGH, Baur 2001, 1610.

[477] BGH, BauR 1999, 267 = NJW 1999, 713.

[478] Locher/Koeble/Frik, Rn 64.

die jeweiligen Abschlagszahlungsforderungen. Von besonderem Interesse ist in diesem Zusammenhang auch eine Entscheidung des BGH[479], der zwar die rechtliche und prozessuale Selbständigkeit von Abschlagszahlungen und Schlusszahlungen betonte, aber auch zuließ, dass an sich verjährte, restliche Abschlagszahlungen mit der Schlussrechnung wieder aufgegriffen werden können. Damit folgten die Karlsruher einer früheren Entscheidung des OLG Celle[480] von 1991. Auch für Abschlagszahlungen gilt, dass der Beginn ihrer Verjährung Prüffähigkeit voraussetzt.

[479] BGH, BauR 1999, 267 = NJW 1999, 713.
[480] OLG Celle, BauR 1991, 371.

9 Die Honorarklage des Architekten

Für den Fall, dass der Bauherr nicht oder nur eingeschränkt den Honorarforderungen des Architekten nachkommt, muss er mit einer Honorarklage gegen sich rechnen. Zuständiges Gericht für die Einreichung einer Zahlungsklage des Architekten auf Auszahlung seines Honorars ist das Gericht, in dessen Bezirk das Bauvorhaben errichtet wurde (Ort des Bauvorhabens = Erfüllungsort).[481] Problematisch und umstritten ist die Frage, welches Gericht zuständig ist, wenn das Bauobjekt nicht gebaut wurde oder wenn der Architekt nicht die Objektüberwachung in Auftrag hatte. Hier wird zum Teil darauf abgestellt, wo der Schwerpunkt der bis dato erbrachten Architektenleistung lag. Befand sich dieser Schwerpunkt - etwa im Stadium der Leistungsphasen 1 - 3 - im Büro des Architekten, dann ist das Gericht zuständig, in dessen Bezirk das Büro liegt.[482] Diese Auffassung wird vielfach mit der Begründung abgelehnt, dass keine intensive Zusammenarbeit zwischen Bauherr und Architekt in dessen Büro stattfände, weshalb der Ort des Bauvorhabens auch der Gerichtsort wäre.[483]

Die letztere Auffassung wird durch ein jüngstes Urteil des LG Ulm[484] gestützt, dass ausführt, dass ein Blick in die Leistungsphasen 1-3 und Besonderen Leistungen dieser Phasen des § 15 HOAI zeige, dass z.B. Bestandsaufnahme, Standortanalyse, Untersuchung von Lösungsmöglichkeiten, Bauvoranfragen ohne konkreten Bezug zu dem zu bebauenden Grundstück und damit ohne eine Überprüfung vor Ort gar nicht durchgeführt werden können. Dies gelte um so mehr für die zusätzlich in Auftrag gegebene Leistungsphase 3, die ein Durcharbeiten des Planungskonzepts unter Berücksichtigung u.a. von städtebaulichen und gestalterischen Anforderungen verlange, die ebenfalls nur vor Ort erhoben werden könne.

---

[481] Vgl. BGH, BauR 2001, 979; BauR 1986, 241.

[482] Koeble, Probleme des Gerichtsstand, sowie die Darlegungs- und Beweislast im Architektenhonorarprozess, BauR 1997, 191ff.; LG München, NJW-RR 1993, 212.

[483] Vgl. OLG Köln, NJW-RR 1994, 986.

[484] OLG Ulm, BauR 2001, 441f.

3. Teil: Gewährleistungs- und Haftungsrecht

1 Vorbemerkung

Bereits im 1. Teil wurde in § 13 Gewährleistung des Mustervertrages die rechtliche Haftungssystematik kurz umrissen. Im vorliegenden Teil soll die darin angesprochene Problematik vertieft und mit konkreten Beispielen belegt werden.

Voraussetzung für die Geltendmachung von Mängelansprüchen ist das Bestehen eines Architektenvertragsverhältnisses. Nicht immer kann aus der bloßen Beteiligung eines Architekten bei einem Bauprojekt darauf geschlossen werden, dass die typische Architektenhaftung vorliegt. Auszuschließen sind daher die Fälle, wenn:

- der Architekt Generalunternehmer / Generalübernehmer oder Bauträger ist und die Bauleistungen in eigenem Namen erbringt. In derartigen Fällen haftet der Architekt in erster Linie als Auftragnehmer auch für Baumängel, nicht jedoch als Planungsverantwortlicher,
- der Architekt als Subunternehmer eines Generalunternehmers / Generalübernehmers oder Bauträgers tätig ist. In diesem Fall bestehen nämlich keine Ansprüche des Bauherrn gegenüber dem Architekten,
- der Architekt als Subunternehmer eines anderen Architekten oder eines Ingenieurs auftritt, also kein unmittelbares Vertragsverhältnis mit dem Bauherrn unterhält,
- der Architekt im Rahmen eines Dienstvertrages tätig ist. Denkbar ist z.B., dass er als freier Mitarbeiter im Betrieb eines anderen Architekten tätig oder in eine Bauabteilung eingefügt ist. Die in diesem Fall grundsätzlich möglichen Ansprüche aus Dienstvertragsrecht sind nicht Gegenstand dieses Werkes und werden üblicherweise nicht dem Baurecht zugeordnet.

2 Mängel

2.1 Die Feststellung von Baumängeln

In den meisten Fällen treten Ansprüche des Bauherrn im Bereich der sogenannten Bauwerksmängelhaftung auf. Problematisch für den sachunkundigen Bauherrn ist jedoch die Feststellung, ob ein Baumangel vorliegt. Ein solcher kann beim Architektenwerk auch dann vorliegen, wenn kein Verstoß gegen die anerkannten Regeln der Technik feststellbar ist. Die Planung des Architekten ist nämlich schon dann mangelhaft, wenn sie notwendigerweise zu einem funktionalen Mangel führt. Es ist auch zu beachten, dass bei werkvertraglicher Haftung Bauwerksmängel nicht automatisch auch Mängel des Architektenwerkes sind, sondern nur, soweit sie auf Fehler des Architekten zurückzuführen sind.

Wie kann der nicht fachkundige Bauherr eine Architektenpflichtverletzung feststellen?

In manchen Fällen wird der Bauherr allenfalls das äußere Erscheinungsbild eines Baumangels ersehen können. Ohne fachmännische Hilfe wird dies aber in vielen Fällen nicht ohne weiteres feststellbar sein. Welche Möglichkeiten aber hat der Bauherr, wenn er Anhaltspunkte dafür hat, dass der Architekt fehlerhaft gearbeitet hat? Es lässt sich folgende Checkliste heranziehen:

- Anfertigung von Photos und Zeichnungen unter Beiziehung von Zeugen,
- Einholen eines Privatgutachtens,
- Einholen eines Sachverständigengutachtens im selbständigen Beweisverfahren[485],
- Einholen eines Schiedsgutachtens und
- Protokollierung von Angaben beteiligter Handwerker oder Sonderfachleute unter Beiziehung von Zeugen.

Sollte sich nach Feststellung eines Fehlers keine Einsicht des Architekten einstellen, sollte der Gang zum Rechtsanwalt erfolgen. Dieser hat dann zu klären, ob nur

---

[485] Die Durchführung eines selbständigen Beweisverfahrens führt jedoch nur zur Verzögerung, wenn man sich ohnehin nur über rechtliche, nicht aber tatsächliche Fragen streitet.

das Vorliegen einer Architektenpflichtverletzung streitig ist oder ob noch weitere Streitpunkte bestehen. In letzterem Fall wird man sich für den Klageweg entscheiden, natürlich nach erneuter außergerichtlicher Aufforderung zur Schadensersatzleistung.

Haftungsrelevante Fehler des Architekten sind Planungs- und Bauüberwachungsfehler, da sie seinem originären Aufgabenbereich entspringen.

Der Begriff des Planungsfehlers ist dabei nicht alleine darauf zu reduzieren, was sich aus den gezeichneten Plänen des Architekten ergibt. Zur Planung gehören alle eine Planung erfordernden Angaben hinsichtlich des Bauwerkes, also auch mündliche Angaben und Weisungen auf der Baustelle. Auch die 'Nichtplanung' eines Bereiches, welcher der Planung bedurfte, kann einen Planungsfehler darstellen. Demgegenüber kann man von Bauüberwachungsfehlern im Grunde erst und nur dann sprechen, wenn alle planerischen Angaben vorhanden und richtig waren und es dennoch zu einem Baumangel gekommen ist.

Nach ständiger Rechtsprechung des BGH[486] hat der Architekt, wenn er die Objektüberwachung übernommen hat, für eine plangerechte und mängelfreie Errichtung des Bauwerks zu sorgen. Er muss die Arbeiten in angemessener und zumutbarer Weise überwachen. Dies bedeutet nicht, dass er einfache, gängige Arbeiten, von denen er annehmen darf, dass sie auch ohne Überwachung fachlich und ordnungsgemäß erledigt werden, überwachen muss. Er muss sich auch nicht ständig auf der Baustelle aufhalten. Bei wichtigen oder bei kritischen Baumaßnahmen, die erfahrungsgemäß ein hohes Mängelrisiko aufweisen, ist der Architekt jedoch zu erhöhter Aufmerksamkeit und einer intensiveren Wahrnehmung der Bauaufsicht verpflichtet.[487]

Planungs- und Ausführungsfehler lassen sich nach folgendem Schema abzugrenzen:

- Der Handwerker hält sich exakt an die vorgegebene Planung, es kommt zu einem Baumangel. Folge: Es liegt ein Planungsfehler vor.
- Der Handwerker hält sich nicht an die vorgegebene Planung, sondern weicht davon ab, es kommt zu einem Baumangel. Folge: Es handelt sich um einen Ausführungsfehler. Ein Planungsfehler liegt nur dann vor, wenn der Schaden auch bei Einhaltung der Planung vorgekommen wäre (Sachverständigenfrage).

2.2 Das Vorliegen von Baumängel

Bevor im einzelnen auf die Haftungsgrundlagen eingegangen werden kann, muss geklärt werden, wann überhaupt Baumängel vorliegen, die letztlich dem Architekten oder den anderen am Bau Beteiligten in Rechnung gestellt werden können. Derartige Mängel können sich zum einen daraus ergeben, dass nicht die erkannten

[486] BGH, BauR 2000, 513, 514; BauR 1994, 392.
[487] BGH, BauR 1994, 392, 393.

Regeln der Technik beachtet wurden und zum anderen, dass Fehler feststellbar sind.

2.2.1 Die Nichtbeachtung der anerkannten Regeln der Technik

Eine anerkannte Regel der Technik liegt vor, wenn es sich um eine Regel handelt, die in der Wissenschaft als theoretisch richtig anerkannt worden ist und die sich in der Praxis bewährt hat, und zwar dadurch, dass sie von der Gesamtheit der für die Anwendung der Regel in Betracht kommenden Techniker, die für die Beurteilung der Regel die erforderliche Vorbildung besitzen, anerkannt und mit Erfolg praktisch angewandt worden sind. Im Baurecht findet sich der Begriff in § 13 Nr. 1 VOB/B:

VOB/B § 13 Nr. 1[Gewährleistung]

Der Auftragnehmer übernimmt die Gewähr, dass seine Leistung zur Zeit der Abnahme die vertraglich zugesicherten Eigenschaften hat, den anerkannten Regeln der Technik entspricht und nicht mit Fehlern behaftet ist, die den Wert oder die Tauglichkeit zu dem gewöhnlichen oder dem nach dem Vertrag vorausgesetzten Gebrauch aufheben oder mindern.

Die bloße Nichteinhaltung der anerkannten Regeln der Technik begründet bereits einen Bauwerksmangel, ohne dass es auf den Eintritt eines weiteren Schadens ankommt.[488]

Die Verwendung von Baumethoden oder – materialien, deren Brauchbarkeit wissenschaftlich nicht gesichert ist und die in der Praxis nicht allgemein anerkannt sind und eingesetzt werden, birgt Schadensrisiken in sich, die der Besteller nicht tragen muss, namentlich ist ihm nicht zuzumuten, den Eintritt eines nicht hinreichend sicher auszuschließenden Schadens erst noch abzuwarten.[489]

Wichtig für das Vertragsverhältnis zwischen Bauherr und Architekt ist, dass die anerkannten Regeln der Technik auch für den Fall zu beachten, dass zwischen den Parteien die VOB/B nicht vereinbart wurde. Ebenso gilt nach Auffassung der Rechtsprechung[490] als stillschweigend vereinbart, dass nach den anerkannten Regeln der Technik gebaut werden soll. Anerkannte Regeln der Technik sind diejenigen technischen Regeln für den Entwurf und die Ausführung baulicher Anlagen, die in der technischen Wissenschaft als theoretisch richtig erkannt sind und feststehen sowie insbesondere in dem Kreise der für die Anwendung der betreffenden Regeln maßgeblichen, nach dem neuesten Erkenntnisstand vorgebildeten Techni-

[488] OLG Brandenburg, Urteil vom 11.01.2000 unter Hinweis auf OLG Düsseldorf, NJW-RR 1996, 146, BauR 2001, 284.

[489] BGH in st.Rspr., BauR 1975, 341, 342, BauR 1975, 346, 347, NJW 1981, 2801.

[490] BGH, BauR 1975, 341.

ker durchweg bekannt und aufgrund fortdauernder praktischer Erfahrung als technisch geeignet, angemessen und notwendig anerkannt sind.[491]

Dies heißt nichts anderes, als dass ein Verstoß gegen die anerkannten Regeln der Technik dann vorliegt, wenn der Architekt oder der Bauunternehmer solche technischen Regeln nicht beachtet, die sich in der Wissenschaft als richtig durchgesetzt haben. Der Begriff der allgemeinen anerkannten Regeln der Technik umfasst alle überbetrieblichen technischen Normen, zu denen in erster Linie die DIN-Normen gehören, sowie die mündlich überlieferten technischen Regeln.[492] Letztere Normen können geschriebenen Regeln vorgehen, wenn sie den neuesten Stand darstellen. Es besteht jedoch eine Vermutung, dass kodifizierte Regelwerke den anerkannten Stand der Technik wiedergeben. Hat der Architekt also nach den anerkannten Regeln der Technik seine Pläne entworfen und ist seine Planung gleichwohl mangelhaft, so trifft ihn kein Verschulden und damit auch keine Haftung.

Es spricht auch eine Vermutung dafür, dass im örtlichen und zeitlichen Zusammenhang mit der Missachtung von allgemein anerkannten Regeln der Technik entstandene Schäden auf die Verletzung dieser Regeln der Technik zurückzuführen sind. Diese Vermutung ist widerlegbar.[493] Die Parteien können vereinbaren, dass die zeitgemäßen anerkannten Regeln der Technik nicht einzuhalten sind, was ausdrücklich oder stillschweigend geschehen kann.[494]

Eine entsprechende Vereinbarung sollte jedoch – wie dies im Mustervertrag im 1. Teil in § 12 Gewährleistung, Nr. 2 vorformuliert wurde – schriftlich erfolgen.

Diese Frage stellt sich dann, wenn der Architekt die Sanierung eines Altbaus verspricht, jedoch Eingriffe in die Substanz erkennbar nicht einplant und dadurch nicht den heute geltenden anerkannten Regeln der Technik entsprechend leistet. Inwieweit bei der Veräußerung sanierter und modernisierter Altbauten die im Zeitpunkt der Modernisierung geltenden Regeln der Technik einzuhalten sind, kann nicht allgemein beurteilt werden.

Der Grundsatz, dass ein Verstoß gegen die anerkannten Regeln der Technik regelmäßig einen Sachmangel darstellt, ist bei der Veräußerung sanierter und modernisierter Altbauten nicht ohne weiteres anwendbar. So kann z.B. zweifelhaft sein, ob der aktuelle Stand der Technik auch hinsichtlich solcher Bauteile geschuldet wird, die von den Sanierungsmaßnahmen erkennbar nicht erfasst sind, die also erkennbar nach altem Standard erreichtet worden sind und unverändert angeboten werden. Es kommt darauf an, inwieweit sich aus dem Vertrag und den ihm zugrunde liegenden Umständen ergibt, dass das beanstandete Gewerk nach den aktuellen Regeln der Technik herzustellen ist.[495]

---

[491] Ingenstau/Korbion, Verdingungsordnung für Bauleistungen: VOB; Teil A und B; DIN 1960 / 61 (Fassung 2000); Kommentar, fortgeführt von Horst Locher und Klaus Vygen unter Mitarbeit von Christian Döring, Düsseldorf [14]2001, B § 4 Nr. 2 Rn 151.

[492] BGH, BauR 1995, 230.

[493] BGH, ZfBR 1991, 252.

[494] OLG Hamm, BauR 1995, 767.

[495] OLG Hamm, BauR 1995, 846.

2.2.2 Das Vorhandensein von Fehlern

Entscheidend für die Beurteilung ist, dass der Erfolg die Vertragserfüllung bestimmt, nicht die Wege, die zu seiner Erzielung gegangen werden. Nach neuerer Rechtsprechung[496] hat die Entstehung eines mangelfreien, zweckgerichteten Werkes zu gewährleisten. Entspricht die Leistung nicht diesen Anforderungen, so ist sie fehlerhaft, und zwar unabhängig davon, ob die anerkannten Regeln der Technik eingehalten worden sind. Es müssen demzufolge vom Architekten alle Mittel eingesetzt werden, um ein dauerhaftes mangelfreies Werk zu erreichen. Lässt sich das mit der in der vertraglichen Baubeschreibung vorgesehenen Konstruktion nicht erreichen, so sind ohne Aufpreis weitere, aufwendigere Maßnahmen zu treffen.[497]

Ein Fehler liegt vor, wenn die Bauleistung von der vertraglich geschuldeten Beschaffenheit abweicht.[498] Es ist also zu vergleichen, die vertraglich geschuldete Beschaffenheit (das Bauleistungs-Soll), mit der erbrachten Bauleistung (dem Bauleistungs-Ist).

Das Bauleistungssoll beinhaltet, dass der Bauunternehmer ein nach den Plänen des Architekten folgendes zweckentsprechendes funktionstaugliches Werk zu erbringen hat.[499] Ist dieser Erfolg nicht eingetreten, liegt ein Baumangel vor (= Globalmangel). Darüber hinaus sind im einzelnen die konkreten Vereinbarungen einzuhalten. Ist das nicht geschehen, liegt ebenfalls ein Baumangel vor (Detailmangel) und zwar auch dann, wenn das Werk allgemein funktionstauglich oder zweckgerecht ist.

Entscheidend ist, ob der mit dem Werk beabsichtigte Erfolg eingetreten ist. Insoweit muss auf den Gesamtzweck des Werkes abgestellt werden, der sich aus dem Vertrag ergibt. Dem im Vertrag enthaltenen Beschreibungen kommt insoweit entscheidende Bedeutung zu. Viele Leistungsziele ergeben sich bereits aus dem Charakteristikum der Leistung.

Es kommt grundsätzlich nicht darauf an, ob eine detaillierte Leistungsbeschreibung vorliegt und inwieweit diese gegebenenfalls vollständig oder richtig ist. Ist die Leistungsbeschreibung unzureichend und kommt es deshalb zu einem Mangel, wird der bauausführungsüberwachende Architekt von seiner Gewährleistungspflicht nur frei, wenn er seiner Bedenkenhinweispflicht nachgekommen ist. Der bauausführungsüberwachende Architekt hat auf die strikte Einhaltung der Planvorgaben (die meist ohnehin von ihm selber als planendem Architekten stammten) zu überprüfen. Er hat erkennbare Fehler der Vorgaben aufzudecken und die sich daraus ergebenden Bedenken dem Auftraggeber mitzuteilen (Mitteilungspflicht). Der Bauunternehmer haftet auch dann nicht, wenn eine fehlerhafte Vorgaben für ihn nicht erkennbar ist. Hierin liegt der Sinn der Leistungsphase 8 im Aufgabenbereich des Architekten (Vgl. Darlegungen im Mustervertrag des 1. Teil).

---

[496] BGH, BauR 1984, 510; BGH, Schäfer/Finnern/Hochstein, § 634 BGB, Nr. 24.

[497] BGH, BauR 1987, 207.

[498] BGH, BauR 1989, 462.

[499] BGH, BauR 1995, 230.

3 Die Schäden am Eigentum und Vermögen des Bauherrn

Wie bereits ausgeführt wurde, können aufgrund mangelhafter Architektenleistung auch Schäden am Eigentum und Vermögen des Bauherrn verursacht werden, die außerhalb der baulichen Anlage liegen. Ebenso erwähnt wurde schon, dass die Regelungen zum Schadensersatz ins allgemeine Leistungsstörungsrecht führen. Da damit alle Arten von Pflichtverletzungen betroffen sind, erfassen die §§ 634 Nr. 4 Fall 1 i.V.m. § 636 BGB auch diejenigen Schäden, die außerhalb der baulichen Anlage auftreten. Zur typische Fallgestaltung gehört, dass nicht gebaut werden kann, weil der Architekt etwas übersehen, nicht beachtet oder richtig gemacht hat oder dass zwar gebaut wird, aber das wirtschaftliche Ergebnis nicht zufriedenstellend ist. Das kann im einzelnen der Fall sein, wenn:

- der Bauherr in ein nicht genehmigungsfähiges Objekt investiert hat. Der Architekt hat zu gewährleisten, dass seine Planung genehmigungsfähig ist.[500] In manchen Fällen wird der Architekt damit beauftragt, eine möglichst weitgehende Ausnutzung des Grundstücks zu erzielen. Das kann z.B. bei gewerblichen Investoren sein, deren Ziel darauf gerichtet ist, möglichst viel Wohn-/Nutzfläche auf den Quadratmeter Grundstücksfläche zu erreichen. In diesem Fall hat der Architekt gerade die Aufgabe, an die Grenzen des Zulässigen zu gehen und diese auszuloten. Haftungsbefreiung wegen einer in diesem Rahmen abgelehnten Baugenehmigung wird er nur dann erlangen können, wenn er zuvor den Bauherrn explizit auf das besondere Genehmigungsrisiko hingewiesen hat[501],

- der Bauherr eine Ersatzwohnung beziehen muss, weil das vom Architekten geplante Haus wegen baulicher Mängel unbewohnbar ist[502],

- eine fehlerhaft geplante und errichtete Tiefgarage, trotz Nachbesserungsversuchen jahrelang nicht genutzt werden kann und dadurch ein Nutzungsausfall – durch unterbliebene Vermietung etwa – entstanden ist[503],

---

[500] OLG München, BauR 1992, 534.

[501] OLG Düsseldorf, BauR 1996, 286.

[502] BGHZ 46, 238.

[503] BGH, DB 1986, 266.

- generell Mietausfälle (Stichwort: entgangener Gewinn) entstanden sind, weil das betreffende Bauobjekt nicht rechtzeitig fertig geworden ist oder nicht vollständig vermietet werden kann.[504],
- ein persönlicher Nutzungsausfall vorliegt. Nach einer grundlegenden Entscheidung des BGH aus dem Jahr 1986 ist ein Vermögensschaden des Bauherrn im Rahmen eines Schadensersatzanspruches dann zu ersetzen, wenn es um den Verlust der Nutzungsmöglichkeit einer Sache geht, auf deren ständige Verfügbarkeit die eigenwirtschaftliche Lebenshaltung des Eigentümers derart angewiesen ist, wie auf das von ihm selbst bewohnte Haus. Es muss sich dabei um Wirtschaftsgüter von zentraler Bedeutung für die eigene Lebenshaltung handeln.[505] Das OLG Düsseldorf entschied, dass die eingeschränkte Gebrauchsmöglichkeit eines Hobby- und eines Kinderspielkellers keinen Vermögensschaden des Bauherrn darstellt, der ihm zu ersetzen wäre[506],
- aufgrund längerer Bauzeiten durch fehlerhafte Bauplanungen oder fehlerhafte Bauüberwachung Zwischenfinanzierungskosten angefallen sind[507],
- wegen fehlerhafter Planung oder Ausführung der Heizung zu hohe Heizkosten entstehen und dadurch ein technischer und merkantiler Minderwert des Gebäudes verursacht wird[508],
- Kosten für einen Sachverständigen über die fehlerhafte Architektenleistung anfallen[509],
- der Architekt die Wohnung fehlerhaft zu hoch berechnet hat und die Wohnung deshalb zu teuer kalkuliert war[510],
- Schäden am Erdreich und Grundwasser durch Öl, das aus einem Leck eines unterirdischen Heiztanks floss, entstanden sind[511],
- Mehrkosten für zusätzliche Ausschachtungsarbeiten der Baugrube aufgrund fehlerhafter Vermessungen des Baugrundstücks entstanden sind[512],
- die Wohnflächen fehlerhaft berechnet wurde. Eine solche Fehlberechnung kann von erheblicher wirtschaftlicher Bedeutung sein, da gewerbliche Bauherrn ihre Verkaufspreise auf Basis der Wohnflächenangaben kalkulieren und sowohl bei zu hohen (weil ihre Kunden dann Minderungen vornehmen) als auch zu niedrigen (weil sie dann zu niedrige Preise verlangen) Angaben Verluste erleiden.

---

[504] BGH, NJW 1972, 901.
[505] BGHZ 98, 212ff.
[506] OLG Düsseldorf, BauR 1992, 96.
[507] BGHZ 1986, 238.
[508] BGH, NJW 1986, 428.
[509] OLG Koblenz, NJW-RR 1990, 30.
[510] LG Stuttgart, BauR 1990, 496.
[511] OLG München, BauR 1990, 736.
[512] OLG Hamm, BauR 1992, 78.

Bei Baumangeln lässt oftmals nicht sofort und eindeutig erkennen, wer letztlich hierfür haftbar zu machen ist. Da bei einem Bauvorhaben eine Vielzahl von Personen zusammenwirken, hat dieses Zusammenwirken, wie auch die Eigenart jedes auftretenden Schadens, Auswirkungen auf die Rechtsbeziehungen untereinander. Konkret stößt man auf die Frage der tatsächlichen Haftungsverteilung, die das BGB über das Prinzip der Gesamtschuld (§§ 421 und 426 BGB) löst (Vgl. Darlegungen im 1. Teil: Der Architektenvertrag, § 12 Gewährleistung).

4 Praxisrelevante Haftungsrisiken

4.1 Risikofallgruppe: Planungs- und Koordinationsfehler

4.1.1 Fehlerquellen

Baugenehmigung trotz fehlerhafter Planung

Eine rechtliche Notwendigkeit sieht vor, dass die Genehmigungsplanung eines Architekten neben den allgemein anerkannten Regeln der Technik auch den geltenden bauordnungsrechtlichen Vorschriften entsprechen[513] muss. Nicht die Bauaufsichtsbehörde trägt dabei das Risiko einer bauordnungsrechtlich einwandfreien Bauplanung, sondern einzig und alleine der Architekt! Dies begründet sich juristisch damit, dass letztlich immer die Fehlplanung des Architekten für den späteren Widerruf einer fehlerhaft erteilten Baugenehmigung ursächlich war.

Genehmigungsfreistellungen und vereinfachte Baugenehmigungsverfahren

Im vereinfachten Genehmigungsverfahren und bei den Verfahren, die gänzlich ohne Genehmigung erteilt werden können, trägt nach Einführung der neuen Landesbauordnungen alleine der Architekt die Verantwortung, da eine Kontrolle der Bauaufsichtsämter fortfällt.

Planungsfehler des Architekten

Aus der Rechtsprechung der letzten Jahre seien beispielhaft Haftungsfälle des Architekten für Planungsfehler wiedergegeben.

Haftungsfälle:
Ein Planungsfehler liegt demnach vor, wenn:

- von den Maßvorgaben eines Bebauungsplanes fehlerhaft abgewichen wird und die Wohneinheiten dadurch zu klein ausfallen. Der Bauherr kann hier den merkantilen Minderwert geltend machen,[514]

---

[513] OLG München, BauR 1992, 534.
[514] OLG Hamm, BauR 2001, 984f.

- die Höheneintragung in einen Lageplan fehlerhaft ist, auch wenn der Architekt nur die Genehmigungsplanung für einen Generalunternehmer vorgenommen hat, weil dieser einen vorlageberechtigten Architekten braucht und die Ermittlung der Höhen grundsätzlich zum Aufgabenbereich des Generalunternehmers gehört[515],
- keine Vorkehrungen gegen drückendes Grundwasser vorgesehen waren, obwohl der Architekt dies hätte erkennen können. Bei Fehlen erforderlicher Fachkenntnisse, um die konkreten Wasser- und Bodenverhältnisse zu überprüfen, muss der Architekt einen Sonderfachmann heranziehen[516],
- eine missglückte Einbindung in die Umgebung vorgenommen wurde[517],
- Sicherheitsanforderungen bei einem wertvollen Bauobjekt, wie z.B. einem Juweliergeschäft vernachlässigt wurden[518],
- eine Detailplanung fehlt, z.B. die Hinterlüftung von Fassadenelementen, die Entwässerung des Mörtelbettes eines Balkonoberbelags und die Ausbildung des unteren Dichtungsabschlusses einer Schweißbahn[519],
- für ein zu planendes Bauteil keine Planung vorgelegt wurde[520],
- falsche Subunternehmer des Generalunternehmer beauftragt wurden[521],
- keine Bedenken gegen die Wünsche des Bauherrn geäußert wurden.[522] Allerdings entfällt die Haftung des Architekten wieder, wenn sich der Bauherr über die geäußerten Bedenken hinwegsetzt. Man wird allerdings strenge Anforderungen an den Nachweis stellen müssen, dass der Architekt seine Bedenken angemeldet hat.[523] Dies gilt in einem ähnlichen Zusammenhang auch für den Fall, dass der Bauherr selber fehlerhafte Maßnahmen ergreift, die der Planung bzw. den Bedenken des Architekten zuwiderlaufen.[524] Grundsätzlich gilt: Schadensersatzansprüche gegen einen Architekten wegen fehlerhafter Planung können zu verneinen sein, wenn der Bauherr sich mit der Planung und der Ausführung einverstanden zeigte. Das setzt allerdings voraus, dass der Bauherr Bedeutung und Tragweite der Fehlerhaftigkeit erkannte. Das kann in der Regel nur angenommen werden, wenn der Architekt den Bauherrn unaufgeklärt und belehrt hat,

---

515 BGH, BauR 2001, 983f.
516 BGH, BauR 2001, 823f.
517 OLG Hamm, BauR 1989, 501.
518 OLG München, Schäfer/Finnern/Hochstein, § 635 BGB Nr. 58.
519 BGH, NJW-RR 1988, 275.
520 OLG Bamberg, Schäfer/Finnern/Hochstein, § 635 BGB Nr. 59.
521 OLG Hamm, NJW-RR 1988, 1174.
522 OLG Hamm, NJW-RR 1989, 470.
523 OLG München, Schäfer/Finnern/Hochstein, § 635 BGB Nr. 57.
524 BGH, NJW-RR 1989, 86.

- ein Verstoß gegen anerkannte Regeln der Technik vorliegt. Der Architekt hat dafür zu sorgen, dass selbst ein Restrisiko nicht beim Bauherrn verbleibt; so gilt z.B. die Anordnung einer rauminnenseitigen Wärmedämmung als Abweichung von bewährten Konstruktionen und ist damit mangelhaft. Für den Architekten gilt der Grundsatz des sicheren Weges[525],
- die Ausgestaltung eines Flachdachs objektiv fehlerhaft ist. Es ist unerheblich, dass darin kein Verstoß gegen die anerkannten Regeln der Technik liegt, wenn mehrfach bis an die Grenze des gerade noch Zulässigen gegangen wird; Vorteilsausgleichung durch längere Lebensdauer wirkt sich haftungsmindernd aus[526],
- die Planung ohne Berücksichtigung der tatsächlichen Verhältnisse erstellt wird. Der Architekt darf sich nicht auf einen von dritter Seite aufgestellten Bestandsplan verlassen[527],
- unzureichende Winterschutzmaßnahmen bei Fundamentierung geplant werden[528],
- bei Planung einer unzureichenden Grundwassersicherung.[529] Es treffen den Architekten besondere Sorgfaltspflichten bei der Planung im grundwassergefährdeten Bereich.[530] Die Nichtberücksichtigung der Grundwasserverhältnisse begründen einen Planungsfehler, wobei eventuell der Architekt und der Bodengutachter als Gesamtschuldner haften[531],
- eine Planung im Jahre 1985, die im Hinblick auf den Schallschutz den Anforderungen für einen erhöhten Schallschutz gemäß DIN 4109 (1962) entsprach, unterlassen wird. Dies gilt auch, wenn darüber keine ausdrückliche Vereinbarung getroffen wurde. Sinn der geplanten zweischaligen Haustrennwand war es gerade, höheren Schallschutz zum Nachbargebäude zu bekommen. Der Architekt hätte dafür sorgen müssen, dass Nebenwegsübertragung nicht erfolgen kann. Der Fehler des Architekten wird darin gesehen, dass er bei grundsätzlich richtiger zweischaliger Ausgestaltung der Doppelhaustrennwand nicht berücksichtigt hat, dass die Haustrennwände schalldämmend auszufüttern waren, hier mit einer mindestens 7 cm dicken Mineralfaserplatte anstatt mit einer Holzwolle-Leichtbauplatte. Der Architekt kannte die Absicht des Bauherrn, die Dachsparren unterseitig mit Nut- und Federverbretterung zu versehen, und musste entsprechend planen bzw. den Bauherrn darauf hinweisen, wie demzufolge schallschutztechnisch zu verfahren ist[532],

[525] OLG Celle, BauR 1990, 758.
[526] OLG Frankfurt, Schäfer/Finnern/Hochstein, § 635 BGB Nr. 65.
[527] OLG Celle, BauR 91, 243.
[528] OLG Hamm, BauR 1991, 788.
[529] OLG Düsseldorf, NJW-RR 1992, 156.
[530] OLG Düsseldorf, BauR 1991, 791.
[531] OLG Köln, Schäfer/Finnern/Hochstein, § 635 Nr. 55.
[532] OLG Düsseldorf, BauR 1993, 622.

- eine sehr geringe, teilweise deutlich unter 0 dB liegende Trittschalldämmung im eigenen Wohnbereich mit Holzbalkendecken geplant wurde. Es stellte sich die Frage, ob es anerkannte Regeln der Technik für Trittschallschutz im eigenen Wohn- und Arbeitsbereich gibt. Geschriebene Regeln existieren nicht. Es kann nicht mit Sicherheit gesagt werden, dass das in DIN 4109 Beiblatt 2 Tabelle 3 empfohlene Maß von 7 dB für Wohnungen der Schallschutzklasse 1 auch bei Holzdecken den anerkannten Regeln der Technik entspricht. Dessen ungeachtet wird die Existenz anerkannter Regeln der Technik, die mit 0 dB anzusetzen sind, angenommen und ein Mangel bejaht. Der Umstand, dass der Architekt den Bauherrn gesagt hatte, der Schallschutz werde geringer sein als bei Betondecken, spielt in diesem Zusammenhang keine Rolle, da in einem solchen Einverständnis kein Verzicht auf die bei Holzdecken geltenden anerkannten Regeln der Technik zu sehen ist[533],
- eine Wärmerückgewinnungsanlage für eine Wäscherei geplant wird, bei der starker Flusenanfall in der Abluft eines Trockners zu erhöhten Betriebskosten führt und die den Vorteil der Wärmerückgewinnung aufzehrt.[534]

Abgelehnt wurde von der Rechtsprechung eine Architektenhaftung in folgenden Fällen, in denen:

- der Architekt die Bodenverhältnisse infolge eines fehlerhaften Bodengutachtens nicht berücksichtigt hat, und für ihn keine Möglichkeit und keine Anhaltspunkte bestanden, dem vorgelegten Bodengutachten zu misstrauen[535],
- Schäden an der Fußbodenheizung entstanden, wenn für deren Planung ein Sonderfachmann beauftragt war und für die konkrete fachspezifische Frage nicht zum Wissensbereich des Architekten gehört.[536]

Überwachungsfehler des Architekten

Aus der Rechtsprechung der letzten Jahre seien beispielhaft Fälle von Haftung des Architekten für Überwachungsfehler wiedergegeben.

Haftungsfälle:
Ein Überwachungsfehler des Architekten liegt vor, wenn:

- er es unterlässt, die hinreichende Austrocknung des Estrichs zu prüfen zw. Entsprechende Messungen zu veranlassen und zu prüfen, bevor er darauf den Oberboden (z.B. Fliesen) verlegen lässt, und wenn daraufhin wegen zu hoher

[533] OLG Hamm, NJW-RR 1994, 282. - Die Entscheidung ist im Bereich des Bauträgerrechts ergangen, lässt sich jedoch auch auf das Architektenvertragsrecht übertragen.
[534] OLG Düsseldorf, NJW-RR 1996, 16.
[535] BGH, Schäfer/Finnern/Hochstein, § 909 BGB, Nr. 12.
[536] OLG Köln, Schäfer/Finnern/Hochstein, § 635, Nr. 103.

Restfeuchte des Estrichs Mängel (z.B. Beschädigungen am Oberboden) auftreten[537],

- er nicht erkennt, dass die Befestigung der abgehängten Decke einer Turnhalle grob fahrlässig ausgeführt ist und es deshalb später zu einem Herabfallen der Decke kommt[538],
- er nicht darauf achtet, dass die Fundamente in einer der DIN 1054 entsprechenden Einbindetiefe in den gewachsenen Boden eingebracht werden, um der in der Statik angenommenen maximalen Bodenpressung zu genügen[539],
- die Einhaltung der anerkannten Regeln der Technik nicht überwacht und diese deshalb von den Bauunternehmen missachtet werden. Diese spezielle Überwachungspflicht geht bereits ausdrücklich aus § 15 Abs. 2 Nr. 8 HOAI hervor[540],
- bei wichtigen und kritischen Baumaßnahmen, die erfahrungsgemäß ein hohes Mängelrisiko aufweisen, nicht in angemessener und zumutbarer Weise kontrolliert wird, insbesondere, wenn die Baumaßnahme nicht nach eigenen Planungen, sondern nach den Vorgaben Dritter ausgeführt werden[541],
- korrigierende Maßnahmen unterlassen werden, obwohl sich im Verlaufe der Bauausführung Anhaltspunkte für Mängel ergeben haben[542],
- nicht überprüft wird, ob der von der Putzfirma aufgebrachte Putz den Vorgaben des Leistungsverzeichnisses entspricht. Bei Verstoß trifft ihn die Haftung für die Folgen des fehlerhaften Putzes[543],
- er eine falsche Rechnungsprüfung vornimmt, wodurch dem Bauherrn eine Überzahlung entsteht, die er nicht mehr gegenüber dem Bauunternehmer zurückverlangen kann[544].

Fehler in der Zusammenarbeit zwischen Architekt und Sonderfachmann

Neben dem Architekten beauftragt der Bauherr in der Regel noch einen Sonderfachmann. Die Leistungsverpflichtung eines Sonderfachmannes ist nicht gleichartig im Sinne einer Gesamtschuld mit der Leistung des Architekten, der zu planen hat. Folglich haften beide mit den aufgeführten Leistungsverpflichtungen auch nicht als Gesamtschuldner.

[537] OLG Stuttgart, BauR 2001, 671.
[538] OLG Celle, NJW-RR 1995, 1486.
[539] OLG Düsseldorf, NJW-RR 1995, 532.
[540] OLG Brandenburg, BauR 2001, 285, OLG Hamm, NJW-RR 1991, 1045.
[541] BGH, BauR 2001, 273f.
[542] BGH, BauR 1994, 392 = ZfBR 1994, 131.
[543] OLG Bamberg, BauR 1996, 284.
[544] BGH, Urteil vom 14.05.98 – VII ZR 320/96.

Grundsätzlich darf sich der Architekt auf das Spezialwissen des Sonderfachmannes verlassen. Insoweit hätte er bei einer gesamtschuldnerischen Haftung im Innenverhältnis einen Freistellungsanspruch gegenüber dem Ingenieur (Sonderfachmann). Trotzdem muss er prüfen, ob der Sonderfachmann von der richtigen Grundlage ausgegangen ist. Hierfür ist Prüfungsmaßstab des Architekten die Kenntnis eines Durchschnittsarchitekten. Wenn aber beide, Architekt und Sonderfachmann, ihre Vertragsverpflichtungen verletzen und dadurch einen Baumangel verursachen, haften sie beide dem Bauherrn als Gesamtschuldner auf Schadensersatz wegen dieses Mangels.

Häufig geht es um die Abgrenzung der Verantwortungsbereiche des Architekten und des Statikers. Der Statiker hat die vom Architekten erarbeitete Planung nicht auf ihre allgemeine Gebrauchstauglichkeit hin zu überprüfen. Umgekehrt kann vom Architekten nicht erwartet werden, dass er die Spezialkenntnisse besitzt, die erforderlich sind, um eine statische Berechnung zu überprüfen. Hierzu führte der BGH aus, dass der Architekt nicht verpflichtet sei, die statische Berechnung auf ihre rechnerische Richtigkeit hin zu prüfen. Der Architekt müsse aber Einsicht in die Berechnung nehmen und feststellen, ob sie von zutreffenden, tatsächlichen Voraussetzungen ausgegangen wäre.[545]

Soweit der Statiker fehlerhaft gearbeitet hat und der Architekt übersehen hat, dass der Statiker von falschen tatsächlichen Verhältnissen ausgegangen ist, haften beide als Gesamtschuldner. Der Bauherr muss sich das Verschulden des Statikers im Verhältnis zum planenden Architekten jedoch anrechnen lassen. Der Architekt kann deshalb verlangen, dass seine Haftung von vornherein auf die anteilige Quote beschränkt wird.[546]

Beispiel:
Es liegt eine mangelhafte Planungsleistung des Architekten und eine mangelhafte Planung des Ingenieurs vor. Sowohl der planende Architekt wie auch der planende Ingenieur sind Erfüllungsgehilfen des Bauherrn. Der Bauherr muss sich deshalb das Verschulden des einen im Verhältnis zum anderen anrechnen lassen. Wird der Architekt z.B. in Anspruch genommen, so kann er gegenüber dem Bauherrn das Verschulden des Statikers geltend machen und seine Haftung von vornherein auf die anteilige Quote beschränken.[547]

Grundsätzlich gilt zu beachten, dass eine Mitverantwortung des Architekten neben dem Sonderfachmann nur gegeben ist, wenn der Architekt nach Sachlage begründete Zweifel hätte haben müssen, ob der eingeschaltete Sonderfachmann überhaupt die übernommene Leistung erbringen kann, oder wenn er aufgrund seiner Erfahrung mit nachteiligen Folgen gerechnet hat oder hätte rechnen müssen.

Wenn der Bauherr den Architekten und den Ingenieur als Statiker in jeweils getrennten Verträgen beauftragt hat, kann der eine Auftragnehmer im Verhältnis zum anderen als Erfüllungsgehilfe des Bauherrn in Frage kommen. Der andere Auftragnehmer ist insoweit von seiner Haftung gegenüber dem Bauherrn befreit

---

545 BGH, VersR 1967, 260.
546 OLG Oldenburg, VersR 1981, 541.
547 Ebd.

und kann sich ihm gegenüber auf Verschulden des anderen Erfüllungsgehilfen berufen.

Der Architekt muss prüfen, ob der Statiker von der richtigen Bodenbeschaffenheit und von den maßgeblichen Plänen ausgegangen ist. Verletzt er diese Prüfungspflicht, so hat der Bauherr einen Schadensersatzanspruch gegen den Architekten neben seinem Schadensersatzanspruch wegen Leistungsmängeln gegen den Ingenieur. Beide (Architekt und Sonderfachmann) haften in diesem Fall als Gesamtschuldner.[548]

Wenn sich der Statiker weigert oder nicht in der Lage ist, einen Fehler abzustellen, muss der Architekt, der dies erkennt, seine Bedenken dem Bauherrn mitteilen. Andernfalls haftet er selber dem Bauherrn gegenüber. Die allgemeine Verantwortung des Architekten oder des Statikers besteht immer dann für solche Fehler, die nur aufgrund fachspezifischer Kenntnisse entdeckt werden können. So trägt in der Regel der Statiker die alleinige Verantwortung, wenn es sich um Fehler bei konstruktiven Belangen des Bauvorhabens handelt.

Haftungsfälle:

- Haben Architekt und Statiker die Anordnung einer Dehnungsfuge übersehen, haften sie beide dem Bauherrn als Gesamtschuldner. Im Innenverhältnis hat der Statiker die größere Haftungsquote zu übernehmen.[549]

- Hat der Architekt Zweifel, ob der Statiker bei Verankerung des Flachdaches den Windsog richtig berechnet hat, so muss er den Ingenieur zur Prüfung veranlassen.

- Der Statiker ist auch verpflichtet, die richtige Ausführung seiner Pläne zu überwachen. Hierfür haftet der Architekt nicht.[550]

- Für Mängel der Wärmedämmung, die auf unzureichende Details in der Architekten-Planung zurückzuführen sind, haftet nur der Architekt. Der Statiker, dem diese Planung übergeben wurde, haftet hierfür nicht mit. Zu den Grundleistungen des Architekten gehört nach § 15 Nr. 3 HOAI, dass er bei seinem Planungskonzept bauphysikalische Anforderungen berücksichtigt. Dies erfasst auch die erforderlichen Wärmedämmungsmaßnahmen. Der Architekt muss also diese Maßnahmen im einzelnen schon angeben und zeichnerisch darstellen, die dann der Statiker (Tragwerksingenieur) in seine Pläne und Berechnungen übernimmt. Die Planung von Maßnahmen der Wärmedämmung gehört nur insoweit zu den Aufgaben des Statikers, als dadurch dessen konstruktive und rechnerische Arbeit beeinflusst werden kann. Diese Arbeit des Statikers besteht darin, im Rahmen der Architekten-Pläne die Konstruktionsart und die Konstruktionsstärken aller tragenden Teile festzulegen, damit das Gebäude standsicher ist.[551]

[548] BGH, VersR 1965, 840.
[549] BGH, BauR 1971, 267.
[550] OLG Karlsruhe, MDR 1971, 45.
[551] OLG Köln, ZfBR 1987, 122.

- Bei fehlerhafter Architekten-Planung kann die gesamtschuldnerische Haftung des Statikers auch darin bestehen, dass er zum Schadensersatz hinsichtlich vermeidbarer Mehrkosten verpflichtet ist. Dies kann u.a. dann der Fall sein, wenn der Statiker auf Wunsch des Architekten eine neue Variante der Standsicherung eines Gebäudes entwirft, die den Bauherrn mehr Geld kostet, ohne dass beim Bauherrn Rückfrage genommen wurde. Der Bauherr hat in diesem Fall einen Schadensersatzanspruch wegen Schlechtleistung sowohl gegen den Architekten wie gegen den von ihm getrennt beauftragten Ingenieur aus dem Gesichtspunkt der positiven Vertragsverletzung.[552]

Fehler in der Zusammenarbeit zwischen Architekt und Baucontroller

Wird ein Baucontroller neben dem Architekten bzw. einem sonstigen Sonderfachmann auf dessen Fachgebiet tätig, dann ist er Erfüllungsgehilfe des Bauherrn im Sinne des § 278 BGB, wie der vom Bauherrn beauftragte planende Architekt. In diesem Falle darf der Architekt darauf vertrauen, dass der Baucontroller auf seinem Fachgebiet richtig gearbeitet hat. Der Architekt hat die Pflicht zu überprüfen, ob offensichtliche Fehler der Arbeit des Baucontrollers vorliegen und, wenn ja, diesen und den Bauherrn auf die erkannte Unrichtigkeit hinzuweisen.[553]

Fehler in der Zusammenarbeit zwischen Architekt und Bauunternehmer

Vielfältig sind auch die Möglichkeiten, dass im Ablauf zwischen den Planungen, aber auch in der Überwachung durch den Architekten auf der einen und der Bauausführung durch den Bauunternehmer auf der anderen Seite, zu Fehlern führen können. Ist der Mangel am Bau nur auf einen Planungsfehler des Architekten zurückzuführen und konnte der Bauunternehmer diesen Mangel nicht erkennen, so trägt der Architekt im Innenverhältnis den Schaden alleine und in voller Höhe. Soweit der Architekt Planungsaufgaben und Koordinierungsaufgaben übernommen hat, ist er Erfüllungsgehilfe des Bauherrn, der für Selbstverschulden voll einzustehen hat.[554]

Beispiel:
Es liegt ein Planungs- oder Koordinationsfehler des Architekten vor. Der Bauunternehmer baut entsprechend der Planungsunterlagen. Für ihn war der Fehler nicht ersichtlich. Folge: Dem Bauherrn steht gegen den Bauunternehmer wegen des Mangels bzw. des Schadens kein Anspruch auf Schadensersatz etc. zu. Der Bauherr muss sich Fehler im Planungs- oder Koordinationsbereich des Architekten selbst zurechnen lassen, wenn diese für den Bauunternehmer nicht erkennbar sind.[555]

---

[552] OLG Köln, BauR 1968. 714.
[553] BGH, BauR 1970, 62.
[554] BGH, NJW 1984, 1676.
[555] OLG Frankfurt, NJW 1974, 62.

Eine Abwandlung dieses Falles stellt das nachfolgende Beispiel dar:

Beispiel:
Es liegt ein Planungs- oder Koordinationsfehler des Architekten vor. Der Bauunternehmer baut entsprechend den Planunterlagen, obwohl ihm Bedenken wegen der Offensichtlichkeit der Fehler hätten kommen müssen. Folge: Der Architekt und der Bauunternehmer sind gemeinsam Schadensverursacher und haften dem Bauherrn gegenüber als Gesamtschuldner.[556]

Wenn der Bauherr den Bauunternehmer in Anspruch nimmt, kann dieser die Mitverantwortung des Architekten einwenden. Der Bauherr muss sich das Verhalten des planenden Architekten als seinen Erfüllungsgehilfen anrechnen lassen. Der Bauunternehmer ist folglich im Verhältnis zum planenden Architekten oder Sonderfachmann nicht auf den internen Ausgleich angewiesen; er kann die quotenmäßige Beschränkung seiner Haftung schon gegenüber dem Bauherrn geltend machen.

Der Bauherr muss sich dann wegen seiner weitergehenden Ansprüche an den Architekten halten.[557] Verlangt der Bauherr vom Bauunternehmer Schadensersatz, verringert sich dessen Haftung auf den Geldbetrag, der seiner Haftungsquote entspricht. Fordert der Bauherr von ihm Nachbesserung, hat er in Höhe der Haftungsbeteiligung des Architekten einen sogenannten Zuschussanspruch, d.h. der Bauunternehmer ist nur Zug um Zug gegen Zahlung des betreffenden Kostenzuschusses zur Mängelbeseitigung verpflichtet.[558]

Erkennt der Bauunternehmer, dass dem Architekten bei der Planung ein Fehler unterlaufen ist, der zu einem Mangel am Bau führen muss, und führt er diese fehlerhafte Planung trotzdem aus, ohne den Bauherrn auf diesen Mangel vorher hinzuweisen, so muss er u.U. den Schaden ganz alleine tragen und kann vom Architekten keinen Ausgleich verlangen.[559]

Beispiel:
Es liegt ein Planungsfehler des Architekten vor, und der Bauunternehmer erkennt diesen Fehler und weiß ganz genau, dass dieser Planungsfehler zu einem Mangel des Bauwerks führen muss. Gleichwohl macht er weder den Architekten noch den Bauherrn darauf aufmerksam, sondern baut nach dem fehlerhaften Plan. Folge: Der Bauunternehmer kann sich gegenüber dem Bauherrn nicht auf Mitwirken des Verschuldens des Architekten berufen. In diesem Fall kann er eine Haftungsbeschränkung nur im internen Ausgleich zwischen ihm und dem Architekten geltend machen.[560]

Ein besonderes Haftungsrisiko für den Architekten resultiert aus den Pflichten der Leistungsphase 8, insbesondere der darin enthaltenen Bauobjektüberwachung.

---

556 BGH, NJW 1969, 653.
557 BGH, NJW 1978, 2393.
558 BGH, BauR 1974, 401.
559 BGH, NJW 1973, 518.
560 BGH, BauR 1973, 190.

Sie besagt nichts anderes, als dass der Architekt für eine mangelfreie Erbringung der Bauleistung verantwortlich ist.

Natürlich haftet auch der einzelne Werkunternehmer, der den ausführenden Fehler unmittelbar begangen hat, so dass zwischen ihm und dem Architekten eine gesamtschuldnerische Haftung gegenüber dem Bauherrn besteht[561]. Aus mancherlei Gründen und ausgehend von dieser gesamtschuldnerischen Haftung ist es für den Bauherrn oftmals einfacher und schneller, sich sofort an den Architekten zu halten. Weil dies so ist, sollte der Architekt über einen ausreichenden Versicherungsschutz verfügen.

Oft entsteht ein Baumangel aufgrund eines Ausführungsfehlers, den der Architekt im Rahmen seiner Objektüberwachung nicht entdeckt hat, obwohl er bei ordnungsgemäßer Aufsicht den Fehler hätte entdecken können. In diesem Fall kann der Bauherr den bauüberwachenden Architekten zusammen mit dem Bauunternehmer als Gesamtschuldner in Anspruch nehmen. Er muss sich gegenüber dem Bauunternehmer das Verschulden des Architekten nicht anrechnen lassen. Im Unterschied zum planenden Architekten ist der bauüberwachende Architekt nicht Erfüllungsgehilfe des Bauherrn.[562]

Es kann auch der Fall sein, dass der Bauherr für die Planung und für die Objektüberwachung jeweils einen anderen Architekten (oder auch Ingenieur) beauftragt hat und aufgrund eines Planungsfehlers entsteht ein Baumangel, den der bauüberwachende Architekt nicht erkannt hat.

Der bauüberwachende Architekt ist für den Planungsfehler verantwortlich. Er schuldet nicht nur die Plangerechtigkeit, sondern auch die Mangelfreiheit des zu errichtenden Bauwerks. Dies setzt voraus, dass er die maßgeblichen Pläne, die der mit der Planung beauftragte Architekt erstellt hat, überprüft, ob diese den allgemein anerkannten Regeln der Technik und den einschlägigen Vorschriften entsprechen. Unterlässt er diese Prüfung, haftet er für den Planungsmangel. Der überwachende Architekt kann sich wegen der Planungsmängel auch nicht auf eine Minderung seiner Schadensersatzpflicht unter dem Aspekt des Mitverschuldens berufen. Der bauplanende Architekt ist gegenüber dem objektüberwachenden Architekten nicht Erfüllungsgehilfe des Bauherrn.[563]

Umgekehrt kann sich auch der planende Architekt gegenüber dem Bauherrn nicht auf ein mitwirkendes Verschulden des objektüberwachenden Architekten berufen. Auf seine Haftung hat die mögliche Haftung des objektüberwachenden Architekten (und Ingenieurs) keinen Einfluss. Dem Bauherrn steht es frei, an wen er sich wenden will. Beide, Architekt (Ingenieur), haften dem Bauherrn als Gesamtschuldner auf Ersatz des Geldes.[564]

Beispiel:

Der Bauunternehmer hat einen Ausführungsfehler begangen, ohne dass ein Planungs- oder Überwachungsfehler von Seiten des Architekten vorliegt. Folge: Es besteht keine ge-

---

[561] BGH, VersR 1965, 803; BGH, BauR 1971, 60.

[562] BGH, NJW 1972, 447.

[563] OLG Köln, NJW-RR 1997, 597.

[564] BGH, NJW 1987, 2743.

samtschuldnerische Haftung des Bauunternehmers zusammen mit dem Architekten. Der Bauunternehmer haftet gegenüber dem Bauherrn allein.

Sind Planungs- oder Überwachungsfehler des Architekten und Ausführungsfehler des Bauunternehmers Ursache für den Baumangel, so tragen im Innenverhältnis Architekt und Bauunternehmer den Schaden gemeinsam. Die Haftungsverteilung richtet sich danach, wer den Schaden in welchem Umfang verursacht und/oder verschuldet hat. Überwiegt bei keinem der Gesamtschuldner die Verursachung bzw. das Verschulden, trägt jeder die gleiche anteilige Haftung. Regelmäßig wird der Bauunternehmer den Schaden zum größeren Teil zu tragen haben. Das gilt um so mehr, als die Arbeiten, die den Mangel verursachten, Spezialarbeiten sind, für die der Architekt nicht die notwendigen Spezialkenntnisse besitzt und die von ihm auch nicht erwartet werden können.

Haftungsfälle:

- Hätte der Bauunternehmer den Fehler des Architekten bei Anwendung der ihm obliegenden Sorgfalt entdecken können, trägt zwar der Architekt den größeren Haftungsanteil, jedoch muss sich auch der Bauunternehmer mit einer kleineren Quote an dem Schaden beteiligen.[565]
- Liegt die Verantwortlichkeit des Bauunternehmers nur darin, dass er seine Prüfungs- oder (schriftliche) Hinweispflicht unterlassen hat, kann es im Einzelfall gerecht sein, dem Architekten im Innenverhältnis den Schaden in voller Höhe anzulasten.[566]
- Liegen Planungsfehler des Architekten und Ausführungsfehler des Bauunternehmens vor, kann sich der Architekt, wenn er allein vom Bauherrn in Anspruch genommen wird, nicht auf das mitwirkende Verschulden des Bauunternehmers berufen. Seine quotenmäßige Beschränkung ist nur im internen Ausgleich mit dem Bauunternehmer zu beachten.[567]
- Hat nur der Bauunternehmer einen Ausführungsfehler begangen, ohne dass ein Planungsfehler- oder Überwachungsfehler des Architekten vorliegt, so besteht keine gesamtschuldnerische Haftung des Bauunternehmers zusammen mit dem Architekten gegenüber dem Bauherrn. Es haftet nur der Bauunternehmer.[568]
- Liegen Aufsichtsfehler des Architekten und Ausführungsfehler des Bauunternehmers in den wichtigsten Bauabschnitten vor, von denen das Gelingen des gesamten Bauvorhabens abhängt (z.B. Gießen der Betondecke und Bewehrung), so wird der Schaden zwischen Bauunternehmer und Architekt geteilt.

[565] Großhauer, 163.
[566] Ingenstau/Korbion, B § 4 Nr. 2 Rn. 109ff.
[567] Großhauer, 163.
[568] Ebd., 164.

Wenn es um die Pflicht zur ordnungsgemäßen Bauaufsicht geht, ist der Architekt nicht Erfüllungsgehilfe des Bauherrn.[569]

- Erkannte der Architekt einen Ausführungsfehler des Bauunternehmers und schritt er nicht dagegen ein oder hätte er ihn leicht erkennen können, so erfolgt der Ausgleich in der Weise, dass der Architekt 3/5 des Schadens und der Bauunternehmer 2/5 des Schadens zu übernehmen hat.[570]
- Liegt ein Ausführungsfehler des Bauunternehmers vor und hat ihn der Architekt nicht erkannt (Überwachungsfehler), so haftet im Innenverhältnis der Bauunternehmer in der Regel allein.[571]
- Bei Verletzung vertraglicher Nebenpflichten findet im Innenverhältnis ein Ausgleich zwischen den Beteiligten statt, wenn und soweit der einzelne Beteiligte neben dem Architekten den Schaden verursacht hat und ihm ein Verschulden vorzuwerfen ist.

4.1.2 Einwendungen des Architekten

Verjährung

Vgl. hierzu die Ausführungen im 2. Teil (§ 12 Gewährleistung, Verjährung).

Schadensverursachung durch Handwerker

Liegt der Baumangel an einem Planungsfehler, kann sich der Architekt der Haftung nicht entziehen. Anders sieht es bei einem Ausführungsfehler aus. Hier muss der Bauherr den Nachweis führen, dass der Architekt seine eigene Überwachungspflicht verletzt hat.

Verschulden anderer Fachplaner

Der Architekt muss die Fachplanung nur eingeschränkt überprüfen. Er haftet hier nicht für jeden Fehler, da jeder Fachplaner für seine Planungsergebnisse selbst verantwortlich ist. Dies hängt damit zusammen, dass die Aufgabe des Architekten u.a. in der Integrierung von Leistungen anderer Planungsbeteiligter liegt, nicht in der nochmaligen Kontrolle der Planungsergebnisse.[572]

Steht dagegen die Haftung des Architekten aus Planungsverschulden fest, ist der mögliche Einwand wegen bestehender Gesamtschuld mit dem anderen Fachplaner unbeachtlich.

---

[569] BGH, ZfBR 1985, 282.
[570] Großhauer, 164.
[571] OLG Hamm, ZfBR 1990, 142.
[572] OLG Hamm, VersR 2001, 779.

Mitverschulden des Bauherrn

Grundsätzlich ist zwar das Mitverschulden des Bauherrn zu berücksichtigen. Ein solcher Fall dürfte allerdings im Bereich der Planung die Ausnahme darstellen. Denn der Bauherr bedient sich gerade der benötigten Fachkunde des Architekten, um von diesem Planungsleistungen zu erhalten. Es erscheint widersinnig, wenn man dann eine Eigenverantwortung des Bauherrn annehmen würde. Anders sieht die Sachlage dann aus, wenn der Bauherr eigenmächtig planerische Vorgaben des Architekten ignoriert und eigene Vorgaben umsetzen lässt. Derartige Fallgestaltungen, bei denen der Bauherr selbst entgegen der Vorgaben des Architekten Entscheidungen trifft, dürften allerdings die Ausnahme bilden und ihm dringend abzuraten sein.

Mehr noch als beim Bauwerksunternehmer wird man beim Architekten eine Prüfungs- und Hinweispflicht anzunehmen haben. Weisungen des Bauherrn wird er also nicht ungeprüft und nur dann auszuführen haben, wenn er deren Konsequenzen überprüft hat und den Bauherrn darauf hinreichend hingewiesen hat.

Sowiesokosten

Die Kosten, die der Bauherr ohnehin auch bei pflichtgemäßer Erfüllung der Architektenleistung zu tragen gehabt hätte, sind vom Schadensersatz abzuziehen. Die jeweilige Höhe solcher Sowiesokosten müssen gegebenenfalls von einem Sachverständigen festgesetzt werden.

4.2 Risikofallgruppe: Überschreitung der vorgegebenen Baukosten

Ein häufiger Streitpunkt zwischen Bauherr und Architekt bildet die Überschreitung der vorgegebenen Baukosten, die grundsätzlich schadensersatzpflichtige Folgen hervorrufen kann. Vorab sei schon erwähnt, dass § 650 BGB (der die Haftung des Werkunternehmers für einen vorvertraglichen Kostenanschlag regelt) nicht im Architektenrecht gilt.[573]

Aber auch die sonstigen rechtlichen Rahmenbedingungen für eine Haftung des Architekten bei Überschreitung der vorgegebenen Baukosten stößt auf Schwierigkeiten. So ist bereits umstritten, ob dem Bauherrn ein Anspruch aus positiven Vertragsverletzung oder aus dem werkvertraglichen Schadensersatzanspruch zusteht.

Die Beantwortung dieser Rechtsfrage ist schon deshalb bedeutsam, da beide Schadensersatzansprüche unterschiedliche Verjährungsfristen mit sich bringen

[573] BGH, BGHZ 59, 339.

(positive Vertragsverletzung = 3 Jahre[574] / werkvertraglicher Schadensersatzanspruch = 5 Jahre).

Die Tendenz der letzten Jahre innerhalb der für den Bauherrn wesentlichen Rechtsprechung geht dahin, hier die Verjährungsgrundlage in § 638 BGB a.F. zu sehen,[575] was sich nunmehr auf die neugefasste Verjährungsregel des §§ 634a BGB übertragen lässt. Eine solche Auffassung erscheint folgerichtig, da die wirtschaftliche Tätigkeit des Architekten in das Werk mit einzubeziehen und damit die fünfjährige Verjährungsfrist zugrundezulegen ist. Bei Verträgen seit 1.1.2002 gilt einheitlich für alle Mängelansprüche die fünfjährige Verjährungsfrist eindeutig auch hinsichtlich wirtschaftlicher Planungsfehler.[576]

Es lassen sich zunächst 3 Ausgangssituationen vorstellen. Es kommt zu einer Bausummenüberschreitung:

- trotz einer zwischen Architekt und Bauherr vereinbarten Bausummengarantie,
- ohne dass ein bestimmter Kostenrahmen bei Vertragsschluss vereinbart worden ist und
- trotz eines bei Vertragsschluss vereinbarten Kostenrahmens.

4.2.1 Bausummengarantie

Vorliegen einer Bausummengarantie

Viele Bauherrn gehen irrtümlich davon aus, dass ihnen der Architekt die Bauwerkserrichtung zu einem festen Preis versprochen hat und für die dann doch überschreitenden Kosten aufkommen müsste. Tatsächlich aber kommt es in der Praxis eher selten vor, dass Architekten eine wirksame Bausummengarantie abgeben. Dass dies selten vorkommt und aus Architektensicht natürlich wenig ratsam ist, erscheint naheliegend, da sich aufgrund der Eigenart einzelner Bauprojekte eine deutlich höhere Kostenentwicklung nicht vorhersehen lässt und zum anderen kein Versicherungsschutz für Ansprüche aus einer Bausummengarantie existiert.[577]

Die Rechtsprechung stellt sehr hohe Anforderungen an den Nachweis einer wirksam abgegebenen Bausummengarantie. Für die Annahme einer echten Garantie fordert die Rechtsprechung[578], dass der Architekt sich persönlich verpflich-

---

[574] Die regelmäßige Verjährungsfrist, die auch für die positive Forderungsverletzung anzuwenden ist, beträgt nach dem neugefassten § 195 BGB nunmehr drei Jahre (nach dem früheren Recht 30 Jahre).

[575] OLG Stuttgart, BauR 1987, 462 = NJW-RR 1987, 913. Anders zuletzt: OLG Stuttgart, BauR 2000, 1893.

[576] Locher/Koeble/Frik, Einl., Rn. 105.

[577] Vgl. OLG Köln, VersR 1980, 1015.

[578] OLG Celle, BauR 1998, 1030; OLG Düsseldorf, NJW-RR 1995, 1361.

ten wollte, sämtliche, den angegebenen Betrag der Baukosten übersteigenden Mehrkosten ohne Verschulden selbst zu übernehmen.

Dabei ist zudem noch zu unterscheiden zwischen einer totalen Bausummengarantie ohne Rücksicht auf mögliche Ursachen für eine spätere Bausummenüberschreitung und einer beschränkten Bausummengarantie, bei der die Haftung auf normale und vorhersehbare Preissteigerungen beschränkt ist. In jedem Fall bedarf es zur zweifelsfreien Annahme eines solchen Garantieversprechens einer ausdrücklichen Vereinbarung; sie muss klar und unmissverständlich formuliert sein.[579] Wesentlich ist, dass der Umfang der vom Architekten zu erbringenden Leistungen wie auch das Bauvolumen im einzelnen nachweislich feststeht.[580] Feststehen muss nach Auffassung der Rechtsprechung auch, dass die Kosten bei Abgabe einer entsprechenden Architektenerklärung bereits erkennbar geschätzt werden können.[581]

Problematisch wird es, wenn der Architekt von der ursprünglichen Planung mit Wissen und Wollen des Bauherrn abweicht. In diesen Fällen, die sich naturgemäß auch auf die vorher vereinbarten und garantierten Kosten auswirken, verliert eine abgegebene Bausummengarantie ihre rechtliche Wirkung![582] Auch die Berechnung des Architektenhonorars orientiert sich dann wieder an den tatsächlichen anrechenbaren Baukosten. Lässt sich im Einzelfall dagegen die Vereinbarung einer Bausummengarantie feststellen, kann der Architekt sein Honorar nur von der vereinbarten und garantierten Bausumme berechnen, nicht dagegen von den tatsächlichen Baukosten.[583]

Fehlt es dagegen an einer ausdrücklichen, möglichst schriftlichen Vereinbarung über die Bausummengarantie, lässt sich das Vorliegen einer solchen Garantie nur schwer beweisen und durchsetzen. Ob z.B. etwaigen Zusagen des Architekten die Wirkung einer Garantie beigemessen werden kann, ist mehr als zweifelhaft.[584]

Es lassen sich verschiedene Streitfälle zur Bausummengarantie feststellen; so wurde die Vereinbarung einer Bausummengarantie angenommen, wenn:

- der Architekt die Zusage abgegeben hat, dass die von ihm angegebenen Baukosten nicht überschritten werden, und dabei gleichzeitig erklärt, dass er bei einer Überschreitung der Höchstsumme den Mehrbetrag selbst tragen würde.[585]

- der Architekt inhaltlich klar und zweifelsfrei die unbedingte Verpflichtung übernommen hat, ohne Rücksicht auf die Unwägbarkeiten des Baugeschehens und des Baumarktes, persönlich für die Einhaltung des Baupreises einzustehen, also selbst die etwaigen Mehrkosten zu übernehmen. Dabei ist nicht erforderlich, dass er ausdrücklich erklärt hat, er wolle für die etwaigen Mehrkosten auf-

[579] BGH, NJW-RR 1987, 274.
[580] OLG Düsseldorf, BauR 1993, 356.
[581] OLG Celle, OLGR 1998, 158.
[582] OLG Düsseldorf, NJW-RR 1995, 1361; LG Detmold 1971, 277.
[583] BGH, DB 1970, 1685.
[584] OLG Schleswig, Schäfer/Finnern/Hochstein, Z 3.01 Bl. 14.
[585] BGH, BauR 1987, 225.

kommen; dies kann bereits der Übernahme der Gewähr für die Einhaltung einer Baukostensumme zu entnehmen sein.[586]

Rechtsfolgen bei Überschreitung der garantierten Bausumme

Sollte der Architekt gegenüber dem Bauherrn eine Bausummengarantie abgegeben haben, haftet er bei Überschreitung dieser von ihm garantierten Bausumme unabhängig davon, ob das Überschreiten sein Verschulden ist oder nicht. Etwas anderes wird man nur dann annehmen können, wenn die Überschreitung der garantierten Bausumme auf ein Änderungsverlangen des Bauherrn zurückzuführen ist.

Wird die garantierte Bausumme aufgrund von Umständen überschritten, die nicht der Bauherr zu vertreten hat, muss der Architekt für die gesamten übersteigenden Kosten aufkommen. Eine Vorteilsausgleichung für den höheren Wert des Bauwerks erfolgt nicht, weil es sich bei diesem Anspruch um keinen Schadensersatzanspruch, sondern um einen Erfüllungsanspruch handelt.[587] Bei einer beschränkten Bausummengarantie haftet allerdings auch der Architekt nicht für unvorhergesehene, aber notwendige Kostensteigerungen.[588]

4.2.2 Bausummenüberschreitung ohne Kostenrahmen

Wann aber liegt eine schuldhafte Bausummenüberschreitung vor? Eine solche ist gegeben, wenn der Architekt:

- in Planung oder Bauüberwachung Fehler begeht,
- die Baukosten fehlerhaft und schuldhaft ermittelt hat und
- den Bauherrn über die Kostenentwicklung nicht oder nicht rechtzeitig informiert hat oder den Bauherrn auf die zu erwartenden höheren Kosten nicht hingewiesen hat.

Ursache: Unwirtschaftliche Planung

Der Architekt muss die wirtschaftlichen Belange des Bauherrn Beachtung und in seine Planung mit einbeziehen. Dabei hat er seine Planung am Grundsatz der Wirtschaftlichkeit zu orientieren. Dabei ist der Architekt nicht verpflichtet, die unbedingt preiswerteste Planung vorzulegen.

Haftungsfälle:

- Die Planung war wirtschaftlich nicht mehr zu vertreten.[589]

---

586 BGH, NJW 1960, 1567.
587 OLG Düsseldorf, NJW-RR 1993, 285.
588 Großhauser, 86.
589 OLG Hamm, Schäfer/Finnern/Hochstein, Z 3.01. Bl. 296.

- Beleihungsmöglichkeiten des Bauobjektes wurden nicht berücksichtigt, obwohl der Architekt von den mangelhaften Eigenmitteln des Bauherrn wusste.[590]
- Der Architekt plante eine unnötige Überdimensionierung der Fundamente.[591]
- Es wurde verkannt, dass es bei einem Renditeobjekt nicht ausreichend, dass bautechnisch fehlerfrei gebaut wird, wenn es auf Rentabilität ankam.[592]
- Die Nichtberücksichtigung der Wohnungsbauförderungsbestimmungen bei Planungsmaßnahmen im sozialen Wohnungsbau gehören.[593]
- Die Nichtbeantragung öffentliche Fördermittel für den Bauherrn trotz entsprechender Zusage[594]
- Es existiert zwar keine allgemeine Beratungspflicht des Architekten bezüglich Wohnflächenhöchstgrenzen, wohl aber eine Hinweispflicht, wenn er weiß, dass der Bauherr eine Steuerbegünstigung in Anspruch nehmen will. Das Versäumnis eines entsprechenden Hinweises kann die Haftung auslösen.[595]
- Die mangelhafte Berechnung der Wohnfläche, weshalb es zu einem Wegfall der Steuerbegünstigung kam.[596]

Ursache: Entbehrliche Leistungen

Selbstverständlich sollte sein, dass der Architekt nur die Leistungen erbringt, die vertraglich vereinbart wurden und die für das Bauvorhaben notwendig sind. Unabhängig dieser vertraglichen Komponente kommen bestimmte Abläufe, die der Architekt gleichfalls zu beachten hat. So hat er z.B. im Falle einer stufenweisen Beauftragung keine Leistungsphase zu erbringen, bevor nicht die vorherige vom Bauherrn abgenommen wurde. Ähnlich wird man dies für die einzelnen Leistungsphasen sehen können. So entschied z.B. das OLG Naumburg, dass die Entwurfsplanung erst erbracht werden darf, wenn vorher die Frage der Bebaubarkeit geprüft oder aus anderen Gründen gesichert wurde.[597]

Haftungsfälle:

- Ein Architekt, der bereits Vorentwurf und Bauvorlagen angefertigt hat, obwohl er lediglich zur Klärung der Finanzierbarkeit des Bauvorhabens beauftragt wurde, erwirbt keinen Honoraranspruch.[598]

---

[590] OLG Düsseldorf, Schäfer/Finnern/Hochstein, Z 3.01 Bl. 133.
[591] BGH, VersR 1964, 1045.
[592] BGH, BauR 1975, 434.
[593] LG Hamburg, BlGBW 1962, 335.
[594] BGH, Schäfer/Finnern/Hochstein Nr. 45 zu § 641 BGB.
[595] BGHZ 60, 1.
[596] OLG München, BauR 1973, 122.
[597] OLG Naumburg, BauR 1996, 889.
[598] BGH, Schäfer/Finnern/Hochstein, Z 3.01 Bl. 111.

- Der Auftrag zur Vorbereitung eines Neubaus soll automatisch bedingt sein durch Erwerb des Bauplatzes mit der Folge, dass der Architekt den Honoraranspruch verliert, wenn er weitere Leistungen erbringt.[599]
- Der Architekt darf dem Tragwerksplaner erst dann den Auftrag erteilen, wenn die Genehmigungsfähigkeit geklärt ist.[600]
- Auch der Vollarchitekturauftrag ist in der Regel dahingehend auszulegen, dass der Entwurf und die Bauvorlagen erst dann zu fertigen sind, wenn der Vorentwurf mit dem Bauherrn abgestimmt ist.[601]
- Kein Honoraranspruch des Architekten wird begründet, wenn er voreilig die Ausführungszeichnungen anfertigt.[602]
- Die Vergütung entfällt auch, wenn bereits Planungsleistungen erbracht werden, obwohl der Bauherr das Baugrundstück noch nicht erworben hat. Es sei denn, die Planungen werden auf ausdrücklichen Wunsch des Bauherrn angefertigt.[603]
- Vor Erteilung des Bauantrages kann der Architekt keinen Honoraranspruch für geleistete Planungsarbeiten geltend machen – es sei denn, dies geschah auf ausdrücklichen Wunsch des Bauherrn.[604]

Ursache: Fehlerhafte Ausschreibung und Vergabe

Häufig treten in der Praxis Streitigkeiten wegen einer vermeintlichen oder tatsächlichen fehlerhaften Vergabe auf. Aufgrund des Beweisproblems auf Seiten des Bauherrn, lassen sich die in diesem Bereich beim Architekten auftretenden Fehler, jedoch nur selten nachweisen.

Grundsätzlich kann gesagt werden, dass sich der Architekt im Rahmen seiner Möglichkeiten über die Bonität der ausführenden Firmen informieren und auf der Grundlage seiner Informationen den Bauherrn zu beraten hat. Vor allem im Hinblick auf Vorauszahlungen des Bauherrn an einzelne Handwerksfirmen muss er das Sicherungsbedürfnis des Bauherrn beachten. Fehlerhaft ist z.B. bereits das Einholen nur eines Angebots.[605] Stellt jedoch dieses eine Angebot bereits das sach- und marktgerecht günstigste Angebot dar, lässt sich für den Bauherrn kein Schaden feststellen. Ein Vorgehen gegen den Architekten erscheint unter dem Schadensgesichtspunkt in diesem Falle nicht durchführbar und letztlich auch unsinnig.

Ein Schaden liegt für den Bauherrn dann vor, wenn der Architekt in seiner Ausschreibung überwiegend zu hohe Massen angibt und dann auf Basis der ein-

[599] OLG Saarbrücken, NJW 1967, 2359.
[600] BGH, NJW 1972, 526.
[601] OLG Düsseldorf, MDR 1972, 866.
[602] OLG Düsseldorf, VersR 1973, 1150.
[603] OLG Hamm, BauR 1992, 796.
[604] OLG Düsseldorf, BauR 1994, 534.
[605] OLG Düsseldorf, Schäfer/Finnern/Hochstein, Z 3.01 Bl. 73.

gehenden Angebote den Preis pauschalisiert wird. Der Bauherr dürfte dann einen Schaden erleiden.

Eine weitere kostenpflichtige Handlung des Architekten könnte darin liegen, die Ausschreibung zu spät zu machen und demzufolge die Angebote zu spät einzuholen, so dass eine kostenmindernde Auswahl unter mehreren Angeboten nicht mehr möglich ist.[606]

Ursache: Fehlerhafte Vertragsgestaltung

Gemäß § 15 Abs. 2, Nr. 7 HOAI trifft den Architekten die Pflicht zum Zusammenstellen der Verdingungsunterlagen. Hieraus resultiert allerdings nicht, dass der Architekt die Vertragsgestaltung zu übernehmen ist. Wäre dies so, würde der Architekt Rechtsberatung vornehmen, was er nicht darf.

Übernimmt der Architekt dennoch die Vertragsgestaltung übernimmt er auch die volle Haftung; seine mangelhafte Qualifikation für diese Aufgabe entbindet ihn hiervon nicht. Alleine die Vorbereitung der Verträge wird man dem Pflichtenkreis des Architekten[607] zuschreiben können. Dies betrifft den technischen Teil der Verträge; bezüglich der rechtlichen Seite genügt und begrenzt sich die Architektenpflicht auf eine Zugrundelegung der VOB/B. Eine Verpflichtung zum Abschluss von Verträgen hat der Architekt nicht.[608] Alleine dem Bauherrn obliegt es, mit dem Bauunternehmer und anderen am Bau Beteiligten Verträge zu schließen.

Ursache: Fehlerhafte Abnahme und Rechnungsprüfung

Ein gravierender Architektenfehler besteht darin, Baumängel bei der Abnahme nicht zu rügen, woraufhin der Bauherr entsprechende Honorare an den Bauunternehmer auszahlt. Kann dieser schließlich das erhaltene Geld - wegen Konkurs etwa - nicht zurückzahlen, hat sich der Architekt wegen eines Schadens erstattungspflichtig gemacht. Ein Schaden in diesem Sinne könnte auch darin bestehen, dass ein anderer Bauunternehmer die Baumängel beheben muss und hierdurch zusätzliche Kosten für den Bauherrn - als Schaden - entstanden wären.

Auch eine fehlerhafte Rechnungsprüfung durch den Architekten kann zu dessen Haftung für die Überbezahlung der Werkleistung eines Bauunternehmers führen, sofern diese Überbezahlung nicht zurückführbar ist.[609]

Ursache: Fehlerhafte Kostenermittlung

Der „klassische" Fehler einer Bausummenüberschreitung wird allgemein darin erblickt, dass der Architekt „nur" eine fehlerhafte Kostenermittlung vorgenommen

[606] BGH, NJW 1971, 1840.
[607] BGH, NJW 1978, 322.
[608] OLG Düsseldorf, Schäfer/Finnern/Hochstein, Z 3.01 Bl. 159.
[609] LG Fulda, MDR 1988, 951.

hat. Dieser Fehler wird naturgemäß von dem Bauherrn nur für den Fall gerügt werden, wenn sich nach Abschluss des Bauvorhabens eine Kostenüberschreitung, nicht jedoch eine fehlerhafte Reduzierung der Kosten ergeben hat. Neben der Qualitäts- und Terminkontrolle hat der Architekt vor allem eine Kostenkontrolle durchzuführen.

Die Grundlagen der Kostenkontrolle sind in der bereits erwähnten DIN 276 geregelt. Es existiert hierbei ein Widerspruch besonderer Art. Regel der Technik ist die DIN 276 in der Fassung Juni 1993. Sie ist also für die Kostenkontrolle anwendbar. Für seine Honorarberechnung muss der Architekt dagegen die DIN 276 in der Fassung April 1981 anwenden. Das ist eigenartigerweise auch in der seit 1. Januar 1996 geltenden Fassung der HOAI nicht geändert worden. Der Architekt wird also zwei Kostenermittlungen aufstellen müssen; einmal im Hinblick auf die Kosten des Bauvorhabens; zum anderen hinsichtlich seines eigenen Honorars.

Wie schon in den vorangegangenen Teilen dargelegt, hat der Architekt innerhalb von 4 Leistungsphasen die Kosten des Bauvorhabens zu ermitteln. Verändern sich im Verlaufe des Bauvorhabens die Werte der Kostenermittlung, trifft den Architekten die Pflicht zur ständigen Fortschreibung der Baukosten.[610]

Ursache: Kostensteigerung und Verletzung der Hinweispflicht

Die erwähnte Pflicht des Architekten zur ständigen Fortschreibung der Baukosten entspricht zudem einer ausdrücklichen Hinweispflicht. Der Architekt muss dem Bauherrn während der gesamten Bauzeit über die Baukostenentwicklung Bericht erteilen. Verletzt er die Kostenermittlungs- und Hinweispflicht oder kommt er damit in Verzug, so steht dem Bauherrn ein Schadensersatzanspruch zu.[611]

4.2.3 Bausummenüberschreitung mit Kostenrahmen

Der Kostenrahmen

In vielen Fällen kommt es vor, dass der Bauherr dem Architekten bei Vertragsschluss eine bestimmte Bausumme nennt, die er in keinem Fall überschreiten kann und will. Der bauplanende Architekt haftet für eine schuldhafte Überschreitung des vorgegebenen Gesamtbaukostenrahmens. Besteht der Schaden in der Nichtverwendbarkeit der Planung, so hat der Architekt den Bauherrn im Wege des Schadensersatzes von seiner Honorarforderung freizustellen.[612] Gleiches gilt, wenn sich durch die Bausummenüberschreitung bei vorgegebenen Baukostenrahmen das Bauvorhaben nicht realisierbar ist. Auch in diesem Fall kann der Bauherr die ihm entstandenen Kosten in Rechnung stellen.

---

[610] OLG Schleswig, Schäfer/Finnern/Hochstein, Z 3.005 Bl. 14.
[611] BGH, BauR 1997, 335 und 1067.
[612] OLG Frankfurt, BauR 1993, 626.

Kommt es allerdings zur Bauvollendung gilt auch im Fall einer Überschreitung des Kostenrahmens, dass eine Toleranzspanne einen Schadensersatzanspruch wegen des Wertzuwachses des Bauobjekts ausschließt. Der BGH[613] erblickte die Toleranzgrenze bei 16%. Wichtig ist, dass der Bauherr, der beabsichtigt, den Architektenvertrag wegen einer Überschreitung der festgelegten Baukosten zu kündigen, dem Architekten zur Erhaltung seiner weiteren Gewährleistungsansprüche eine Aufforderung zur Beseitigung der Mängel seiner Planung unter Fristsetzung stellt. Eine Kündigung auszusprechen, ohne dem Architekten die Gelegenheit einzuräumen, die Planung nachzubessern, um so den Kostenrahmen einzuhalten, ist unwirksam.[614] Hierin zeigt sich die werkvertragliche Rechtsnatur des Architektenvertrages. Sofern also eine Umplanung noch zu einer Einhaltung des Baukostenrahmens führen kann, muss dem Architekten also vor einer Kündigung des Architektenvertrages aus wichtigem Grunde die Gelegenheit gegeben werden, selbst die begehrte Nachbesserung durchzuführen.

Versicherung einer Bausummenüberschreitung

Die Schäden aus einer Bausummenüberschreitung sind nur sehr eingeschränkt durch den Architekten versicherbar. Auch dem Bauherrn ist damit die Möglichkeit genommen, etwaige Schadensersatzansprüche gegen einen solventen Versicherer geltend zu machen.

A IV Nr. 2 und 3 BHB

Ausgeschlossen sind Ansprüche wegen Schäden:

1. ...
2. aus der Überschreitung ermittelter Massen und Kosten,
3. aus fehlerhaften Massen- und Kostenermittlungen,
4. ...

Diese Ausschüsse beziehen sich auf Bausummengarantie[615] und Bausummenüberschreitung. Verteuert sich dagegen das Bauvorhaben wegen unwirtschaftlicher Planung des Architekten, ohne dass die ermittelten Kosten überschritten worden sind, greift der Ausschluss nicht. Dagegen sind nicht nur Überschreitungen korrekt ermittelter Kosten vom Versicherungsschutz ausgeschlossen, sondern auch solche Schäden, die aufgrund falscher Kostenermittlungen eintreten. Ersatzansprüche aus der Überschreitung fehlerhafter Kostenermittlungen unterfallen der Ausschlussformel IV Nr. 2.[616]

[613] BGH, BauR 1994, 268.
[614] OLG Stuttgart, Urteil vom 9.11.2000 - 7 U 143/98.
[615] LG Köln, VersR 1980, 1015.
[616] BGH, BauR 1986, 606.

Beruht nun der Haftungsfall auf zwei Pflichtverletzungen, einerseits der fehlerhaften Kostenermittlung, andererseits der nicht hinreichenden Beratung des Bauherrn dahingehend, kostenmindernde Maßnahmen zu ergreifen, dann überlagert die mangelhafte Kostenermittlung den zweiten Fehler, so dass die Ausschlussklausel greift.[617]

Bausummenüberschreitung und Insolvenz des Bauherrn

Die Bausummenüberschreitung kann in Einzelfällen zur Insolvenz des Bauherrn führen, so dass er möglicherweise zum Notverkauf gezwungen ist oder es zur Zwangsversteigerung kommt. In diesem extremen Fall steht nach dem Bauherrn gegenüber dem Architekten die Geltendmachung der Differenz zwischen dem Verkehrswert und dem tatsächlichen Erlös zu.[618] Auch in der Literatur[619] wird die Auffassung vertreten, dass im Falle der Zwangsversteigerung infolge der Liquiditätsbeengung wegen der Bausummenüberschreitung ein Anspruch des Bauherrn gegen den Architekten in diesem Sinne besteht.

4.2.4 Rechtsfolgen einer Baukostenüberschreitung

Kündigung des Architektenvertrages

Zeigt sich bereits während der Bauausführung eine fehlerhafte Überschreitung der Baukosten, kann der Bauherr den Architektenvertrag kündigen. Allerdings muss der Bauherr dem Architekt vorher binnen einer zu setzenden Frist mit Kündigungsandrohung Gelegenheit zur Nachbesserung geben.[620]

Beispiel:

NACHERFÜLLUNGSAUFFORDERUNG:

8. Juni 2002

An
Herrn Architekt
Bernd Schneider

betreff: Bauvorhaben Nordstraße 9, 53111 Bonn

Sehr geehrter Herr Schneider,

---

617 LG Braunschweig, VersR 1975, 251.
618 OLG München, BauR 2000, 437. – Andere Auffassung: OLG Celle, BauR 1998, 1030.
619 Locher/Koeble/Frik, Einl., Rn. 101.
620 OLG Stuttgart, BauR 2000, 1893; Koeble in: Kniffka/Koeble, Kompendium, 9. Teil, Rn. 163.

anlässlich unseres gemeinsamen Gespräches am 10. März 2002 in der Filiale der Z-Bank hatte ich Ihnen mitgeteilt, dass mir zur Verwirklichung des Bauvorhabens ein Kostenrahmen von insgesamt € 300.000,- zur Verfügung steht. Sie sagten mir im Beisein des Mitarbeiters der Z-Bank, Herrn Y, dass Sie eine Planung vorlegen könnten, die dem finanziellen Rahmen entspricht.

Bei Übergabe Ihrer Kostenberechnung stellte ich fest, dass die vorgelegte Kostenberechnung einen Betrag von € 350.000,- aufweist. Da der Mehrbetrag, wie Ihnen bekannt war, nicht zur Verfügung steht, fordere ich Sie hiermit ausdrücklich zur Nacherfüllung auf und setze Ihnen eine Frist bis zum 1. Juli 2002 zur Vorlage von Planungsleistungen, deren Verwirklichung in dem Ihnen bekannten Kostenrahmen möglich ist. Sollte die Frist nicht von Ihnen eingehalten werden, sehe ich mich zur Kündigung unseres Vertragsverhältnisses gezwungen.

Mit freundlichen Grüßen
Franz Müller
(Auftraggeber)

Für den Fall, dass eine Nachbesserung/Nacherfüllung nicht möglich ist oder durch den Architekten verweigert wird, ist eine Kündigung mit der Folge möglich, dass der Architekt unter Umständen seinen gesamten Honoraranspruch verliert und dem Bauherrn die durch die Baumaßnahme verursachten weiteren Kosten zu erstatten hat.

Schadensersatz

Unproblematisch ist der Schadensersatzanspruch, wenn es infolge einer nachweisbaren Pflichtverletzung bei der Planung oder der Bauüberwachung des Architekten zu einer Kostenüberschreitung kommt. Für Fehler, die zu Vermögensschäden des Bauherrn führen, haftet der Architekt immer.[621]

Beispiel:
Der Architekt wählt bei der Auftragsvergabe ein sach- und finanzschlechteres Angebot aus. Folge: Der Architekt hat dem Bauherrn in diesem Fall den Differenzbetrag (des Werklohns) zwischen dem besten Angebot (das er nicht ausgewählt hat) und dem ausgewählten zu erstatten.

Problematisch dagegen ist der Schadensersatzanspruch des Bauherrn, wenn der Architekt die Baukosten falsch berechnet hat und das Bauvorhaben ausgeführt wurde. Bei der Ermittlung des ersatzfähigen Schadens ist von den tatsächlichen Baukosten auszugehen. Der Schaden wird ermittelt aus der Differenz zwischen den zusätzlichen Aufwendungen einerseits und der Werterhöhung des Baugrundstücks, die dadurch entstanden ist, andererseits. Als zusätzliche Aufwendungen sind anzusetzen die weiteren Baukosten in Höhe der Differenz zwischen den geschätzten oder festgelegten Kosten zuzüglich einer Toleranzspanne und den tatsächlich entstandenen Kosten und sonstigen zusätzlichen Zinsbelastungen. Von

[621] Vgl. OLG Düsseldorf, BauR 1974, 354; OLG Stuttgart, BauR 1977, 426.

diesen Aufwendungen sind die Kosten abzuziehen, die auf Sonderwünschen oder Ausführungsänderungen durch den Bauherrn beruhen.

Im einzelnen lassen sich zwei Berechnungsformeln aufstellen. Zunächst einmal sind in einem ersten Schritt die weiteren Baukosten als zusätzliche Aufwendungen zu berechnen:

1. Schritt: Berechnung der zusätzlichen Baukosten:

$$\text{Zusätzliche Baukosten} = \frac{\text{Geschätzte oder festgelegte Baukosten} + \text{Toleranzquote}}{\text{Tatsächliche Kosten}}$$

2. Schritt: Berechnung des konkreten Schadens:

$$\text{Schaden} = \frac{\text{Zusätzliche Baukosten abzüglich Kosten für Sonder/-Änderungswünsche des Bauherrn}}{\text{Werterhöhung des Bauobjekts}}$$

Sofern es sich um einen Umbau handelt, muss außerdem der Wert der früheren Bebauung errechnet und vom Gesamtwert des umgebauten Gebäudes abgezogen werden. Die Differenz ist der Schaden des Bauherrn, für den der Architekt aufzukommen hat.[622] Der maßgebliche Zeitpunkt für die zu berücksichtigende Werterhöhung ist die Bezugsfertigkeit des Bauobjekts bzw. bei einer gerichtlichen Auseinandersetzung die letzte Tatsachenverhandlung.[623] Während die Wertfestellung des Bauobjektes in den vorgenannten Berechnungen noch relativ übersichtlich erscheint - so ist bei fremdgenutzten Bauobjekten vor allem auf den Ertragswert[624]; bei ganz oder überwiegend selbstgenutzten Bauobjekten dagegen auf den Sachwert abzustellen[625] - stellt sich die Feststellung des Toleranzrahmens als schwierig dar. In der Rechtsprechung und der baurechtlichen Literatur existiert hierzu eine sehr differenzierte Meinungsvielfalt.

Überschreitung der Kostenschätzung

Irreführend ist bereits die in der Literatur[626] zum Teil angeführte pauschale Toleranzgrenze von ca. 30 % im Hinblick auf die Kostenschätzung. Dies wird schon deutlich bei einem Blick auf die unterschiedliche Rechtsprechung:

---

[622] Vgl. BGH, BauR 1997, 494.
[623] BGH, BauR 1997, 335.
[624] OLG Düsseldorf, BauR 1974, 354.
[625] BGH, NJW 1970, 2018.
[626] Großhauser, 88.

So wurde eine nicht mehr tolerierbare Überschreitung der Kostenschätzung in der Leistungsphase 2 wie folgt angenommen:

- mehr als 27,7% der ursprünglich geschätzten Kosten[627],
- mehr als 25 bis 30 %[628],
- mehr als ca. 35%[629] .

Aus diesem Rahmen fällt z.B. das Urteil des LG Freiburg heraus, dass in einem konkreten Fall sogar eine Überschreitung des Toleranzrahmens um mehr als 58 %[630] für akzeptabel hielt. Auch die baurechtliche Literatur wartet mit unterschiedlichen „Grenzwerten" auf. Danach sollen:

- mehr als 20 %[631],
- mehr als 30 %[632],
- mehr als 30-40 %[633]

nicht mehr tolerierbar sein.

Überschreitung der Kostenberechnung

Ein ähnlich differenziertes Bild ergibt die Festlegung eines Toleranzrahmens im Hinblick auf eine Überschreitung der Kostenberechnung. So hält das OLG Hamm[634] eine Überschreitung von mehr als ca. 20 % für nicht mehr tolerierbar, während in der baurechtlichen Literatur u.a. der Grenzwert bei 10 %[635] angesetzt oder eine Spanne von 20-25%[636] angegeben wird.

Überschreitung des Kostenanschlags

Für eine Überschreitung des Kostenanschlags wird in der Literatur[637] u.a. eine 10 %-Grenze genannt, während die Rechtsprechung[638] in einem Einzelfall noch 14,86% als tolerierbar betrachtete.

---

627 BGH, VersR 1957, 298.
628 OLG Stuttgart, BauR 1977, 426.
629 OLG Zweibrücken, BauR 1993, 375.
630 LG Freiburg, MDR 1955, 151.
631 Hesse/Korbion/Mantscheff/Vygen, § 15 Rn. 71.
632 Großhauser, 88.
633 Locher/Koeble/Frik, Einl., Rn. 99.
634 OLG Hamm, BauR 1991, 246.
635 Bindhardt/Jagenburg, Die Haftung des Architekten, Düsseldorf [9]2001, § 6 Rn. 183.
636 Locher/Koeble/Frik, Einl., Rn. 99.
637 Schmalzl, Die Haftung des Architekten und des Bauunternehmers, NJW-Schriftenreihe [4]1980, Rn. 86; Locher/Koeble/Frik, Einl., Rn. 107.

Sonderfall: Überschreitung der Kostenvorhersage bei Umbau- und Altbausanierungen

Hier weist die Literatur[639] auf einen Toleranzrahmen von 5 % unter Hinweis auf eine Entscheidung des OLG Zweibrücken[640] hin.

Ergebnis

Sichere Grenzen gibt es jedenfalls nicht; es bleibt vielmehr bei der Praxis der Einzelfallentscheidung des jeweils damit befassten Gerichts. Aber selbst wenn sich im konkreten Einzelfall eine nicht mehr tolerierbare Überschreitung der Toleranzspanne feststellen lässt, kann sich dennoch ergeben, dass dem Bauherrn im Grunde kein wirklicher Schaden entstanden ist, denn die überwiegende Meinung der Rechtsprechung vertritt die Auffassung, dass dieser im Wege der Vorteilsausgleichung anzurechnen ist.[641] Das bedeutet, dass die durch die zusätzlichen Baukosten zwangsläufig erfolgte Wertsteigerung des Bauobjekts den vermeintlichen Schaden des Bauherrn reduziert, wenn nicht gar aufhebt.

Welche – aus Sicht des Bauherrn – groteske Situation sich daraus ergeben kann, macht u.a. eine Entscheidung des BGH[642] aus dem Jahr 1994 deutlich:

Beispiel:
Ein Architekt plant ein Einfamilienhaus. Unter Missachtung des Kostenlimits wird zusätzlich eine Einliegerwohnung ausgebaut. Zur Deckung der zusätzlichen Baukosten muss der Bauherr einen weiteren Kredit aufnehmen, den er nunmehr als Schadensersatz gegen den Architekten geltend macht. Der BGH konnte keinen ersatzfähigen Schaden feststellen, weil mit der Einliegerwohnung Mieteinnahmen erzielt werden können und Steuervorteile verbunden sind.

Anders würde sich die Sache in solchen Fällen nur dann darstellen, wenn den Kreditzinsen, die der Bauherr durch die zusätzlichen Baukosten aufbringen musste, um das Bauvorhaben finanzieren zu können kein entsprechender Nutzungswert gegenüberstehen würde.[643] Die Geltendmachung eines Schadens aufgrund einer solchen Bausummenüberschreitung ohne Kostenrahmen wird also eher die Ausnahme als der Regelfall bleiben.

---

638 OLG Hamm, BauR 1991, 246.

639 Löffelmann / Fleischmann, Rn. 1708.

640 OLG Zweibrücken, BauR 1993, 375, Leitsatz.

641 OLG Köln, NJW-RR 1993, 986.

642 BGH, NJW 1994, 857f.

643 BGH, NJW 1994, 854. – Dieser Entscheidung steht ein Urteil des OLG Köln entgegen, wonach Zinsen einer zusätzlichen Kreditaufnahme in jedem Fall als Schaden durch den Architekten zu erstatten sind (OLG Köln, NJW-RR 1994, 981).

4.3 Risikofallgruppe: Steuern

4.3.1 Korrekte Angabe der tatsächlichen Bauherren

Für die Geltendmachung der Vorsteuer ist nach neuester Rechtsprechung des Bundesfinanzhofes[644] allein entscheidend die Bezeichnung des Bauherrn bei Vertragsunterzeichnung.

4.3.2 Nutzung von Steuervorteilen

Grundsätzlich gehören ohne besonderen Auftrag Fragen der Baufinanzierung oder Erlangung von Steuervorteilen nicht zu den Pflichten eines Architekten.[645] Ein Ausnahmetatbestand kann vorliegen, wenn die Einhaltung bestimmter Raumgrößen missachtet wird, um erhöhte Abschreibungen oder Zuschüsse in Anspruch nehmen zu können. Hier existiert eine Haftung des Architekten.[646]

4.4 Risikofallgruppe: Haftung gegenüber Dritten

Der Architekt haftet nicht nur gegenüber dem Bauherrn, sondern auch gegenüber Dritten.

4.4.1 Architekt und Bank

Zur Finanzierung des Bauvorhabens ist der Bauherr in den meisten Fällen zur Aufnahme eines Darlehensvertrages mit einer Bank gezwungen, da er nicht über genügend Eigenkapitalmittel verfügt. Viele Banken verlangen oftmals eine sog. Baufortschrittsanzeige, damit die einzelnen Darlehensbeträge zur Auszahlung gelangen können. Derartige Baufortschrittsanzeigen haben in diesen Fällen – und soweit für das Bauvorhaben überhaupt beauftragt – die Architekten gegenüber der Bank abzugeben. Ein Architekt haftet dabei der kreditgebenden Bank für eine unrichtige Baufortschrittsanzeige gegenüber dem Bauherrn, soweit er den Zweck der Anzeige kennt, aufgrund eines stillschweigend geschlossenen Auskunftsvertrages für den dadurch entstandenen Schaden.

Ein solcher Auskunftsanspruch ist stillschweigend geschlossen, wenn der Architekt erkannt hat bzw. hat erkennen können, dass seine Auskunft für die Bank als Empfänger von erheblicher Bedeutung ist. Dabei ist es unerheblich, dass zwischen dem Architekten und der kreditgebenden Bank kein vertragliches Verhältnis besteht. Es genügt, dass der Architekt wusste, dass seine Auskunft für einen Drit-

[644] BFH, DStR 1996, 217.
[645] BGH, NJW 1973, 237.
[646] OLG Düsseldorf, NJW-RR 1991, 90.

ten in dem obengenannten Sinne bedeutsam ist und zur Grundlage wichtiger Entscheidungen gemacht wird, also für die Bank bestimmt ist, um weitere Darlehensauszahlungen zu erlangen.[647]

Die Bank kann im Falle einer fehlerhaften Baufortschrittsanzeige des Architekten Schadensersatz nach vertragsmäßigen Grundsätzen verlangen. Folglich muss der Architekt den Schaden ersetzen, der durch die Befolgung der schuldhaft unrichtigen Auskunft entstanden ist. Eine schuldhafte Auskunft hat der Architekt z.B. dann gegeben, wenn er die Baufortschrittsanzeige abgegeben hat, ohne vorher den Stand des Bauvorhabens vor Ort zu inspizieren. Ein solches Verhalten stellt eine vorsätzliche, zumindest aber grob fahrlässige Verletzung seiner Auskunftspflicht gegenüber der Bank dar.

Unmittelbare Folge ist, dass der Architekt die Bank so stellen muss, als ob diese keine oder keine richtige Auskunft von ihm erhalten hat. Der Schaden hat sich konkretisiert, wenn Darlehensbeträge ausgezahlt wurden, eine Kreditrückzahlung jedoch von Beginn an gefährdet war und die Bank folglich keine ausreichende Immobiliensicherheit mangels entsprechenden Baufortschritts für das ausgezahlte Darlehen hatte.[648] Zum Schaden gehört auch der entgangene Zinsgewinn der Bank.[649]

4.4.2 Architekt und Baubehörde

Wenn der Architekt vom Bauherrn als Bauleiter im Sinne der Landesbauordnung beauftragt worden ist, obliegt ihm die öffentlich-rechtliche Pflicht zur Gefahrenabwehr. Diese Verpflichtung besteht gegenüber der Baubehörde und nicht etwa gegenüber dem Bauherrn; sie ist nicht identisch mit der zivilrechtlichen Pflicht des Architekten zur Gefahrenabwehr, für die er gegenüber dem Bauherrn einzustehen hat. Als verantwortlicher Bauleiter hat der Architekt dafür Sorge zu tragen, dass das Bauvorhaben plangerecht, d. h. nach den genehmigten Plänen durchgeführt wird und die zum Schutz der Bauarbeiten erlassenen Normen eingehalten werden. Ihn trifft die Pflicht, darauf zu achten, dass die verwendeten Baustoffe und Bauteile zugelassen und brauchbar sind; daneben obliegt ihm die Aufsicht darüber, dass der Baustellenbetrieb sicher abläuft, die Baustelleneinrichtungen tauglich und betriebssicher sind und die Unfallvorschriften sowie die einschlägigen Arbeitsschutzvorschriften eingehalten werden.

Die Verpflichtung zur Gefahrenabwehr obliegt dem Architekten nicht nur gegenüber der Baubehörde, sondern auch gegenüber dem Bauherrn sowie den anderen Baubeteiligten, Besuchern der Baustelle und der Öffentlichkeit. Es handelt sich hierbei in erster Linie um die Verkehrssicherungspflicht. Rechtsgrundlage hierfür ist § 823 BGB.

BGB § 823 [Schadensersatzpflicht]

[647] BGH, WM 1966, 1148.
[648] BGH, NJW 1981, 1035.
[649] OLG Köln, NJW-RR 1988, 334.

(1) Wer vorsätzlich oder fahrlässig das Leben, den Körper, die Gesundheit, die Freiheit, das Eigentum oder ein sonstiges Recht eines anderen widerrechtlich verletzt, ist dem anderen zum Ersatz des daraus entstehenden Schadens verpflichtet.
(2) Die gleiche Verpflichtung trifft denjenigen, welcher gegen ein den Schutz eines anderen bezweckendes Gesetz verstößt. Ist nach dem Inhalte des Gesetzes ein Verstoß gegen dieses auch ohne Verschulden möglich, so tritt die Ersatzpflicht nur im Falle des Verschuldens ein.

Die Verkehrssicherungspflicht beruht auf dem allgemeinen Grundsatz, dass jeder, der eine Gefahrenquelle schafft, im Rahmen des Zumutbaren dafür Sorge zu tragen hat, dass andere Personen oder Sachen vor Schaden bewahrt werden.[650] Gegenüber der allgemeinen Öffentlichkeit erfüllt der bauleitende Architekt seine Pflicht, wenn er vor der Baustelle eine Hinweistafel aufstellen lässt, die Unbefugten den Zugang zur Baustelle verbietet.[651]

Für den Fall, dass der Architekt seine Pflicht gegenüber der Baubehörde verletzt, kann er sich ein Ordnungswidrigkeitenverfahren zuziehen; zudem haftet er gegenüber geschädigten Personen und gegenüber der Öffentlichkeit auf Schadensersatz.

Beispiel:
Wird im Auftrag des Architekten ein Gerüst aufgestellt, damit ein Bauunternehmen seine Arbeiten ausführen kann und stürzt dieses Gerüst zusammen und verletzt dabei einen Arbeiter, so hat der Architekt gegenüber dem Bauunternehmer eine Schadensersatzpflicht wegen Verletzung der Verkehrssicherungspflicht.[652] Zu beachten ist allerdings im Einzelfall eine korrespondierende Pflichtverletzung des Bauunternehmers, den natürlich seinerseits Verkehrssicherungspflichten treffen.

4.4.3 Architekt und Grundstücksnachbar

Viele Bauvorhaben tangieren die Rechte des Grundstücksnachbarn. Der planende Architekt muss die Interessenlage des Nachbargrundstücks beachten:

Baugenehmigungsverfahren

Dem Nachbarn stehen aufgrund der Grenznähe nach den jeweiligen Landesbauordnungen und nach dem BGB verschiedene Rechte zu. Diese Vorschriften muss der planende Architekt kennen und berücksichtigen. So muss er z.B. die Grenzabstände kennen und bei seiner Planung einbauen. Diese Prüfung muss der Architekt gegenüber dem Bauherrn vornehmen.

[650] ständige Rechtsprechung u.a. BGH, NJW 1974, 1816.
[651] BGH, NJW 1985, 1078.
[652] BGH, ZfBR 1984, 1980.

Das gilt auch dann, wenn der Bauherr den Architekten fragt, ob sich der Kauf des Grundstücks, das für die Bebauung vorgesehen ist, lohnt.[653] Der Architekt muss, sofern der Bauherr es nicht selbst übernimmt, die erforderliche Genehmigung des Nachbarn einholen. Sofern öffentlich-rechtlich geschützte nachbarliche Belange durch das Bauvorhaben berührt werden, sind die Eigentümer der benachbarten Grundstücke am Genehmigungsverfahren zu beteiligen. Fühlt sich der Nachbar in seinen Abwehrrechten verletzt, kann er Einwendungen gegen die beabsichtigte Baumaßnahme bzw. Widerspruch gegen die erteilte Baugenehmigung einlegen. Daher sollte rechtzeitig die Genehmigung der jeweiligen Grundstücksnachbarn eingeholt werden. Nachbarn im Sinne des Baurechts sind neben den Eigentümern auch Erbbauberechtigten, nicht jedoch Mieter oder sonstige Nutzer.

Gefährdung und Schädigung des Nachbargrundstücks

Hat der Bauherr mit seinem Bauvorhaben begonnen, trägt der Architekt dafür Sorge, dass das Bauvorhaben keine gefährdende Einwirkung auf das Nachbargrundstück ausübt. Auch hierbei handelt es sich um die sog. Verkehrssicherungspflicht, die primär vom Architekten zu beachten ist. Wird die Verkehrssicherungspflicht nicht beachtet und kommt es zu einer Gefährdung oder Schädigung des Nachbargrundstücks bzw. des Nachbargebäudes, so stehen dem Nachbar ein Unterlassungs- bzw. Schadensersatzanspruch zu. Für Schäden an einem Nachbargebäude, die während der Arbeiten auf dem Baugrundstücken von diesem ausgehen, haftet der bauleitende Architekt, wenn er die Gefahr hätte voraussehen und vermeiden können, d.h. wenn ihn ein Verschulden trifft. Der bauleitende Architekt muss ständig die Auswirkungen der eigenen Baumaßnahmen im Hinblick auf das Nachbargrundstück überprüfen.

Haftungsfälle:

- Der Architekt ist gegenüber dem Nachbarn haftbar, wenn er dem Bauunternehmer keine klaren und richtigen Anweisungen für die Unterfangung der Giebelmauer gegeben hat oder die Durchführung der Anweisungen nicht ordnungsgemäß kontrolliert. Wenn dadurch ein Absinken der Giebelmauer eintritt, erhält der Nachbar einen Schadensersatzanspruch.[654]
- Führen die Arbeiten dazu, dass die Standsicherheit des Nachbargebäudes vorübergehend beeinträchtigt und deshalb dessen Nutzung zeitweise untersagt wird, so kann dies einen ersatzfähigen Vermögensnutzungsausfall darstellen.[655]
- Ein bauaufsichtführender Architekt haftet deliktisch auch für Feuchtigkeitsschäden an einem Nachbargebäude, die auf den Nichtanschluss eines Regenfallrohres an den Abwasserkanal herrühren, wenn er nicht die Arbeiten des mit

[653] OLG Düsseldorf, VersR 1966, 784.
[654] BGH, MDR 1976, 1010.
[655] BGH, BauR 1987, 312 und 318.

der Rohrverlegung befassten Subunternehmers zu überwachen, obwohl sich hierfür Anlass bot.[656]

Immissionen auf das Nachbargrundstück

Immissionen auf das Nachbargrundstück sind verboten. Gesetzlicher Hintergrund ist die Regelung gem. § 906 BGB:

BGB § 906 [Zuführung unwägbarer Stoffe]

(1) Der Eigentümer eines Grundstücks kann die Zuführung von Gasen, Dämpfen, Gerüchen, Rauch, Ruß, Wärme, Erschütterungen und ähnliche von einem anderen Grundstück ausgehende Einwirkungen insoweit nicht verbieten, als die Einwirkung seines Grundstücks nicht oder nur unwesentlich beeinträchtigt. Eine unwesentliche Beeinträchtigung liegt in der Regel vor, wenn die in Gesetzen oder Rechtsverordnungen festgelegten Grenz- oder Richtwerte von den nach diesen Vorschriften ermittelten und bewerteten Einwirkungen nicht überschritten werden. Gleiches gilt für Werte in allgemeinen Verwaltungsvorschriften, die nach § 48 des Bundes-Immissionsschutzgesetzes erlassen worden sind und den Stand der Technik wiedergeben.

(2) Das gleiche gilt insoweit, als eine wesentliche Beeinträchtigung durch eine ortsübliche Benutzung des anderen Grundstücks herbeigeführt wird und nicht durch Maßnahmen verhindert werden kann, die Benutzern dieser Art wirtschaftlich zumutbar sind. Hat der Eigentümer hiernach eine Einwirkung zu dulden, so kann er von dem Besitzer des anderen Grundstücks einen angemessenen Ausgleich in Geld verlangen, wenn die Einwirkung eine ortsübliche Benutzung seines Grundstücks oder dessen Ertrag über das zumutbare Maß hinaus beeinträchtigt.

(3) Die Zuführung durch eine besondere Leitung ist unzulässig.

Der planende und auch der überwachende Architekt müssen deshalb vor allem auch das Bundesimmissionsschutzgesetz beachten.

Bodenvertiefungen gemäß § 909 BGB

Die Bauausführung darf grundsätzlich nicht dazu führen, dass der Boden des Nachbargrundstücks seine Stütze verliert, so dass es zu einer Vertiefung kommt.

BGB § 909 [Vertiefung]

Ein Grundstück darf nicht in der Weise vertieft werden, dass der Boden des Nachbargrundstücks die erforderliche Stütze verliert, es sei denn, dass für eine genügende anderweitige Befestigung gesorgt ist.

---

[656] OLG Köln, NJW-RR 1995, 156.

Verliert das Nachbargrundstück seine Stütze, kann dem Nachbarn ein Schadensersatzanspruch gegen den Bauherrn zustehen. Es handelt sich hierbei um einen deliktischen Anspruch gemäß § 823 Abs. 2 BGB iVm. § 909 BGB als verletztes Schutzgesetz. Eine Ausnahme kann dann bestehen, wenn der Nachbar im Rahmen des sog. nachbarrechtlichen Gemeinschaftsverhältnisses zur Duldung verpflichtet ist.[657] Eine Vertiefung kann vor allem durch Ausschachtungsarbeiten entstehen, deren Folgen vom Architekten nicht bedacht oder übersehen wurden. Trifft bei den Schäden des Grundstücksnachbarn auch den Architekten oder den Bauunternehmer ein Verschulden, so haften sie dem Grundstücksnachbarn ebenfalls, in der Regel als Gesamtschuldner gemeinsam mit dem Bauherrn.[658]

Benutzung des Nachbargrundstücks

In manchen Fällen ist es für das Bauvorhaben unabdingbar, dass die Bauausführung die Benutzung des Nachbargrundstücks erforderlich werden lassen. Es handelt sich hierbei um eine Problematik, die das Bürgerliche Gesetzbuch offen gelassen hat, dass lediglich in einzelnen Landesvorschriften wie z.B. dem nordrhein-westfälischen Hammerschlags- und Leiterrecht[659] geregelt wird. Eine Klärung ist auch über Art 14 GG, dem Grundsatz der Sozialgebundenheit des Eigentums, möglich.

GG Art 14

(1) Das Eigentum und das Erbrecht werden gewährleistet. Inhalt und Schranken werden durch die Gesetze bestimmt.
(2) Eigentum verpflichtet. Sein Gebrauch soll zugleich dem Wohle der Allgemeinheit dienen.
(3) Eine Enteignung ist nur zum Wohle der Allgemeinheit zulässig. Sie darf nur durch Gesetz oder auf Grund eines Gesetzes erfolgen, das Art und Ausmaß der Entschädigung regelt. Die Entschädigung ist unter gerechter Abwägung der Interessen der Allgemeinheit und der Beteiligten zu bestimmen. Wegen der Höhe der Entschädigung steht im Streitfalle der Rechtsweg vor den ordentlichen Gerichten offen.

---

[657] BGH, ZfBR 1987, 277.

[658] Großhauser, 184.

[659] Das Hammerschlags- und Leiterrecht reglementiert innerhalb der Nachbarrechtsgesetzen der Länder das Recht des Bauherrn, für begrenzte Zwecke seines Bauvorhabens das Nachbargrundstück teilweise und zeitlich begrenzt in Anspruch nehmen zu können. Das Recht der Inanspruchnahme ist meist geknüpft an eine vorherige Anzeigenpflicht, eine Schadensersatzpflicht ohne Verschulden, eine Pflicht zur Sicherheitsleistung und generell an eine Pflicht zur schonenden Ausführung.

So muss der Nachbar u.a. das Aufstellen von Baugerüsten und anderen Arbeitsgeräten auf seinem Grundstück oder auch den Transport von Baumaschinen über sein Grundstück dulden, sofern es nicht vermeidbar ist. Soweit dem Nachbar durch die Benutzung seines Grundstücks Schäden entstehen, kann er vom Bauherrn Schadensersatz verlangen. Auch die Leistung einer Sicherheit kann regelmäßig erforderlich sein. Die Aufgabe des Architekten besteht darin, vorher mit dem Nachbarn zu verhandeln und gegebenenfalls Rechtsauskünfte einzuholen.

Grenzüberbauung

Eine Überbauung liegt vor, wenn ein Gebäude in den Boden oder Luftraum eines Nachbargrundstücks hineinragt.

BGB § 912 [Überbau]

(1) Hat der Eigentümer eines Grundstücks bei der Errichtung eines Gebäudes über die Grenze gebaut, ohne dass ihm Vorsatz oder grobe Fahrlässigkeit zur Last fällt, so hat der Nachbar den Überbau zu dulden, es sei denn, dass er vor oder sofort nach der Grenzüberschreitung Widerspruch erhoben hat.
(2) Der Nachbar ist durch eine Geldrente zu entschädigen. Für die Höhe der Rente ist die Zeit der Grenzüberschreitung maßgebend.

Bei unzulässiger und unentschuldigter Grenzüberbauung steht dem Nachbarn gegen den Bauherrn ein Anspruch auf Entfernung der Überbauung und auf Ersatz des darüber hinausgehenden Schadens gemäß § 823 BGB zu. Ansonsten verbleibt lediglich eine finanzielle Entschädigung. Erfolgt die Bebauung unentschuldigt, kann der Bauherr den Architekten wegen Planungs- oder Überwachungsfehler in Anspruch nehmen, wenn ihn dieser vorher nicht darauf aufmerksam gemacht hat oder diese Beeinträchtigung des Nachbargrundstücks übersehen hat.[660] Der Architekt muss den Bauherrn vorher über die Nachbarrechte aufklären. Wenn für das Bauvorhaben die Zustimmung des Nachbarn erforderlich ist, ist der Architekt im allgemeinen dafür gegenüber dem Bauherrn nicht aufklärungspflichtig.[661] Wenn der Bauherr trotzdem auf Verletzung des Grenzabstandes besteht, muss der Architekt dem Ansinnen entgegentreten, gegebenenfalls sogar den Auftrag ablehnen.

4.5 Risikofallgruppe: Gewährleistungsfristen

Die Feststellung, wann exakt der Fristenlauf für die Wahrnehmung der Gewährleistungsansprüche beginnt, ist von elementarer Bedeutung. Nochmals sei betont: Die Verjährung beginnt mit der Abnahme des Architektenwerkes, aber nicht vor dessen Beendigung. Zudem ist zu unterscheiden:

---

[660] BGH, NJW 1971, 935.
[661] LG Koblenz, VersR 1965, 699.

- Bei allen Leistungen bis Leistungsphase 8 beginnt der Fristenlauf mit der Abnahme der letzten Leistung bzw. dem Zeitpunkt, an dem die Parteien das Auftragsverhältnis als beendet ansehen.
- Wenn auch noch die Leistungsphase 9 vereinbart wurde, beginnt der Fristenlauf erst, wenn zuvor die letzte Gewährleistungsfrist aller beteiligten Bauhandwerker abgelaufen ist.[662] Um den späten Beginn der Verjährung in diesem Fall zu vermeiden, regte das OLG Köln an, dass sich der Architekt um eine gesonderte Vereinbarung für die Leistungsphase 9 bemühen sollte; entweder durch einen eigenständigen Vertrag oder durch Vereinbarung über eine Teilabnahme nach Leistungsphase 8.

Wann das Architektenwerk abgenommen ist, muss aus den Umständen ermittelt werden. Förmliche oder ausdrückliche Abnahmen sind zwar nicht die Regel, aber letztlich - wie im Mustertext dargelegt - zu empfehlen: Da die Architektenleistung zudem meist als werkvertragliche Leistung einzuordnen ist, kann ihre förmliche und ausdrückliche Abnahme auch nicht verweigert werden. Nimmt man sie vor, stellen sich auch keine Probleme hinsichtlich des Beginns der Verjährungsfrist; ansonsten hat man hier sehr oft eine Indizienforschung vorzunehmen, wann denn nun der Fristenlauf beginnt.

Von rechtlicher Pikanz ist auch der Umstand, dass der Architekt eine Pflicht zur Aufklärung über Ansprüche gegen sich selbst trifft. Der Architekt muss also prüfen, ob eine eigene Pflichtverletzung vorliegt und den Bauherrn gegebenenfalls darauf hinweisen. Unterlässt er einen solchen Hinweis, kann er sich hinterher nicht auf Verjährung berufen.[663]

Beispiel:
Ein Bauherr hatte gegen ein ausführendes Unternehmen wegen mangelhafter Leistungen geklagt. Im Verlaufe des Rechtsstreits stellte sich heraus, dass die Mangelhaftigkeit auf die fehlerhafte Leistung eines anderen Unternehmens zurückzuführen war. Der Bauherr hatte nach Vorliegen des Mangels den Architekten in die Auseinandersetzung mit einbezogen und verklagt nun den Architekten auf Schadensersatz, weil dieser ihn nicht hinreichend beraten habe. Er habe insbesondere nicht darauf hingewiesen, dass hier auch ein Anspruch gegen ihn selbst bestünde aus fehlerhafter Bauüberwachung. Das OLG München gab der Klage statt und verurteilte den Architekten nicht nur zur Zahlung der Mängelbeseitigungskosten, sondern auch der Kosten des vorangegangenen Rechtsstreits.[664]

Die Hinweispflicht ergibt sich für den Architekten auch dann, wenn er nicht umfassend beauftragt worden ist.[665] Nicht eindeutig geklärt ist mit dieser Rechtsprechung allerdings, ob damit eine besondere Folgeschadenhaftung für die Folgen unzureichender Aufklärung eröffnet wird oder ob eine echte Verlängerung der Gewährleistungsfrist hinsichtlich des betroffenen Haftungsgrundes eröffnet wer-

[662] OLG Hamm, IBR 1995, 171.
[663] BGH, BauR 1986, 112.
[664] OLG München, IBR 2000, 614.
[665] BGH, BauR 1996, 418.

den soll. Man wird letzteres anzunehmen haben. Praktisch läuft dann von dem Zeitpunkt, in dem er seiner Hinweispflicht nicht nachgekommen ist, eine er erneute regelmäßige fünfjährige Verjährungsfrist.

Beispiel:
Der Bauherr glaubt einen Baumangel entdeckt zu haben. Er wendet sich an den Architekten und bittet diesen um eine Überprüfung. Der Architekt könnte dazu neigen - sollte sich tatsächlich ein Baumangel feststellen lassen - den Fehler eher beim ausführenden Bauunternehmer oder einem anderen am Bau beteiligten zu suchen und den Bauherrn auffordern, gegen diese zu vorzugehen.

Meistens ergibt sich dann während des Prozesses die (Mit-) Verantwortung des Architekten. Gegebenenfalls kann der Bauherr nunmehr gegen den Architekten vorgehen. Dem Architekten kann der Einwand entgegengehalten werden, dass er sich infolge eines arglistigen Verschweigens seiner Mitverursachung am Baumangel nicht auf Verjährung berufen darf. Hierin liegt ansonsten ein Verstoß gegen Treu und Glauben gemäß § 242 BGB. Das kann auch dann vorliegen, wenn der Architekt die Überwachung der Bauleistung nicht richtig organisiert hat und dadurch schwerwiegende Ausführungsfehler übersehen hat.[666]

Aus den dargestellten Gründen greift die Verjährungseinrede des Architekten in der Praxis nur selten. Die Verkürzung der Gewährleistungsfristen ist im übrigen auch bei Verträgen zwischen Architekten und Vollkaufleuten nicht möglich. So entschied der BGH[667], das die Gewährleistungsfristen – etwa analog über VOB – nicht auf zwei Jahre wirksam zu reduzieren sind. Etwaige Vereinbarungen seien unwirksam, da sie gegen § 9 AGB-Gesetz verstießen. Anstelle dieser Norm ist der im wesentlichen inhaltsgleich der neugefasste § 307 BGB getreten. Die Auffassung des BGH wird daher auch weiterhin zu beachten sein.

---

[666] OLG Celle, NJW-RR 1995, 1486.

[667] BGH, Urteil vom 03.12.1998 - VII ZR 109/97.

Honorartafel zu § 16 Abs. 1 HOAI (Objektplanung Gebäude)

Anrechenbare Kosten in Euro	Honorarzone I		Honorarzone II		Honorarzone III		Honorarzone IV		Honorarzone V	
	von	bis	von	bis	von	bis	von	bis	von	bis
	Euro		Euro		Euro		Euro		Euro	
25.565	1.984	2.413	2.413	2.991	2.991	3.855	3.855	4.433	4.433	4.862
30.000	2.325	2.826	2.826	3.497	3.497	4.498	4.498	5.169	5.169	5.670
35.000	2.719	3.299	3.299	4.075	4.075	5.236	5.236	6.012	6.012	6.593
40.000	3.101	3.762	3.762	4.647	4.647	5.968	5.968	6.853	6.853	7.513
45.000	3.494	4.234	4.234	5.221	5.221	6.702	6.702	7.689	7.689	8.429
50.000	3.881	4.697	4.697	5.780	5.780	7.413	7.413	8.496	8.496	9.312
100.000	7.755	9.278	9.278	11.311	11.311	14.360	14.360	16.393	16.393	17.916
150.000	11.635	13.753	13.753	16.578	16.578	20.818	20.818	23.644	23.644	25.761
200.000	15.510	18.115	18.115	21.586	21.586	26.792	26.792	30.263	30.263	32.868
250.000	19.385	22.384	22.384	26.380	26.380	32.373	32.373	36.369	36.369	39.368
300.000	22.484	25.983	25.983	30.650	30.650	37.643	37.643	42.309	42.309	45.808
350.000	25.060	29.131	29.131	34.561	34.561	42.700	42.700	48.131	48.131	52.201
400.000	27.272	31.922	31.922	38.127	38.127	47.432	47.432	53.637	53.637	58.287

450.000	29.144	34.382	34.382	41.362	41.362	51.840	51.840	58.820	58.820	64.059
500.000	30.671	36.488	36.488	44.243	44.243	55.876	55.876	63.631	63.631	69.447
1.000.000	55.293	65.535	65.535	79.193	79.193	99.682	99.682	113.340	113.340	123.582
1.500.000	80.167	94.804	94.804	114.317	114.317	143.592	143.592	163.105	163.105	177.742
2.000.000	105.005	124.033	124.033	149.401	149.401	187.455	187.455	212.823	212.823	231.851
2.500.000	129.845	153.271	153.271	184.503	184.503	231.352	231.352	262.584	262.584	286.006
3.000.000	155.660	182.183	182.183	217.541	217.541	270.581	270.581	305.940	305.940	332.462
3.500.000	181.605	211.053	211.053	250.321	250.321	309.221	309.221	348.488	348.488	377.937
4.000.000	207.550	239.927	239.927	283.101	283.101	347.856	347.856	391.030	391.030	423.407
4.500.000	233.491	268.798	268.798	315.877	315.877	386.495	386.495	433.574	433.574	468.881
5.000.000	259.435	297.672	297.672	348.656	348.656	425.135	425.135	476.119	476.119	514.356
10.000.000	518.870	589.823	589.823	684.426	684.426	826.334	826.334	920.937	920.937	991.890
15.000.000	778.305	877.041	877.041	1.008.690	1.008.690	1.206.165	1.206.165	1.337.814	1.337.814	1.436.550
20.000.000	1.037.740	1.159.131	1.159.131	1.320.989	1.320.989	1.563.771	1.563.771	1.725.629	1.725.629	1.847.020
25.000.000	1.297.175	1.442.062	1.442.062	1.635.242	1.635.242	1.925.012	1.925.012	2.118.192	2.118.192	2.263.075
25.564.594	1.326.470	1.474.024	1.474.024	1.670.759	1.670.759	1.965.861	1.965.861	2.162.596	2.162.596	2.310.145

Literaturverzeichnis

Bindhardt/Jagenburg: Die Haftung des Architekten, Düsseldorf [9]2001

Döbereiner: Die vertragliche Haftung des Bau- und Bewertungssachverständigen für private Gutachten und Empfehlungen, BauR 1982, 11-19

Fingerhut/Kroh: Das neue Schuldrecht in der Unternehmerpraxis, Köln u.a. 2002

Groß: Ausgewählte Fragen zu § 4 HOAI, BauR 1980, 9-20

Großhauser: Baurecht für die Praxis: Leitfaden des privaten Baurechts für Architekten, Ingenieure, Bauunternehmer und Bauherrn, Freiburg i. Br. [4]1999

Hesse/Korbion/Mantscheff/Vygen: Kommentar zur HOAI, [5]1996

Ingenstau/Korbion: Verdingungsordnung für Bauleistungen: VOB; Teil A und B; DIN 1960/61 (Fassung 2000); Kommentar, fortgeführt von Horst Locher und Klaus Vygen unter Mitarbeit von Christian Döring. Düsseldorf [14]2001

Jagenburg: Die Abnahme des Architektenwerks und die Tätigkeitspflicht des Architekten bei Mängeln, BauR 1980, 406-432

Koeble: Probleme des Gerichtsstand, sowie die Darlegungs- und Beweislast im Architektenhonorarprozeß, BauR 1997, 191-198

Koeble: Rechtshandbuch Immobilien, betreffend Bauen und Finanzieren sowie Vermitteln, Verkaufen und Verwalten, Loseblattsammlung, Stand 2001, München

Korbion/Locher: AGB-Gesetz und Bauerrichtungsverträge, Düsseldorf [3]1997

Knacke: Aufklärungspflicht des Architekten über die Vergütungspflicht und das Honorar seiner Leistungen, BauR 1990, 394-401

Kniffka/Koeble: Kompendium des Baurechts. Privates Baurecht und Bauprozess, München 2000

Locher: Das private Baurecht, München [6]1996

Locher/Koeble/Frik: Kommentar zur HOAI: mit einer Einführung in das Recht des Architekten und der Ingenieure / von Horst Locher, Düsseldorf 2002[8]

Löffelmann: Der kommende Einheits-Architektenvertrag für Gebäude, BauR 1994, 563-570

Löffelmann/Fleischmann: Architektenrecht: Architektenvertrag und HOAI-Leistungspflichten; Honorar und Haftung; Bausummenüberschreitung. Düsseldorf [4]2000

Marx/Wenglorz: Schuldrechtsreform 2002: Das neue Vertragsrecht. Freiburg i.Br., Berlin München 2001

Meiski: Die Verjährung des Architektenhonoraranspruchs, BauR 1993, 23-32

Motzke/Wolff: Praxis der HOAI, München [2]1995

Neuenfeld: Architekt und Bauherr: ein neuer Architektenvertrag, u.a. Stuttgart 1999

Neuenfeld: Die Haftungsverteilung zwischen Unternehmer, Architekt und Fachplaner, Wirtschaftsdienst für Ingenieure und Architekten, 8/2001, 12-14

Neuenfeld: Genehmigungen für Planungs- und Bauvorhaben, München [1]1998

Neuenfeld/Baden/Dohna/Groscurth: Handbuch des Architekten-rechts, Band 1 Allgemeine Grundlagen. Stuttgart [3]1999

Neuenfeld/Baden/Dohna/Groscurth: Handbuch des Architekten-rechts, Band 2 Honorarordnung für Architekten und Ingenieure. Stuttgart [3]1999,

Pott/Dahlhoff/Kniffka: Kommentar zur HOAI, Essen [7]1996

Schäfer/Finnern/Hochstein: Rechtsprechung zum privaten Baurecht, Düsseldorf, Loseblattsammlung seit 1978

Schmalzl: Die Haftung des Architekten und Bauunternehmers, NJW-Schriftenreihe Heft 4, [4]1980

Schmidt: Musterbriefe für das Architektur- und Ingenieurbüro: mit Erläuterungen und Rechtsprechungshinweisen, Düsseldorf 2000

Schmidt: Wie sind Planungsänderungen zu honorieren?, BauR 2000, 51-61

Schorbus: Der Schadensersatz des Bieters bei der fehlerhaften Vergabe öffentlicher Aufträge, BauR 1999, 77-106

Schwarz: Die Anwendung von Treu und Glauben (§ 242 BGB) auf den Honoraranspruch nach HOAI, BauR 2001, 708-712

Siemon: Mit der richtigen Vertragsklausel zum optimalen Honorar, Wirtschaftsdienst für Ingenieure und Architekten, 8/2001, 7-11

Siemon: Vertragsklauseln zur Verminderung des Haftungsrisikos im Bereich Baumängel, Wirtschaftsdienst für Ingenieure und Architekten, 9/2001, 12-13

Sturmberg: Neues Vergaberecht N deutlich verbesserter Rechts-schutz, BauR 1998, 1063-1073

Thode: Werkleistung und Erfüllung im Bau- und Architektenvertrag, ZfBR 1999, 116-124

Werner/Pastor: Der Bauprozeß, Düsseldorf [9]1999

Zuch: Vertrags- und Honorarrecht für Architekten und Ingenieure. München / Berlin 1997

Sachverzeichnis

MIX
Papier aus verantwortungsvollen Quellen
Paper from responsible sources
FSC® C105338

If you have any concerns about our products,
you can contact us on
ProductSafety@springernature.com

In case Publisher is established outside the EU,
the EU authorized representative is:
Springer Nature Customer Service Center GmbH
Europaplatz 3, 69115 Heidelberg, Germany

Printed by Libri Plureos GmbH
in Hamburg, Germany